大数据与人工智能技术丛书

Python数据分析实战

数据采集、分析及可视化 微课视频版

沈桂兰 主编 李玉霞 薛云 陈默 副主编

清华大学出版社
北京

内容简介

本书全面介绍使用Python进行数据获取、数据处理和分析、数据可视化以及文本分析的相关内容，旨在帮助读者理解与掌握数据分析全流程的相关知识和技能。全书按照“理论＋方法＋示例＋实战”的设计思路，既注重知识系统性，又注重应用实战性。

全书共分为8章，包括Python数据分析概述、Python爬虫基础、Python爬虫实战、pandas和numpy基础、Python数据表分析、可视化分析、数据分析实战和文本数据分析。

本书可作为高等院校各专业数据分析相关课程的教材，也可作为企业电子商务、市场营销、数据分析人员的参考资料。

图书在版编目(CIP)数据

Python数据分析实战：数据采集、分析及可视化：微课视频版/沈桂兰主编. —北京：清华大学出版社，2024.8

(大数据与人工智能技术丛书)

ISBN 978-7-302-66170-2

Ⅰ. ①P… Ⅱ. ①沈… Ⅲ. ①软件工具 程序设计 Ⅳ. ①TP311.561

中国国家版本馆CIP数据核字(2024)第086247号

策划编辑：魏江江
责任编辑：王冰飞
封面设计：刘　键
责任校对：时翠兰
责任印制：刘　菲

出版发行：清华大学出版社
网　　址：https://www.tup.com.cn，https://www.wqxuetang.com
地　　址：北京清华大学学研大厦A座　　邮　　编：100084
社 总 机：010-83470000　　邮　　购：010-62786544
投稿与读者服务：010-62776969，c-service@tup.tsinghua.edu.cn
质量反馈：010-62772015，zhiliang@tup.tsinghua.edu.cn
课件下载：https://www.tup.com.cn，010-83470236
印 装 者：三河市人民印务有限公司
经　　销：全国新华书店
开　　本：185mm×260mm　　印　　张：16.25　　字　　数：428千字
版　　次：2024年8月第1版　　印　　次：2024年8月第1次印刷
印　　数：1～1500
定　　价：49.80元

产品编号：097187-01

前言

党的二十大报告指出：教育、科技、人才是全面建设社会主义现代化国家的基础性、战略性支撑。必须坚持科技是第一生产力、人才是第一资源、创新是第一动力，深入实施科教兴国战略、人才强国战略、创新驱动发展战略，开辟发展新领域新赛道，不断塑造发展新动能新优势。高等教育与经济社会发展紧密相连，对促进就业创业、助力经济社会发展、增进人民福祉具有重要意义。

数据是信息的载体，是重要的生产资料。生活在数字经济时代，获取、分析、处理数据的能力是每个现代人必须具备的基本素质，有实践经验的数据分析人才更是各企业争夺的对象。为了满足社会对数据分析人才的需求，很多高校开始尝试开设各类数据分析课程。Python 具有语言简洁、优雅、健壮等特点，这使其成为工业界和学术界的最佳实践。随着大数据时代的到来，Python 必将继续发挥其在数据分析领域的独特优势，成为高校培养学生数据分析能力的重要课程之一。

本书以数据分析流程为主线，按照"理论＋方法＋示例＋实战"的设计思路，通过阐述理论知识帮助读者理解数据分析的相关原理、概念及术语；通过操作方法帮助读者将知识和应用相结合；通过多个操作示例帮助读者提升实践能力；通过综合实战案例帮助读者综合运用所学知识解决具体问题。通过本书的学习，读者可以梳理出一条清晰的数据分析学习路线图。

本书提供了使用 Python 进行数据获取、处理、分析及可视化的各项知识内容，共分 8 章，第 1 章是 Python 数据分析概述，第 2、3 章是 Python 爬虫基础及实战，第 4、5 章讲解如何使用 pandas 和 numpy 进行数据表分析，第 6 章讲解如何使用 matplotlib 进行可视化分析，第 7 章是数据分析实战，第 8 章是文本数据分析。

本书具有以下特点。

(1) 技术主流、全面。本书内容丰富，涉及众多 Python 数据分析类库，具体包括编写爬虫爬取并解析数据的 requests 库和 BeautifulSoup 库，提高解析效率的正则表达式库 re，进行数据处理和分析的 numpy 库和 pandas 库，进行数据可视化的 matplotlib 库，用于文本分析的 jieba 库和 gensim 库，生成词云图的 wordcloud 库等，读者通过一本书可以掌握数据分析领域的所有主流核心技术。

(2) 示例典型、充分。本书通过 132 个示例透彻、详尽地讲述数据分析的相关知识。为便于读者阅读程序代码，编者对书中重要代码都给出了注释。

(3) 实战应用丰富。本书提供 19 个实战案例，覆盖数据获取、结构化数据处理分析、可视化分析和文本分析，兼顾结构化、半结构化和非结构化数据类型的数据。通过深度剖析实战案例，帮助读者掌握在真实应用场景下使用 Python 进行各种类型数据的获取、处理分析和可视化的技能。

(4) 配套资源齐全。本书相关 MOOC 资源已经上线"学堂在线"，书中所有的示例、实战均提供了源代码和数据集，方便读者实践巩固，并提供了配套的教学大纲、教学课件、电子教案、在线题库、习题答案、教学进度表、650 分钟的微课视频等备课资料。

资源下载提示

课件等资源：扫描封底的"图书资源"二维码，在公众号"书圈"下载。

素材(源码)等资源：扫描目录上方的二维码下载。

在线自测题：扫描封底的作业系统二维码，再扫描自测题二维码在线做题。

微课视频：扫描封底的文泉云盘防盗码，再扫描书中相应章节的视频讲解二维码，可以在线学习。

本书可作为高等院校各专业数据分析相关课程的教材，也可作为企业电子商务、市场营销、数据分析人员的参考资料。

本书第1～3章及第5章由沈桂兰编写，第4章由李玉霞编写，第6、7章由薛云编写，第8章由陈默编写。全书由沈桂兰负责统稿。张凯悦、李红晓参与了素材整理和校对工作。

由于编者水平有限，书中不当之处在所难免，欢迎广大同行和读者批评指正。

编　者

2024年8月

第 1 章 Python 数据分析概述 ······ 1

1.1 什么是数据分析 ······ 1

1.1.1 数据分析的重要性 ······ 1

1.1.2 数据分析的内容 ······ 2

1.2 数据分析的基本流程 ······ 3

1.3 数据分析的常用工具 ······ 3

1.4 数据分析的常用类库 ······ 4

1.5 数据分析的开发环境 ······ 7

1.5.1 Anaconda 的下载和安装 ······ 7

1.5.2 Jupyter Notebook 的使用 ······ 14

1.5.3 Spyder 的使用 ······ 22

本章小结 ······ 24

习题 1 ······ 25

第 2 章 Python 爬虫基础 ······ 26

2.1 认识爬虫 ······ 26

2.1.1 爬虫的概念 ······ 26

2.1.2 爬虫的原理与类型 ······ 27

2.1.3 爬虫的合法性和 robots 协议 ······ 29

2.2 爬虫的组成及反爬虫措施 ······ 31

2.2.1 网络爬虫的组成 ······ 31

2.2.2 网站反爬虫策略 ······ 31

2.2.3 爬取策略的制定 ······ 33

2.3 模拟请求爬取数据 ······ 33

2.3.1 Chrome 开发者工具 ······ 33

2.3.2 认识 HTTP ······ 36

2.3.3 认识 requests 库 ······ 41

2.4 解析数据 ······ 46

2.4.1 网页的组成 …… 47
2.4.2 BeautifulSoup 库 …… 49
2.4.3 文档树的遍历 …… 53
2.4.4 文档树的搜索 …… 55
2.4.5 CSS 选择器查找 …… 61
本章小结 …… 63
习题 2 …… 63

第 3 章 Python 爬虫实战 …… 64

3.1 实战：中国 A 股上市公司相关数据的获取 …… 64
3.1.1 目标网站分析 …… 65
3.1.2 表格数据的爬取和解析 …… 67
3.1.3 模块化程序的编写 …… 68
3.2 解析数据的存取 …… 70
3.2.1 文本文件的存取 …… 70
3.2.2 CSV 文件的存取 …… 73
3.2.3 JSON 文件的存取 …… 77
3.3 实战：豆瓣读书 Top250 的数据的获取 …… 79
3.3.1 目标网站分析 …… 79
3.3.2 半结构化数据的爬取、解析和存储 …… 81
3.3.3 模块化程序的编写 …… 84
3.4 正则表达式 …… 86
3.4.1 正则表达式基础 …… 86
3.4.2 正则表达式的用法 …… 90
3.4.3 用正则表达式提取豆瓣读书排行榜网页数据的实战案例 …… 97
3.5 实战：人民网科技类新闻的获取 …… 99
3.5.1 目标网站分析 …… 99
3.5.2 科技新闻列表的获取与存储 …… 100
3.5.3 新闻的获取与存储 …… 104
本章小结 …… 108
习题 3 …… 108

第 4 章 pandas 和 numpy 基础 …… 109

4.1 pandas 及其数据结构 …… 109
4.1.1 Series 数据结构及其创建 …… 109
4.1.2 DataFrame 数据结构及其创建 …… 111
4.2 使用 pandas 导入和导出数据 …… 113
4.2.1 导入外部数据 …… 113
4.2.2 导出外部数据 …… 115
4.3 numpy 及其数据结构 …… 117
4.3.1 使用 numpy 创建数组对象 …… 118

4.3.2 ndarray 类的常用属性及基本操作 …… 120
本章小结 …… 124
习题 4 …… 124

第 5 章 Python 数据表分析 …… 125

5.1 数据概览及预处理 …… 125
5.1.1 数据概览分析 …… 125
5.1.2 数据清洗 …… 128
5.1.3 数据的抽取与合并 …… 132
5.1.4 数据的增、删、改 …… 143
5.1.5 数据转换 …… 147
5.2 数据的描述性统计分析 …… 148
5.2.1 数据排序和排名 …… 149
5.2.2 常见的数据计算方法 …… 153
5.3 分组统计 …… 159
5.3.1 数据分组 …… 159
5.3.2 分组聚合 …… 161
5.4 实战：豆瓣读书 Top250 的数据表分析 …… 163
5.4.1 数据预处理 …… 164
5.4.2 数据分析 …… 169
本章小结 …… 172
习题 5 …… 173

第 6 章 可视化分析 …… 174

6.1 可视化分析概述 …… 174
6.1.1 图表类型及选择 …… 175
6.1.2 图表的基本组成 …… 177
6.2 图表的常用设置 …… 178
6.2.1 基本 plot 绘图函数 …… 178
6.2.2 图的属性设置 …… 181
6.2.3 图的类型设置 …… 194
6.2.4 其他设置 …… 194
6.3 图表的绘制 …… 198
6.3.1 折线图的绘制 …… 198
6.3.2 柱形图的绘制 …… 200
6.3.3 直方图的绘制 …… 201
6.3.4 饼形图的绘制 …… 202
6.3.5 散点图的绘制 …… 204
6.3.6 雷达图的绘制 …… 205
6.4 实战：豆瓣读书 Top250 的可视化分析 …… 207
6.4.1 豆瓣读书排行榜的评分值分析 …… 207

6.4.2 评分值 Top5 排行榜分析 …… 208
6.4.3 出版社 Top10 占比分析 …… 210
6.4.4 Top100 图书的价格分布 …… 211
本章小结 …… 213
习题 6 …… 213

第 7 章 数据分析实战 …… 214

7.1 对比分析及实战案例 …… 214
7.1.1 对比分析 …… 214
7.1.2 对比分析实战案例 …… 215
7.2 趋势分析及实战案例 …… 216
7.2.1 趋势分析概述 …… 216
7.2.2 同比分析实战案例 …… 217
7.2.3 定比分析实战案例 …… 219
7.2.4 环比分析实战案例 …… 221
7.3 差异化分析及实战案例 …… 224
7.3.1 差异化分析概述 …… 224
7.3.2 差异化分析实战案例 …… 224
7.4 相关性分析及实战案例 …… 227
7.4.1 相关性分析概述 …… 227
7.4.2 相关性分析实战案例 …… 229
本章小结 …… 232
习题 7 …… 232

第 8 章 文本数据分析 …… 233

8.1 文本数据预处理 …… 233
8.1.1 去噪声 …… 233
8.1.2 中文分词和添加用户词典 …… 235
8.1.3 去停用词 …… 237
8.1.4 构建词向量 …… 237
8.2 文本数据分析方法 …… 241
8.2.1 高频词分析 …… 241
8.2.2 关键词分析 …… 242
8.2.3 词性分布分析 …… 243
8.3 生成词云图 …… 246
8.4 实战：携程网酒店评论文本数据分析 …… 249
本章小结 …… 251
习题 8 …… 251

第1章 Python数据分析概述

扫一扫

视频讲解

在这个数据就是生产资料的时代,数据分析无处不在。在实际生产生活中,数据分析不仅能帮助我们认清现状、找出问题、做出判断,还能帮助发现机遇、创造新的价值。数据分析技能是现代人的一项必备技能,掌握它是一个循序渐进的过程,明确数据分析概念、掌握数据分析流程和常见的工具方法等相关知识是迈出数据分析的第一步。

本章作为 Python 数据分析实战的开篇,首先阐述什么是数据分析,其次介绍数据分析基本流程,然后介绍目前常用的数据分析工具,以便帮助大家选择数据分析的利器,接着介绍 Python 中用于数据分析的常用类库,最后介绍 Python 数据分析的开发环境。

扫一扫

视频讲解

1.1 什么是数据分析

1.1.1 数据分析的重要性

在实际工作中,无论人们从事哪种行业、哪种岗位,例如数据分析师、市场营销策划、销售运营、财务管理、客户服务、人力资源等,数据分析技能都是需要具备的基本技能。那么到底什么是数据分析呢?它能为人们的生产、生活提供什么样的帮助呢?下面看几个案例场景。

场景一:运营人员向管理者汇报销售增长情况

微博广告的运营人员向管理者汇报工作,在说明销售增长情况时,如图 1.1 所示,有人会表述为“三季度比二季度的广告营收好”,也有人会表述为“三季度的收入比二季度增长了 22%,达到了 41 667 万美元”,还有人会表述为“2018 年到 2020 年,每年三、四季度的收入要高于一、二季度,2020 年第三季度的收入环比增长了 22%,同比增长了 1%,受年初的疫情影响,2020 年第一季度的广告收入明显低于 2019 年同期”。试想作为管理者会青睐哪一位的汇报呢?很显然,管理者需要的是清晰、明确的分析,以便于做出决策。

场景二:客户精准画像

在客户分析中,企业销售人员通过收集客户的基本数据信息、购买行为数据、使用偏好信息、消费特征等对客户进行了精准画像,如图 1.2 所示。然后结合所处行业的特征,使用统计分析方法和预测验证的方法分析目标客户,以便提高销售效率。同时还可以根据客户特征分析制定不同的营销策略,做到千人千面。此外,使用这些客户特征还可以进行客户忠诚分析、客户注意力分析和客户收益分析等。

场景三:美国总统奥巴马连任成功背后的团队

2012 年美国总统奥巴马连任成功,在很大程度上归功于他 100 人的数据分析团队,他们

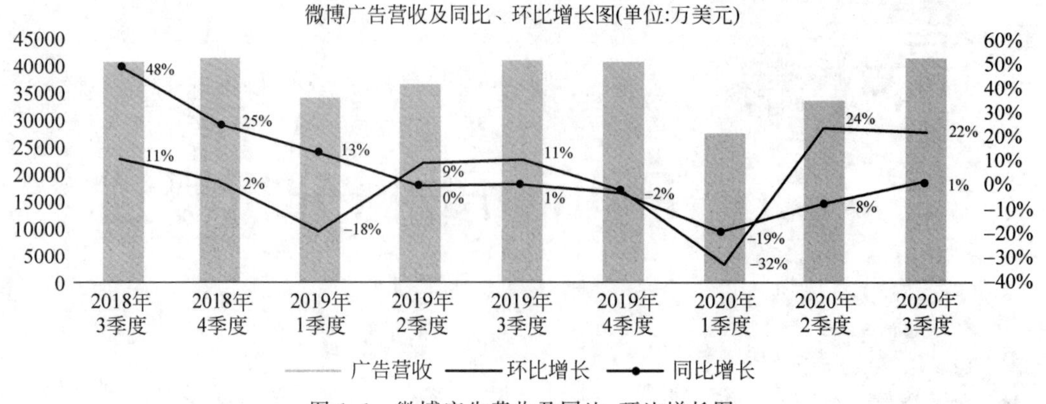

图 1.1 微博广告营收及同比、环比增长图

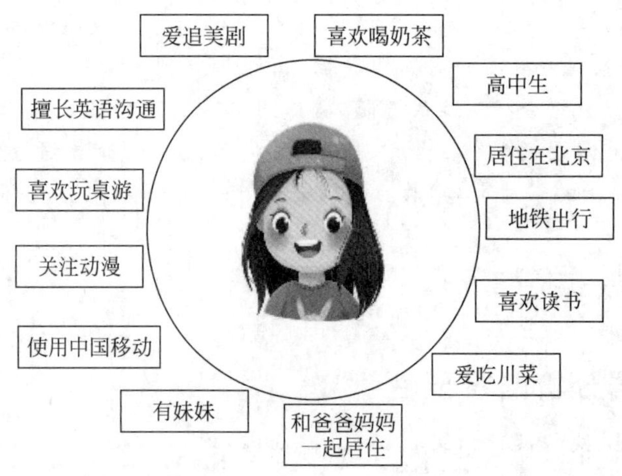

图 1.2 客户画像

收集了几十太字节的数据，根据大规模深入分析，采用了改变电视广告投放策略为电话、邮寄信件及社交媒体等更能拉拢选民的方法，整个竞选过程中涉及的花费不到 3 亿美元，远少于竞争对手罗姆尼花费的 4 亿美元，也打破了没有一名美国总统能够在全国失业率高于 7.4%的情况下连任成功的惯例。

可见，数据分析的重要性在于可以通过对大量真实数据进行统计分析，发现诸如隐藏模式、相关性、市场趋势和消费者偏好等信息这样一个复杂过程，帮助企业或管理者寻求解决问题的方法，以便做出更好的决策。

1.1.2 数据分析的内容

数据分析是指根据分析目的，使用数学、统计学、计算机科学等相结合的科学统计分析方法，对业务系统或互联网上的结构化、半结构化和非结构化数据进行分析，提取有价值的信息，形成结论进行展示的过程。

数据分析的本质是通过总结数据的规律解决业务问题，以帮助实际工作中的管理者做出判断和决策。它主要包括以下 3 个内容。

(1) 现状分析：分析已经发生了什么，可以通过各个经营指标来分析帮助企业掌握现阶段的整体运营情况，剖析各项业务的构成、各项业务的发展及变动情况等。

（2）原因分析：分析为什么会出现这种情况，通常是在现状分析之后，根据企业运营情况选择针对某一现状进行原因分析。

（3）预测分析：分析未来可能发生什么，对企业的未来趋势做出预测，以便于企业做出战略规划和调整，实现可持续健康发展。

扫一扫

视频讲解

1.2 数据分析的基本流程

数据分析目前在很多领域已经演化为一种解决问题的过程，尽管业务场景不同，具体的数据分析流程有所差异，但是数据分析的核心步骤是一样的。图 1.3 所示为一个典型的数据分析的基本流程。

业务理解 获取数据 数据处理 数据分析 验证结果 结果展示 部署应用

图 1.3 数据分析的基本流程

业务理解：数据分析中的业务理解就是明确用户的业务需求，这是数据分析环节的第一步，也是重要的步骤之一，决定了后续数据分析的方向和需要采用的方法。

获取数据：数据是进行数据分析工作的基础，是指根据需求分析的结果提取和收集数据。用于数据分析的数据主要包括企业内部数据、合作方提供的数据和互联网数据，因此数据的获取形式包括从本地获取和从网络获取，在数据分析过程中具体采用哪种方式获取数据是依据业务需求来决定的。

数据处理：也叫数据预处理，是指对数据进行规约、清洗、抽取、变换等操作，使数据变得干净、整齐，可以直接用于数据分析的过程总称。在实际操作中，数据预处理中的各个过程相互交叉，没有明确的先后顺序。

数据分析：分析是指通过选择合适的分析方法和工具对数据进行分析建模，发现数据中有价值的信息，并得出结论的过程。在数据分析过程中所选择的分析方法应具有准确性、可操作性、可理解性和可应用性。

验证结果：数据分析的结果是数据主观结果的体现，有时候并不一定完全准确，需要通过真实场景或评测指标进行验证。

结果展示：可视化是数据分析结果展示的重要步骤，可视化是以图表方式呈现数据分析结果，这样结果会清晰、直观，便于理解。

部署应用：数据分析的结果不仅需要把数据呈现出来，还应该关注通过数据分析后可以做什么，即如何将数据分析结果应用到实际业务中才是学习数据分析的重点。数据分析结果的部署应用是数据产生直接价值的直接体现，这个过程需要具备数据沟通能力、业务推动能力和项目加工能力。只有将数据分析结果进行部署应用才能体现数据分析的真正作用。

扫一扫

视频讲解

1.3 数据分析的常用工具

在数据分析领域可以使用的软件工具非常广泛，有通用性比较强的 Excel 应用软件，也有商业统计分析软件 SPSS、数据挖掘软件 SAS 和开源数据分析挖掘工具 Rapid Miner、Weka 等，这里主要介绍目前主流的数据分析语言 R、Python 和 Matlab。这 3 种语言均可以进行数据分析。

1. R 语言

R 语言是专门用于统计分析、数据挖掘和绘图计算的工具,它提供了交互式数据分析和探索功能,是一个开源、免费的 GNU 项目。R 语言可以在多种平台下运行,包括 UNIX、Windows 和 macOS。R 语言内置了多种统计分析和数字分析功能,通过包(packages),R 语言的功能可以得到极大的增强,截至 2022 年 9 月,R 社区(https://cran.r-project.org/web/packages/)上提供了超过 18 000 个包,这些包用 R、Java、C、Fortran 等语言编写,可以完成财经分析、经济计量、人文科学研究以及人工智能等应用。目前 R 语言在学术和研究领域的应用较为广泛,其学习门槛相对较高,在 R 生态社区活跃的一般是研究人员、数据科学家、统计学家和量化研究员等。

2. Python 语言

Python 是一门应用十分广泛的计算机语言,它擅长进行数据分析,是数据科学领域的主流语言。Python 也是一门胶水语言,能够使用多种方式将其他语言开发的组件"黏合"在一起,可以在 UNIX、Windows 和 macOS 等多种平台下使用。Python 同样是免费开源的,可扩展性极强,借助于强大的第三方库,可以实现数据分析、机器学习、矩阵运算、科学数据可视化、数字图像处理、Web 应用、网络爬虫等功能。截至 2022 年 9 月 30 日,在 Python 的 PyPI 网站(https://pypi.org/)上提供了 403 334 个第三方库。Python 语言简单精练、方便易用、适用性广,不仅可以构建原型,还可以构建生产系统,研究人员和工程技术人员使用同一种编程工具,可以给企业带来显著的组织效益,降低企业的运营成本,因此在工业界和学术界都有广泛的使用群体。

3. Matlab 语言

Matlab 是以数值计算为基础的商业化的数学软件,其主要作用是进行矩阵运算、绘制函数与数据、实现算法、创建用户界面以及连接其他编程语言,目前应用于数据分析、机器学习、图像处理与计算机视觉、信号处理、量化金融与风险管理、仿真模拟等场景。它拥有大量的工具,在新版本中加入了对 C、C++、Java 的支持。

上面 3 种语言均可以进行数据分析,其中 Python 语言因简洁强大、可扩展性强、应用范围广、开源免费等特点,在数据分析领域具有无可比拟的优势,已经逐渐成为数据科学领域的主流语言。

扫一扫

视频讲解

1.4 数据分析的常用类库

Python 提供了大量的第三方类库,例如 requests、BeautifulSoup、pandas、numpy、gensim 等,使用这些类库不仅可以从网络上爬取解析数据,还可以对各种数据进行处理、分析、可视化展示等,可以说贯穿了数据分析的整个流程。这些第三方类库自带的分析方法模型使得数据分析变得简单、高效,用户只需要编写少量的代码就可以得到分析结果。

1. 数据爬取类库

1) requests 库

requests 库主要用于从 Web 网站上爬取数据,它本质上是 Python 的一个 HTTP 客户端,简单优雅、方便使用。requests 库可以发送原生的 HTTP 1.1 请求,无须手动为 URL 添加查询串,也不需要对 POST 数据进行表单编码。相对于 urllib3 库,requests 库拥有完全自动化 Keep-alive 和 HTTP 连接池的功能,支持绝大部分 HTTP 特性,包括 Cookie 持久性会话、自动内容解码、自动解压、流下载等。

2）BeautifulSoup4 库

使用 requests 库获取 HTML 页面并将其转换成字符串后，需要进一步解析 HTML 页面格式，提取有用的信息，这就需要处理 HTML 和 XML 的函数库。

BeautifulSoup4 库简称 BS4 库，用于解析和处理 HTML 和 XML。需要注意的是，它与 BeautifulSoup 库是有差别的。BeautifulSoup4 库最大的优点是能够根据 HTML 和 XML 语法建立解析树，进而高效地解析其中的内容，而且能够通过不同的转换器实现不同的文档导航、查找以及修改文档的方式。

2. 数据分析及处理类库

在进行数据分析和处理时往往会涉及结构化的表格数据和非结构化的文本数据，不同类型的数据，其处理方法、分析思路有所不同。目前比较常见的分析、处理结构化数据的类库有 numpy 和 pandas，它们也是经典数据分析三剑客的成员，分析非结构化数据的类库有 gensim 和 re，在中文处理领域，还有用于分词的 jieba 库。

1）numpy 库

numpy 是 Python 进行数组计算、矩阵运算和科学计算的核心库。numpy 提供了一个高性能的数组对象，可以帮助用户轻松地创建一维、二维甚至多维数组，同时提供了大量的函数和方法，便于用户轻松地进行数组计算。numpy 广泛应用于数据分析、机器学习、图像处理和计算机图形学以及数学计算等领域。numpy 是通过 C 语言实现的，运行速度非常快。其具体功能如下：

- 具有快速、高效的多维数组对象 ndarray。
- 能够对数组执行元素级的计算。
- 具有直接对数组执行数学运算的函数。
- 具有线性代数运算、傅里叶变换、随机数生成以及图形操作等功能。
- 将 C、C++、Fortran 代码集成到 Python 的工具。

2）pandas 库

pandas 是 Python 进行数据分析的核心库，它通过快速、灵活的数据结构——一维数组结构 Series 和二维数组结构 DataFrame，可以简单、直观、快速地处理各种结构化类型的数据，例如与 SQL 或 Excel 表类似的数据、时间序列数据、带有行/列标签的矩阵数据等。

pandas 是基于 numpy 开发的，广泛应用于金融、统计、社会科学、工程等领域，也可以和其他第三方科学计算库完美集成。其具体功能如下：

- 能够将浮点与非浮点数据中的缺失数据显示为 NaN。
- 数据行/列大小可变。
- 能够自动显式实现数据对齐，显式地将对象与一组标签对齐，也可以忽略标签，在 Series、DataFrame 计算时自动与数据对齐。
- 提供了强大、灵活的分组统计（groupby）功能。
- 可以把 Python 和 numpy 数据结构中不规则、不同索引的数据轻松地转换为 DataFrame 对象。
- 提供了智能标签，可以对大型数据集进行切片、花式索引、子集分解等操作。
- 可以合并（merge）、连接（join）、重塑（reshape）、透视（pivot）数据集。
- 提供了成熟的导入/导出工具，支持导入文本文件（CSV 等支持分隔符的文件）、Excel

文件、数据库等来源的数据；导出 Excel 文件、文本文件等,使用超快的 HDF5 格式保存或加载数据。

- 支持日期范围生成、频率转换、移动窗口统计、移动窗口线性回归、日期位移等时间序列功能。

综上所述,pandas 是处理数据最理想的工具。

3) jieba 库

jieba 是一个优秀、高效的中文分词 Python 库。在进行中文文本分析时,由于中文文本之间每个汉字都是连续书写,需要用特定的方法获取其中的每个词,即分词。jieba 是目前国内使用人数最多的中文分词工具,其具体功能如下：

- 支持 3 种分词模式,即精确模式、全模式和搜索引擎模式。
- 支持繁体分词。
- 支持用户自定义词典,可以根据用户自定义的词进行分词。
- 能够提取文本关键词。
- 支持词性标注。
- 具有并行分词模式,提高了分词效率。
- 可以返回词语在原文中的起始位置。

4) re 库

re 是一个提供各种正则表达式进行字符串匹配操作的 Python 标准库,在进行文本解析、复杂字符串分析和信息提取时是一个非常有用的工具。re 库是使用 C 语言的匹配引擎进行深度优先匹配,支持的正则表达式可以用原生字符串或字符串书写,具备搜索、匹配、分类、替换等功能,支持贪婪匹配和最小匹配。

5) gensim 库

gensim 是一个简单、高效的自然语言处理 Python 库,主要用于对非结构化的文本进行分析,可以计算文本相似度、抽取文本的语义主题,在文本分析、主题建模、自然语言处理等领域使用广泛。其具体功能如下：

- 支持流式数据处理。gensim 充分使用了 Python 内置的生成器(generator)和迭代器(iterator),用于流式数据处理,在进行处理时不需要一次性将整个训练语料读入内存,显著地提升了内存效率。
- 支持共享内存。gensim 训练好的模型可以持久化到硬盘和重载到内存,多个进程之间可以共享相同的数据,减少了内存消耗。
- 内置多种文本向量空间算法,包括 Word2Vec、Doc2Vec、FastText、TF-IDF、LSA、LDA、随机映射等。
- 支持多种数据结构。
- 支持基于语义表示的文本相似度计算。

3. 数据可视化类库

在 Python 中有很多用于数据可视化展示的绘图库,它们各有特点,作为经典数据分析三剑客之一的 matplotlib 库是最基础的 Python 图表的可视化库,wordcloud 库可以生成词云图,即对文本中出现频率较高的关键词进行视觉化的展示。

1) matplotlib 库

matplotlib 是一个 Python 2D 绘图库,常用于数据可视化,非常适合创建各种图表。matplotlib 操作简单、上手容易,用户仅需要编写几行代码就可以生成折线图、直方图、散点图、饼图等。使用 matplotlib 也可以绘制出双 Y 轴可视化数据分析图表、渐变饼形图、等高线柱形图等高级图表，另外，matplotlib 还支持 3D 图表的绘制。

2）wordcloud 库

wordcloud 是使用较广泛的进行词云展示的 Python 库。wordcloud 库把词云当作一个简单的 WordCloud 对象，通过简单的函数调用就可以生成文本对应的词云，词云默认是按照文本中词语出现的频率进行绘制的。通过设置参数可以自定义词云的形状、尺寸、颜色以及展示的词语数等。图 1.4 所示为一个用 wordcloud 库绘制的党的二十大报告的词云图。值得一提的是，wordcloud 库默认是展示英文文本的词云图，如果想展示中文文本的词云图，需要先对中文文本进行分词，并设置字体参数为中文的字体。

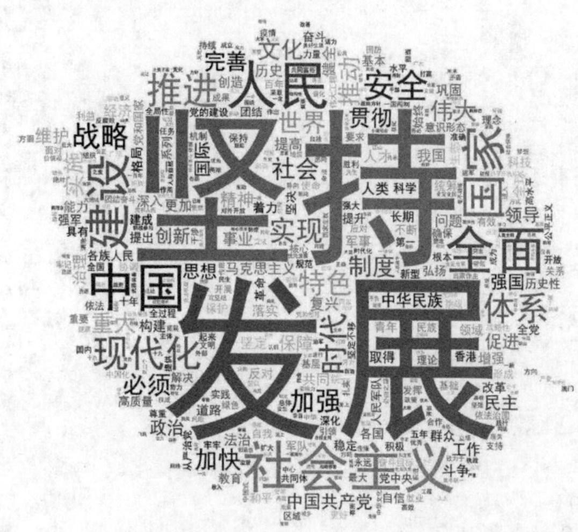

图 1.4　二十大报告词云图

1.5　数据分析的开发环境

Python 拥有很多适用于数据分析的类库，它们接口统一，能够为数据分析提供极大的便利，但是库的管理及版本问题会耗费数据分析人员的大量时间。工欲善其事，必先利其器。本节学习如何搭建使用 Python 进行数据分析的开发环境——Anaconda。Anaconda 发行版是开源的，包含包和环境管理工具 conda，以及 180 多个 Python 科学包及其依赖项，涵盖了数据分析常用的类库，例如 numpy、pandas、matplotlib 等，使得数据分析人员能够更加顺畅、专注地使用 Python 解决数据分析的相关问题。

扫一扫

视频讲解

1.5.1　Anaconda 的下载和安装

因为 Anaconda 附带了 Python 和 Python 中最常用的数据科学包，所以下载文件比较大。如果用户的计算机上之前已经安装了 Python IDLE，再安装时不会有任何影响，安装后脚本和程序默认使用的 Python 是 Anaconda 自带的。这里介绍 Windows 系统下 Anaconda 的下载和安装方法。

1. Anaconda 的下载

Anaconda 的下载步骤如下：

(1) 查看系统类型。右击“此电脑”图标,从快捷菜单中选择“属性”命令,打开如图 1.5 所示的“设置”对话框,在“关于”页面的“系统类型”右侧查看本地计算机操作系统的位数,以便于决定下载哪个版本。

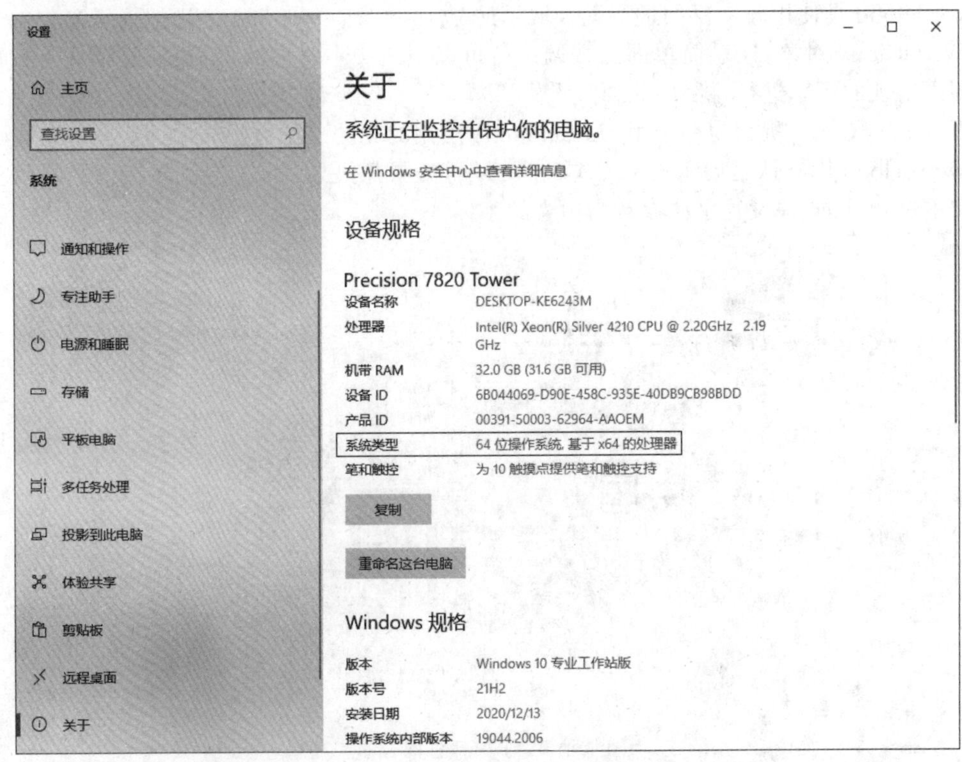

图 1.5 查看操作系统类型

(2) 打开官网。在浏览器的地址栏中输入 Anaconda 官网的网址(https://www.anaconda.com),在其主页上能够看到推荐的适合本地计算机的版本信息。为了避免填写网站注册信息,可以直接单击 Get Additional Installers 链接,如图 1.6 所示。

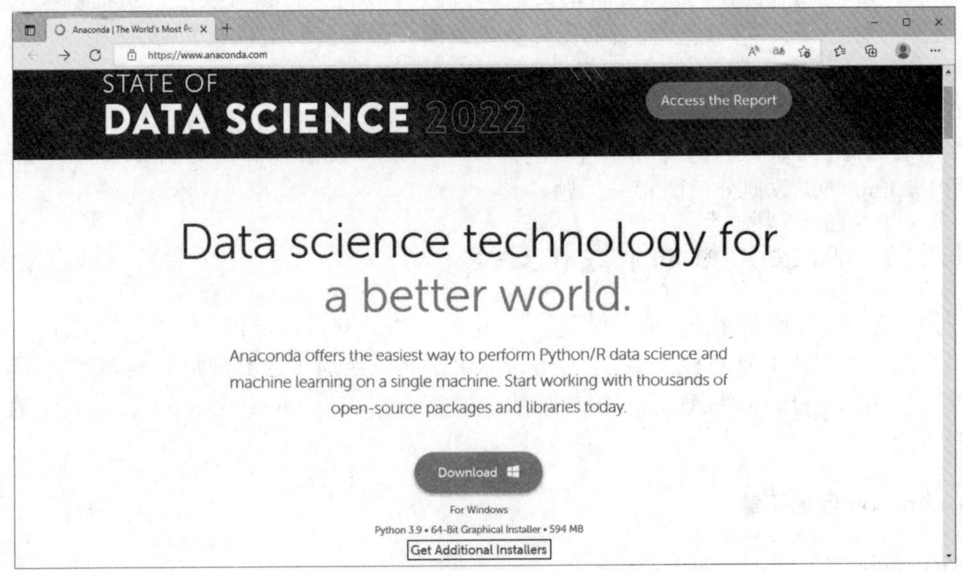

图 1.6 Anaconda 官网页面

(3) 选择安装包。首先根据计算机选择对应的操作系统,这里选择 Windows,同时选择与本地计算机操作系统相同的位数,目前 Anaconda 最新版本内置的是 Python 3.9,如图 1.7 所示。如果需要其他版本的安装文件,可以拖动滚动条显示页面的下方,单击 archive 链接,找到更多安装包存档页面,以便查看、下载其他 Anaconda 版本,如图 1.8 所示。

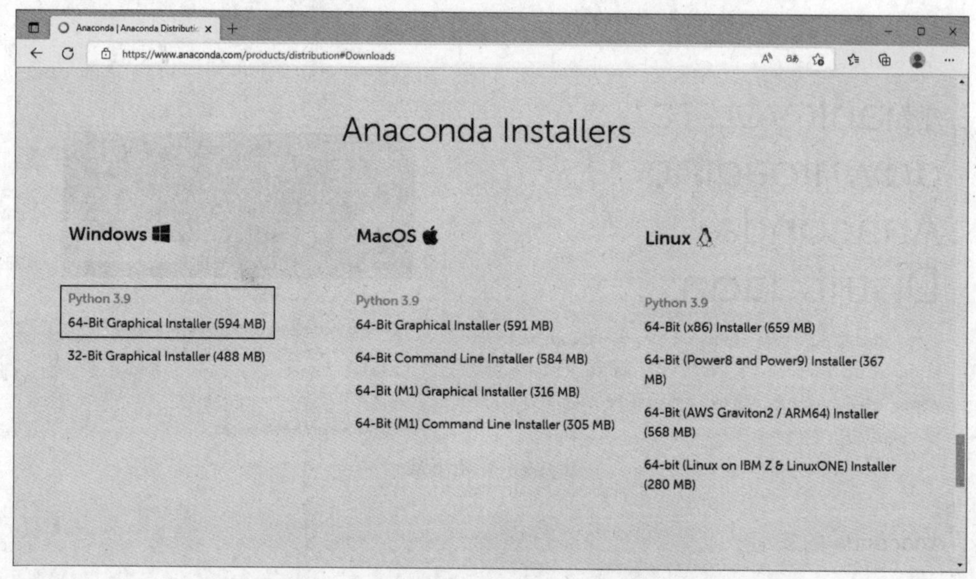

图 1.7 选择操作系统及对应的安装包

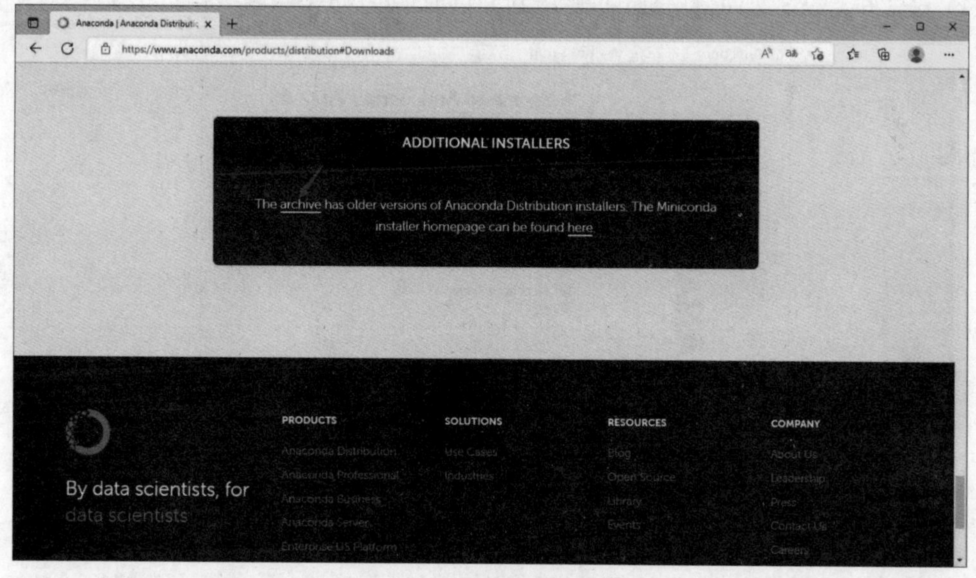

图 1.8 单击 archive 链接

(4) 开始下载。单击对应的安装程序后会打开新的页面,并开始下载,如图 1.9 所示。在下载完成后,单击浏览器中的下载工具即可找到安装文件。

注意:Anaconda 的官方网站页面也许会调整、改版,对应链接的位置可能会有所不同,但是大家只要找到"archive"链接就可以找到所需要版本的安装程序。

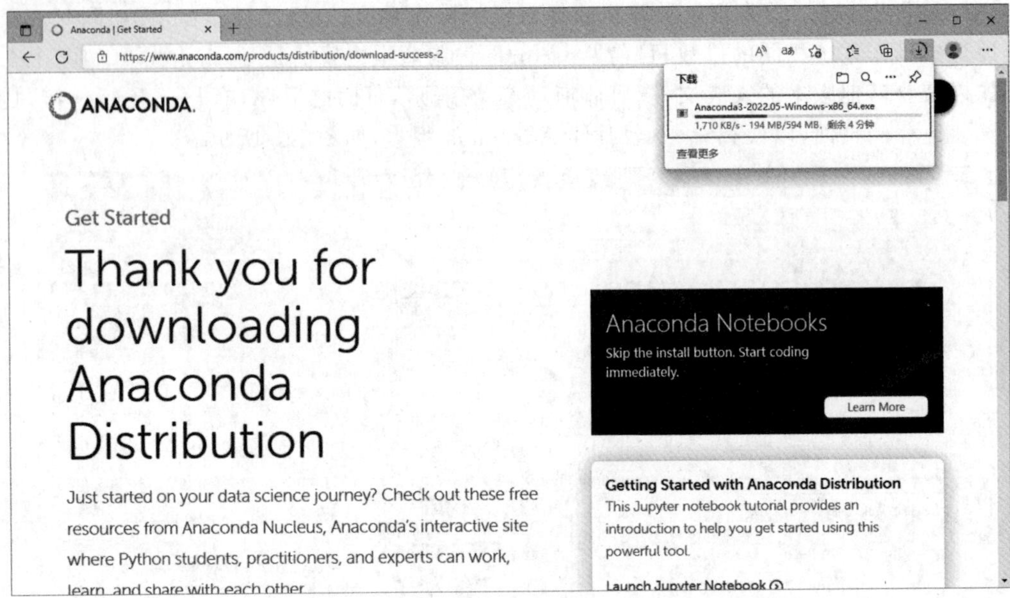

图 1.9　开始下载

2. Anaconda 的安装

在下载完成后开始安装 Anaconda,具体步骤如下:

(1) 双击安装程序文件,打开如图 1.10 所示的对话框,单击 Next 按钮。

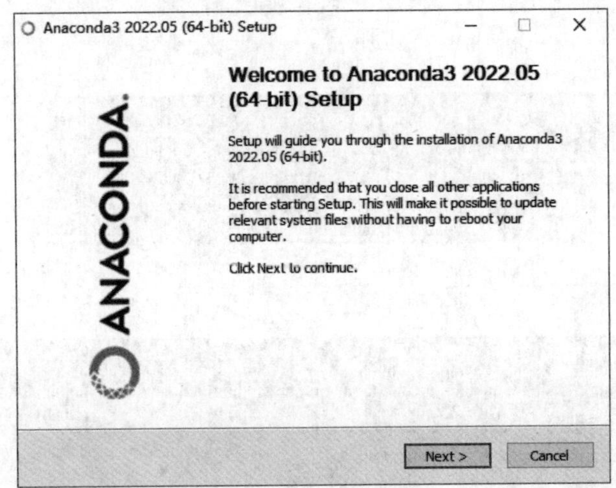

图 1.10　欢迎对话框

(2) 单击图 1.11 中的 I Agree 按钮,同意协议内容。

(3) 选择安装类型。在图 1.12 所示的对话框中选择推荐类型 Just Me,单击 Next 按钮。

(4) 选择安装路径。可以使用系统默认指定的安装路径,如图 1.13 所示,也可以单击 Browse 按钮,选择指定路径安装 Anaconda,然后单击 Next 按钮。

(5) 设置安装选项。根据需要选择是否将 Anaconda 添加到系统环境变量中和是否将 Anaconda 中内置的 Python 3.9 作为默认的 Python 工具,如图 1.14 所示。此处按照默认选项,单击 Install 按钮。

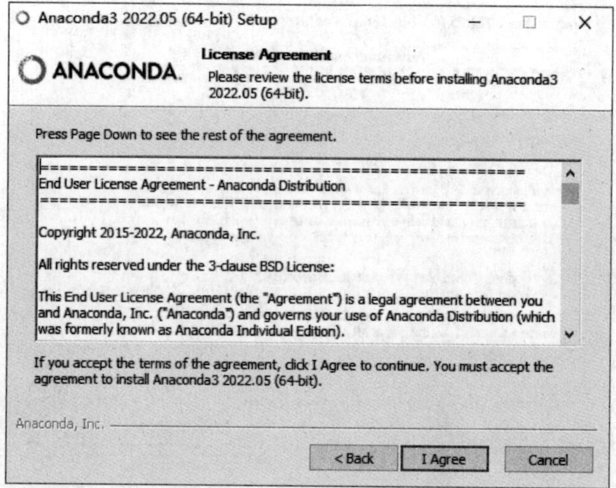

图 1.11　软件使用协议

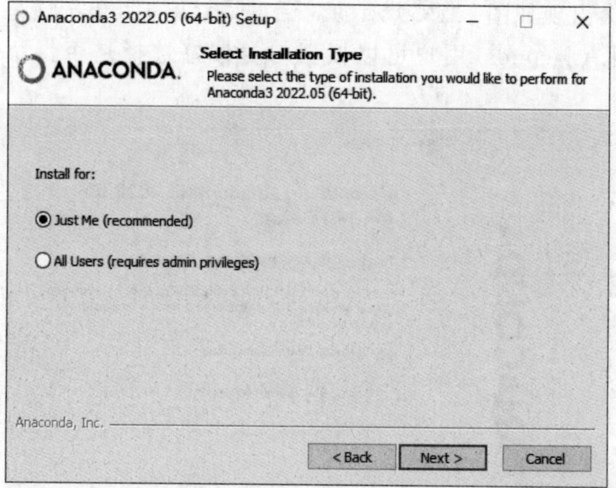

图 1.12　选择安装类型

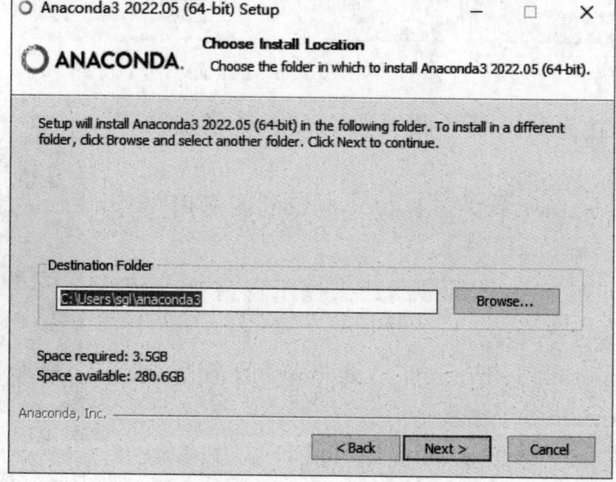

图 1.13　选择安装路径

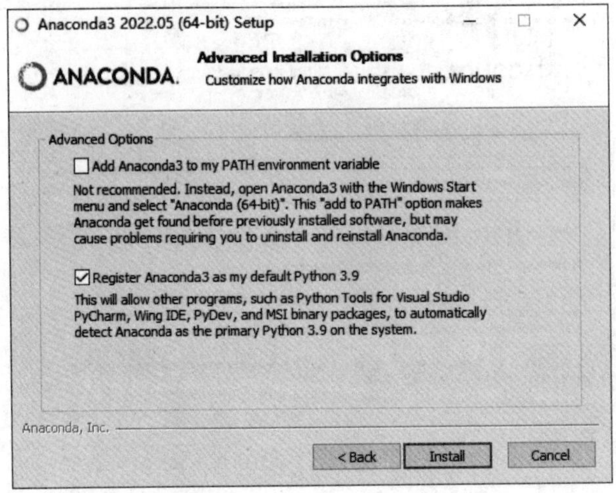

图 1.14　高级安装选项

(6) 安装结束后会出现如图 1.15 所示的对话框，默认的两个选项是查看 Anaconda 发行版的指南和开始使用 Anaconda，用户可以根据自身偏好选择是否保留这些选项，然后单击 Finish 按钮结束安装。

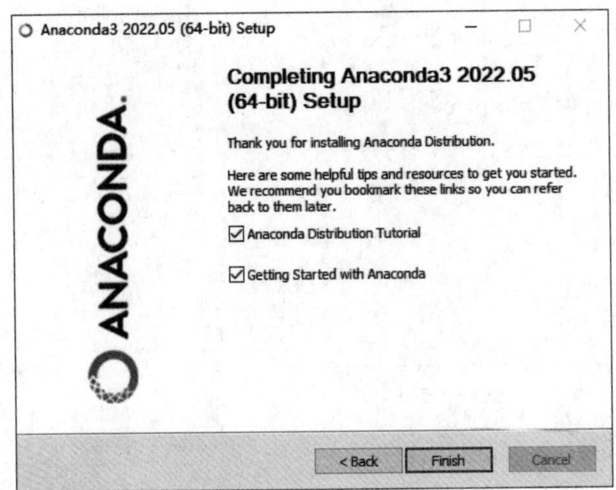

图 1.15　安装成功界面

(7) 安装完成后，在系统的开始菜单中会显示新增加的程序，如图 1.16 所示。

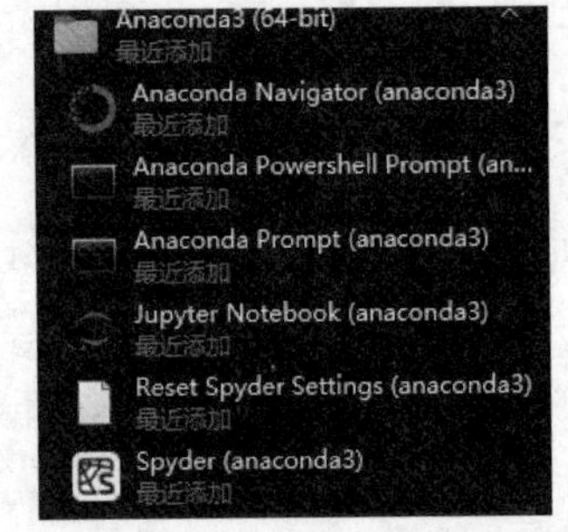

图 1.16　新增 Anaconda 程序菜单

- Anaconda Navigator：管理工具包和环境的图形用户界面程序。
- Anaconda Prompt：Anaconda 的命令提示符窗口，有安装、卸载及更新包等命令。
- Anaconda Powershell Prompt：Anaconda 的命令提示符窗口，比 Prompt 多了一些命令。
- Jupyter Notebook：基于 Web 的交互式计算 Python 开发环境。
- Spyder：主要用于科学运算的 Python 集成开发环境，可以浏览变量。

- Reset Spyder Settings：重置 Spyder。

3. 管理包

在 Anaconda Prompt 或 Anaconda Powershell Prompt 命令行窗口中，通过 pip 工具或 conda 工具可以进行包的管理，包括安装、更新、卸载等。本书主要使用 pip 工具，默认情况 Anaconda 配置的 Python 开发环境已经安装好了 pip 管理工具，可以直接使用。

1）pip 常用命令

(1) 查看 pip 版本：

```
>>> pip --version
```

(2) 升级 pip 工具：如果 pip 的版本太低，可以升级、更新当前版本。

```
>>> pip install -U pip
```

(3) 获得帮助：通过帮助可以了解如何使用 pip、pip 具备的功能等。

```
>>> pip help
```

(4) 安装库：使用 pip 安装第三方库，可以根据需求执行下面的语句。

```
>>> pip install package_name                          # 安装最新版本的包
>>> pip install package_name == 1.0.4                 # 安装指定版本的包
>>> pip install 'package_name >= 1.0.4'               # 安装指定最小版本的包
```

可以通过使用==、>=、<=、>、< 来指定一个库的版本号。

(5) 升级库：

```
>>> pip install --upgrade package_name
```

(6) 卸载包：

```
>>> pip uninstall package_name
```

(7) 查看库的信息：

```
>>> pip show package_name
```

(8) 查看已安装的库：列出所有已安装的第三方库和对应的版本信息。

```
>>> pip list
```

2）设置 pip 安装镜像源

默认情况下 pip 从 PyPI 中下载库文件，因 PyPI 服务器在国外，访问起来很慢，也时常会因为网络问题导致库的安装、更新失败，为此国内提供了镜像源，用来代替 PyPI，主流的镜像源地址如下。

- 清华镜像源：https://pypi.tuna.tsinghua.edu.cn/simple
- 阿里云镜像源：http://mirrors.aliyun.com/pypi/simple/
- 中国科学技术大学镜像源：https://pypi.mirrors.ustc.edu.cn/simple/

- 华中理工大学镜像源：http://pypi.hustunique.com/
- 山东理工大学镜像源：http://pypi.sdutlinux.org/
- 豆瓣镜像源：http://pypi.douban.com/simple/

这些镜像源备份了PyPI的数据，可以实现快速访问，但因为是镜像数据，存在一定的滞后性。

镜像源的使用有两种方式，这里以清华镜像源为例进行介绍。

第一种方式：临时使用。

```
>>> pip install -i https://pypi.tuna.tsinghua.edu.cn/simple package_name
```

这种方式每次执行安装时，指定从https://pypi.tuna.tsinghua.edu.cn/simple上安装对应的库。在该命令中，除了package_name为要安装的库名以外，其他都是固定格式。

第二种方式：永久使用。

```
>>> pip config set global.index-url https://pypi.tuna.tsinghua.edu.cn/simple
```

通过配置命令，可以将pip下载源永久设置为清华镜像源，这样以后安装库都是从清华镜像源下载，无须再加镜像源网址。

注意：pip工具和conda工具的区别如下。

pip是Python包管理工具，且只能管理Python包，安装的是Python Wheel或者源代码的包，在从源代码安装的时候需要有编译器的支持。pip工具允许在任何环境中安装Python包。

conda是一个与语言无关的跨平台的软件包和环境管理工具，它不仅适用于管理Python包，还可以创建和管理任何类型的、用任何语言编写的包和依赖。安装的都是编译好的二进制包，不需要编译。conda允许在conda环境中安装任何语言包。

扫一扫

视频讲解

1.5.2 Jupyter Notebook的使用

Jupyter Notebook采用交互式笔记本的形式，支持40多种编程语言运行。它本质上是一个支持实时代码、数学方程、可视化和Markdown的Web应用程序。Jupyter Notebook可以将文字、代码、图表、公式及结论都整合在一个文档中，便于重现整个分析过程，用户也可以通过电子邮件、GitHub等将分析结果分享给他人，这是其他开发工具无法做到的。

1. 启动Jupyter Notebook

在安装好Anaconda之后，启动Jupyter Notebook有多种方法，常用的有以下几种。

方法一：通过Anaconda Navigator启动

在程序菜单上选择Anaconda Navigator命令，打开如图1.17所示的窗口，可以看到Anaconda Navigator中已经集成安装好的开发工具，单击Jupyter Notebook工具下的Launch，即可启动Jupyter Notebook，此时系统默认的浏览器会出现如图1.18所示的Home Page页面。

方法二：通过命令行启动

首先通过程序菜单启动Anaconda Prompt，因为有时会涉及管理员权限问题，建议右击Anaconda Prompt，从快捷菜单中选择“以管理员身份运行”命令，然后在弹出的命令行窗口中输入“Jupyter Notebook”并回车，启动Jupyter Notebook，如图1.19所示。

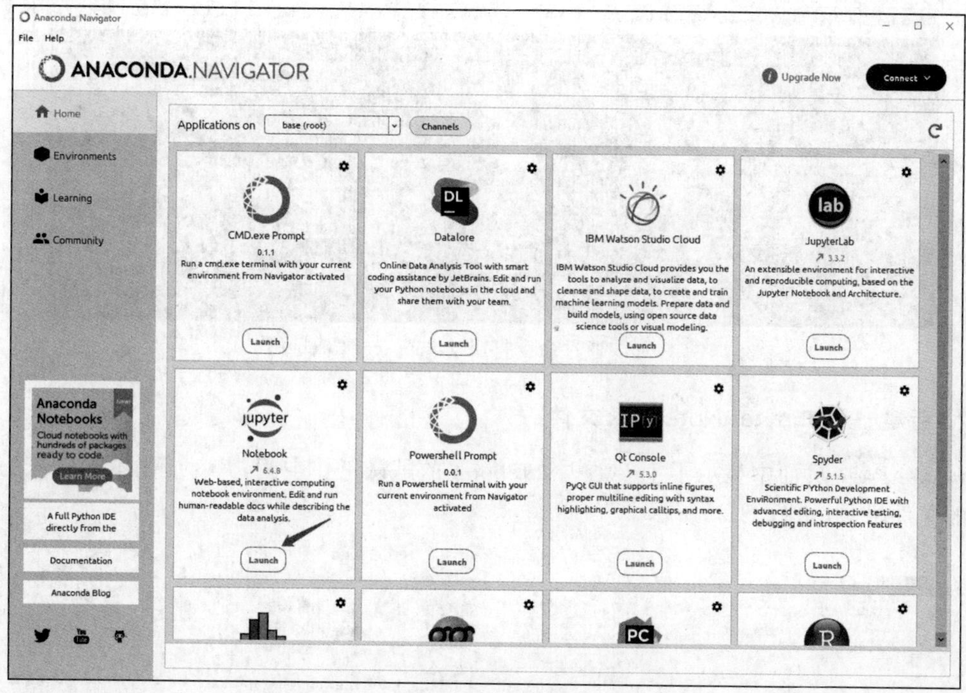

图 1.17 Anaconda Navigator 的 Home 界面

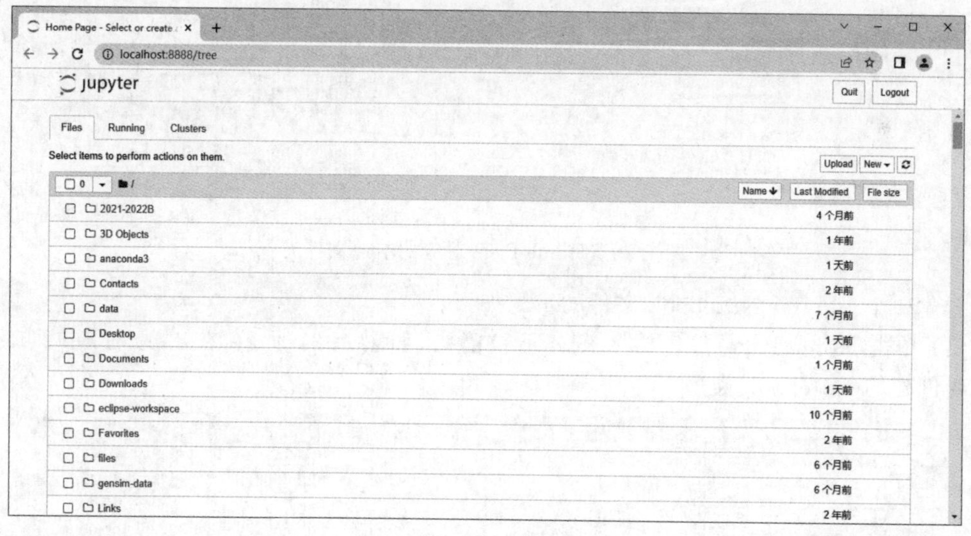

图 1.18 Home Page 页面

方法三：通过程序菜单启动

在程序菜单中选择 Jupyter Notebook 命令，弹出命令行界面，然后直接启动 Jupyter Notebook。因为 Windows 权限问题，建议以管理员身份运行启动。

注意：

(1) 采用方法二和方法三启动 Jupyter Notebook 后，不要关闭命令行界面，这是 Jupyter Notebook 的后端服务器进程。

(2) 如果因为浏览器或防火墙限制，系统默认的浏览器未能出现 Home Page 页面，复制命令行界面下方的任何一个 URL 地址到浏览器的地址栏中，即可打开 Home Page 页面。

```
管理员: Anaconda Prompt (anaconda3) - jupyter notebook
(base) C:\Windows\system32>jupyter notebook
[I 20:56:32.633 NotebookApp] [jupyter_nbextensions_configurator] enabled 0.4.1
[I 2022-10-13 20:56:33.170 LabApp] JupyterLab extension loaded from C:\Users\sgl\anaconda3\lib\site-packages\jupyterlab
[I 2022-10-13 20:56:33.170 LabApp] JupyterLab application directory is C:\Users\sgl\anaconda3\share\jupyter\lab
[I 20:56:33.177 NotebookApp] Serving notebooks from local directory: C:\Windows\system32
[I 20:56:33.177 NotebookApp] Jupyter Notebook 6.4.8 is running at:
[I 20:56:33.177 NotebookApp] http://localhost:8888/?token=413301a9607e7a5e0350c8cade9ea1b5671923bafcb9700a
[I 20:56:33.177 NotebookApp]  or http://127.0.0.1:8888/?token=413301a9607e7a5e0350c8cade9ea1b5671923bafcb9700a
[I 20:56:33.177 NotebookApp] Use Control-C to stop this server and shut down all kernels (twice to skip confirmation).
[C 20:56:33.214 NotebookApp]

    To access the notebook, open this file in a browser:
        file:///C:/Users/sgl/AppData/Roaming/jupyter/runtime/nbserver-30684-open.html
    Or copy and paste one of these URLs:
        http://localhost:8888/?token=413301a9607e7a5e0350c8cade9ea1b5671923bafcb9700a
     or http://127.0.0.1:8888/?token=413301a9607e7a5e0350c8cade9ea1b5671923bafcb9700a
```

图 1.19　通过命令行启动 Jupyter Notebook

2. 新建一个 Jupyter Notebook 文件

Home Page 页面中显示了 Jupyter Notebook 的默认工作空间，其对应的本机默认为当前用户的文件目录，如图 1.20 所示。

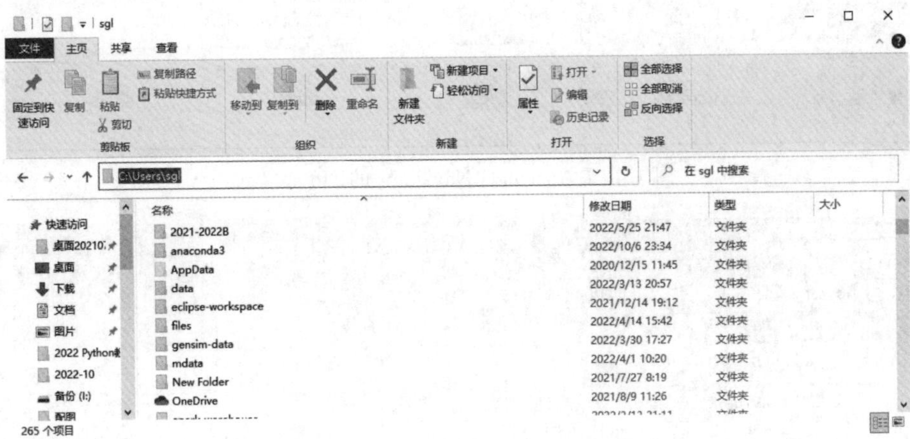

图 1.20　Home Page 对应的本地文件夹

新建一个 Jupyter Notebook 文件的步骤如下：

(1) 单击 Home Page 右上方的 New 下拉箭头，如图 1.21 所示，在出现的下拉列表中选择需要创建的 Notebook 类型。

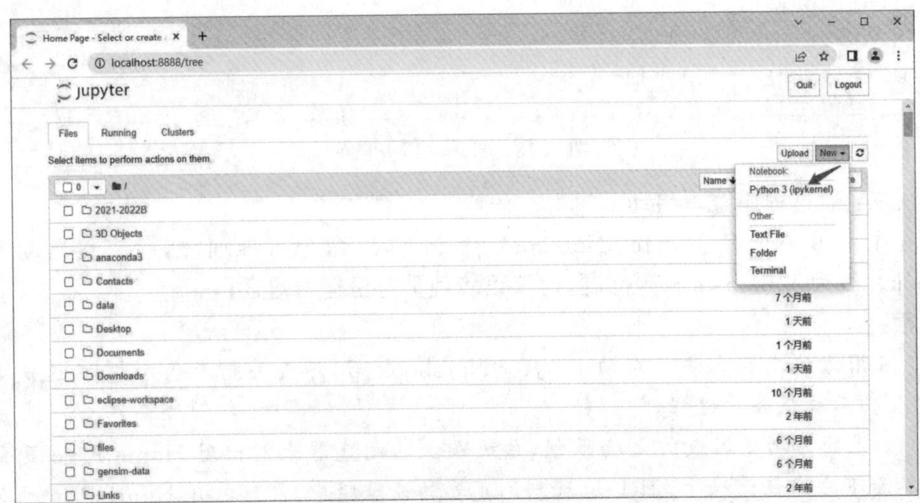

图 1.21　新建 Python 文件

(2) 选择“Python 3”选项，为 Python 运行脚本。

(3) 系统新建一个以 Untitled 开头的.ipynb 文件，进入 Python 脚本编辑界面。

该界面主要包括菜单栏、工具栏和内容编辑区，如图 1.22 所示。表 1.1 列出了菜单栏中各个菜单的主要功能，其中经常使用的菜单有 File、Cell 和 Kernel，另外 Help 菜单中集成了大量常用数据分析库的帮助文档，方便数据分析学习者使用。

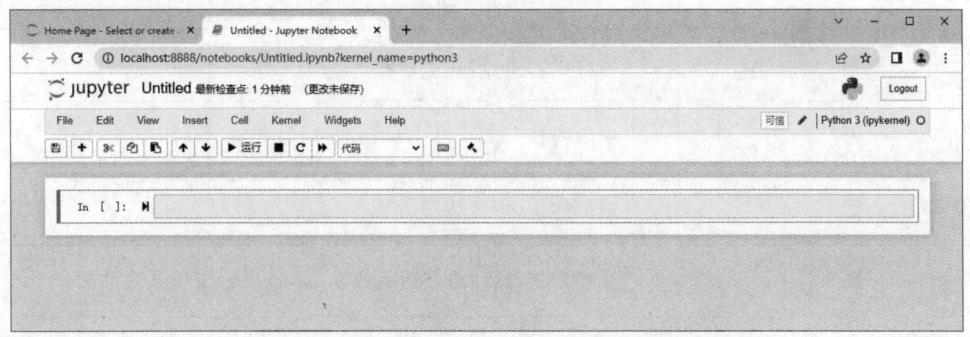

图 1.22 Jupyter Notebook Python 3 代码编辑界面

表 1.1 菜单栏执行功能说明

菜单	执行功能说明
File	笔记本的创建、打开；备份、另存、重命名、保存及检查点；还原检查点；打印预览、下载；关闭和挂起等功能
Edit	单元的剪切、复制、粘贴、删除；合并与拆分单元格；移动单元格；编辑笔记本元数据；查找与替换；单元格附件的剪切、复制和粘贴；插入图像
View	显示或隐藏标题、工具栏和行号；设置单元格右上角工具栏的类型
Insert	在当前位置之上、之下插入一个新的单元格
Cell	运行单元格内容；设置单元格类型；是否显示输出结果等
Kernel	中断、重启、关闭、重连 Kernel；更换 Kernel
Widgets	管理笔记本中的附件工具
Help	用户交互引导、键盘快捷键、修改键盘快捷键；Notebook 和 Markdown 帮助；其他帮助手册，主要包括 Python、IPython、numpy、Scipy、matplotlib、Sympy、pandas 等

菜单栏中的一些常用菜单项的功能也集成到了工具栏中，表 1.2 列出了工具栏中各个工具的功能。

表 1.2 工具栏执行功能说明

工　具	执行功能说明
	保存并建立检查点
✚	在下面插入单元格
✂	剪切选择的单元格
	复制选择的单元格
	粘贴到下面

续表

工　　具	执行功能说明
	上移选中的单元格
	下移选中的单元格
▶ 运行	运行单元格,选择下面的单元格
	中断内核
	重启内核(带确认对话框)
	重启内核,然后重新运行整个 Notebook(带确认对话框)
代码	选择单元格的类型：代码、Markdown、原生 NBConvert、标题
	打开命令设置
	美化选中的或全部代码

在工具栏的单元格类型工具列表中有代码、Markdown、原生 NBConvert、标题 4 个选项。因为标题是一种特殊的 Markdown,所以本质上编辑区的单元格中有代码、Markdown 和原生 NBConvert 3 种类型。

(1) Code 单元格类型是默认格式,可以编写 Python 代码,运行后显示结果。

(2) Markdown 单元格类型支持编写 Markdown 文本,运行后输出 Markdown 格式的文本。

(3) 原始 NBConvert 单元格类型使用较少,仅适用于使用过 NBConvert 命令行工具的内容,它是一种普通文本,运行后不会输出结果。

图 1.23 所示为上面几种类型单元格运行以后的结果。

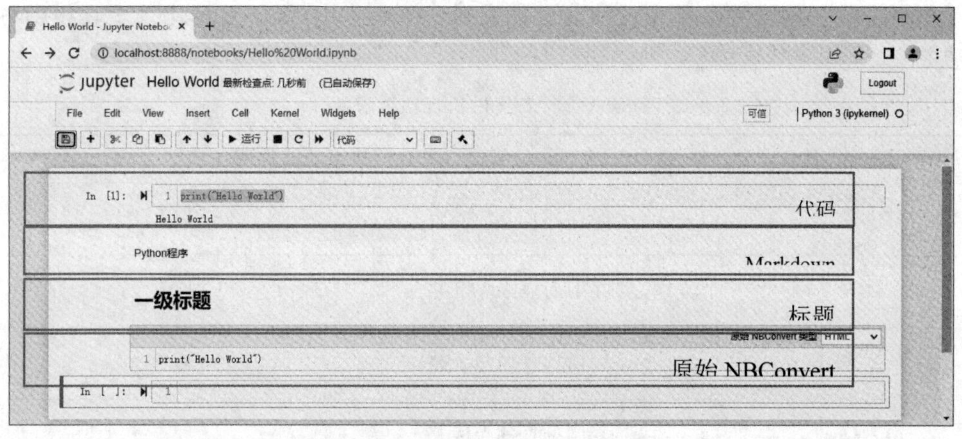

图 1.23　不同类型单元格示例

3. 在 Jupyter Notebook 中编写、运行第一个程序

1）编写、运行程序

在 Jupyter Notebook 文件的代码单元格中输入代码，例如 print("Hello World")，然后单击工具栏上的"运行"按钮或者按 Ctrl+Enter 组合键，输出结果，如图 1.24 所示。

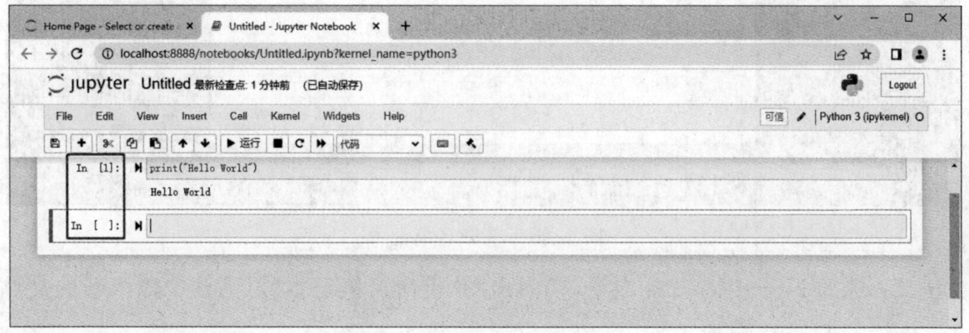

图 1.24　编写并运行程序

单元格前 In[]中的编号为单元格的执行顺序，其状态有以下几种。

- 空：该单元格尚未执行。
- 数字编号：单元格的执行顺序。
- 星号 *：该单元格正在执行。

2）保存文件

直接单击工具栏上的 按钮，默认文件名是以 Untitled 开头的，文件类型为 Jupyter Notebook 的.ipynb 文件。如果想将文件保存为其他类型，例如.py 文件，可以选择 File→Download as→Python(.py)，然后进行下载操作，如图 1.25 所示。

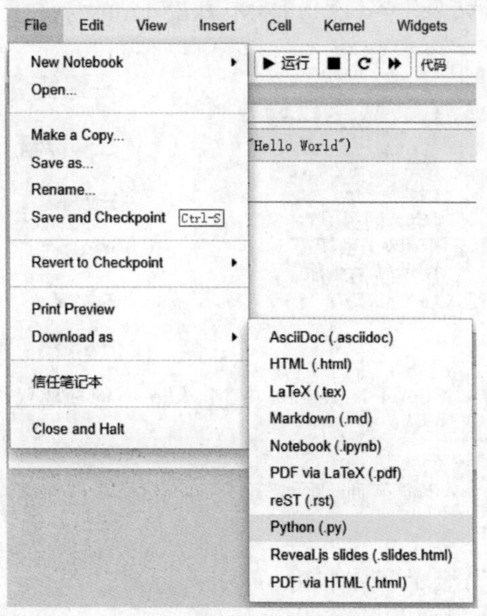

图 1.25　下载为其他类型文件

3）重命名文件

重命名文件有以下两种方法。

方法一:直接单击网页上的原始文件名,例如这里单击 Untitled,弹出如图 1.26 所示的"重命名笔记本"对话框,输入新的文件名,然后单击"重命名"按钮。

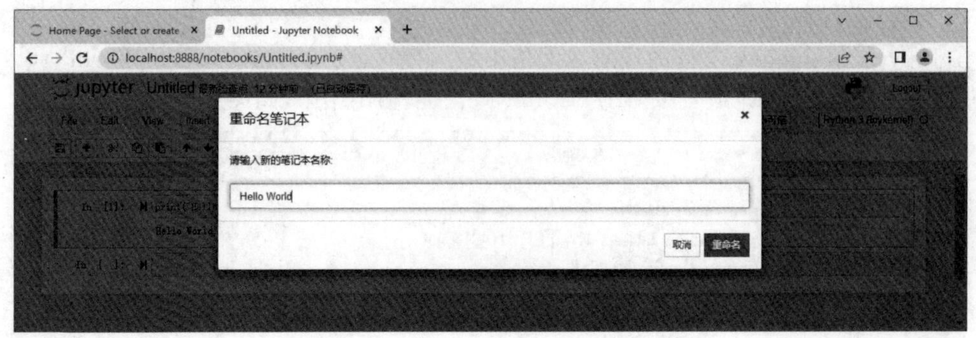

图 1.26 重命名笔记本

方法二:选择 File→Rename 命令,在弹出的"重命名笔记本"对话框中输入新的文件名。

4. 编写 Markdown

Markdown 是一种轻量级标记语言,允许人们使用简单、易写的纯文本格式编写文档,然后转换成有效的 XHTML 或 HTML 文档。由于其具有轻量化、易读、易写特性,对图片、图表、数学式也都支持,许多网站广泛使用 Markdown 撰写帮助文档。将单元格类型设置为 Markdown,Jupyter Notebook 的单元格则支持 Markdown 的编写,且功能强大。下面介绍标题、字体、列表和图片 4 个方面。

1) 标题

在文字前使用"#"号可以表示 1~6 级标题,一级标题对应一个"#"号,二级标题对应两个"#"号,以此类推。注意"#"和后面的文字要用空格分隔。如图 1.27 所示,左边是 Jupyter Notebook 中 Markdown 的标题代码,右边是 Markdown 的标题展示。

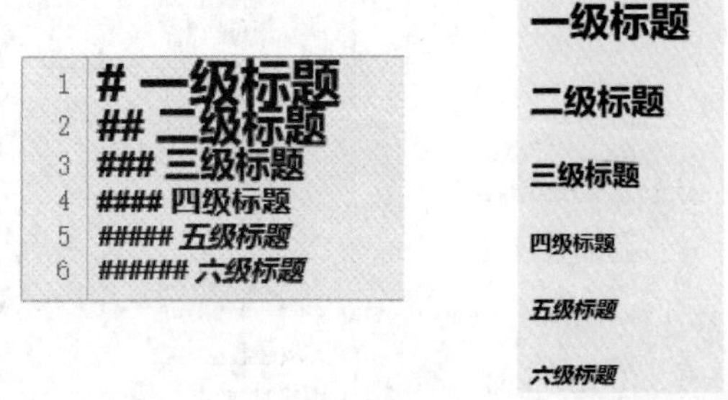

图 1.27 Jupyter Notebook 中 Markdown 的标题代码及展示

2) 字体

在字体左、右两端使用"*"或下画线"_"可以对字体进行加粗或加斜操作:

- 添加一个"*"或"_",表示字体加斜。
- 添加两个"*"或"_",表示字体加粗。
- 添加 3 个"*"或"_",表示字体加粗+加斜。

如图 1.28 所示,左边是 Jupyter Notebook 中 Markdown 的字体加粗或加斜代码,右边是 Markdown 的标题加粗或加斜后的展示。

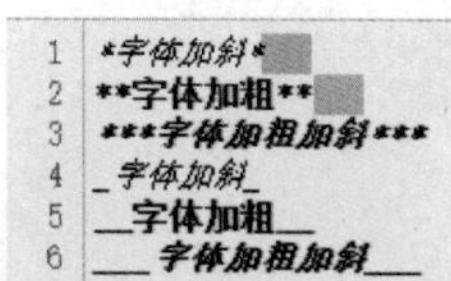

图 1.28 Jupyter Notebook 中 Markdown 的字体加粗或加斜代码及展示

注意：如果要在 Markdown 单元格中换行，可以在行末添加两个以上的空格后回车，图中在第 1 和第 2 行后添加了两个空格，然后回车就实现了换行。

3）列表

在 Markdown 单元格中可以表示无序列表和有序列表。

• 无序列表：在文本前加上星号"＊"或加号"＋"或减号"－"和空格表示。

• 有序列表：在文本前加上数字序号、"."、空格表示。

如图 1.29 所示，左边是 Jupyter Notebook 中 Markdown 的列表代码，右边是 Markdown 的列表展示。

注意：文本前的空格是必不可少的。

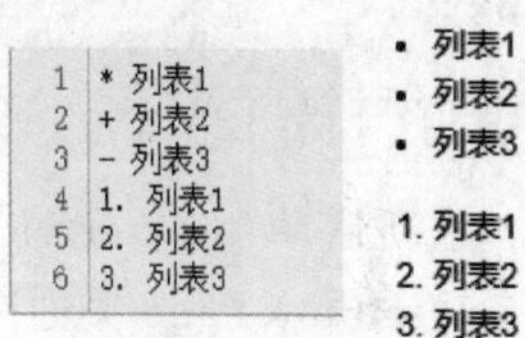

图 1.29 Jupyter Notebook 中 Markdown 的列表代码及展示

4）图片

在 Markdown 单元格中可以插入本地图片和在线图片。

插入本地图片，只需要找到待插入的图片，右击选择"复制"，然后在输入框中右击选择"粘贴"，也可以直接将图片拖到 Markdown 单元格中，此时会出现形如"`![图片标题](图片链接)`"的文本，单击运行即可。如图 1.30 所示，左边是 Jupyter Notebook 中 Markdown 插入本地图片后自动生成的代码，右边是 Markdown 中的图片展示。

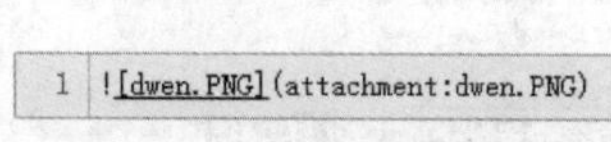

图 1.30 Jupyter Notebook 中 Markdown 的插入本地图片代码及展示

插入在线图片，在 Markdown 单元格中首先输入"`![image]()`"，然后将在线图片的 URL 地址复制到小括号中，单击运行即可。图 1.31 上面是 Jupyter Notebook 中 Markdown 插入在线图片的代码，下面是 Markdown 中的图片展示。

5. 设置 Jupyter Notebook 的代码提示功能

默认 Jupyter Notebook 没有代码提示功能，但可以通过命令安装和配置使 Jupyter Notebook 具备代码提示功能，操作步骤如下：

(1) 在"Anaconda Prompt"命令行界面依次输入以下 4 条命令。

```
>>> pip install jupyter_contrib_nbextensions              # 安装 Nbextensions 插件
>>> jupyter contrib nbextension install --user            # 设置 Nbextensions 插件
```

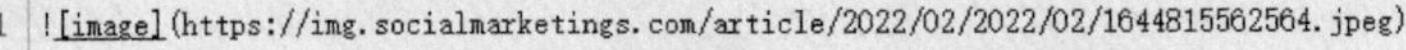

```
![image](https://img.socialmarketings.com/article/2022/02/2022/02/1644815562564.jpeg)
```

图 1.31　Jupyter Notebook 中 Markdown 的插入在线图片代码及展示

```
>>> pip install jupyter_nbextensions_configurator
>>> jupyter nbextensions_configurator enable --user
```

(2) 重新启动 Jupyter Notebook。

(3) 在 Home Page 页面中会出现 Nbextensions 选项卡,切换到该选项卡。

(4) 取消勾选 disable 前的复选框。

(5) 勾选 Hinterland 复选框,如图 1.32 所示,即可开启代码提示功能。

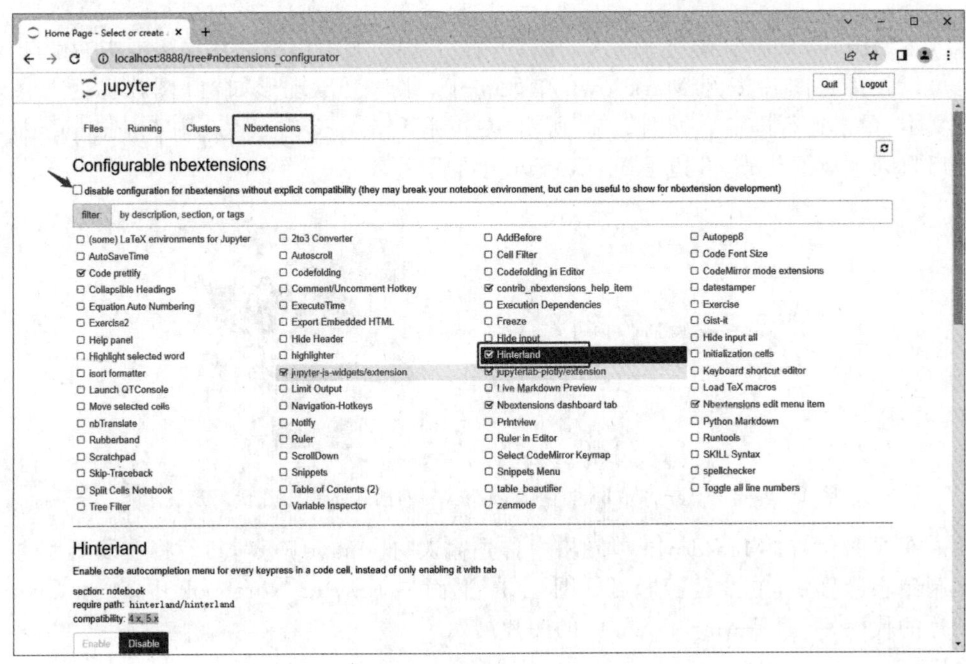

图 1.32　设置 Nbextensions 选项卡界面

1.5.3　Spyder 的使用

Spyder 是模仿 Matlab"工作空间"功能的一个简单的集成开发环境,方便用户观察和修改数组的值。

1. 启动 Spyder

类似于 Jupyter Notebook 的启动，在 Anaconda 下启动 Spyder 也有 3 种方式。

方法一：通过 Anaconda Navigator 启动。在 Anaconda Navigator 中已经集成了 Spyder，打开 Anaconda Navigator，找到 Spyder 工具，单击 Launch 即可启动。

方法二：通过命令行启动。在 Anaconda Prompt 中输入“spyder”命令即可启动，如图 1.33 所示。

图 1.33　在命令行界面中输入 spyder 命令

方法三：通过程序菜单启动。单击程序菜单中的 Spyder 命令，可以直接启动 Spyder。因为 Windows 权限问题，建议以管理员身份运行启动。

2. Spyder 的工作界面

Spyder 的工作界面如图 1.34 所示。

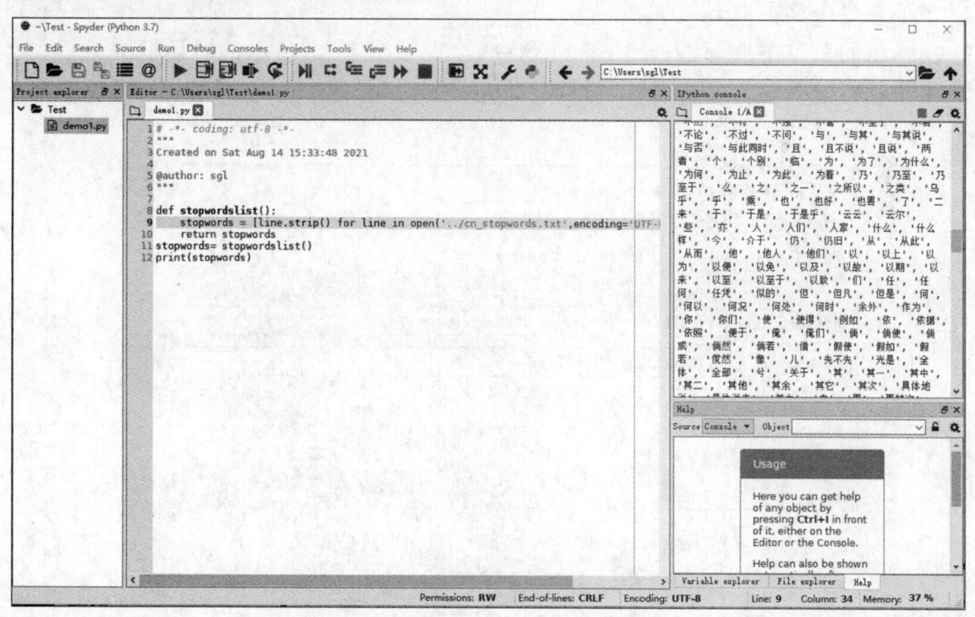

图 1.34　Spyder 的工作界面

(1) 菜单栏(Menu bar)：显示可用于操纵 Spyder 各项功能的不同命令。

(2) 工具栏(Tools bar)：通过单击图标可以快速执行 Spyder 中最常用的操作，将鼠标指针悬停在某个图标上可以获取相应功能说明。

(3) 路径窗口(Python path)：显示文件目前所处的路径，通过其下拉菜单和后面的两个图标可以很方便地进行文件路径的切换。

(4) 代码编辑区(Editor)：编写 Python 代码的窗口，右边的行号区域显示代码所在的行。

(5) 变量查看器(Variable explorer)：类似 Matlab 的工作空间，可以方便地查看变量，包括变量名、变量的数据类型、所占的空间大小。

(6) 文件查看器(File explorer)：查看当前文件夹下的文件。

(7) 帮助窗口(Help)：查看帮助文档。

(8) 控制台(IPython console)：命令行界面，可以实现交互。

(9) 历史日志(History log)：按时间顺序记录输入任何 Spyder 控制台的每个命令。

3. 新建 Python 文件

在 Spyder 中可以新建.py 文件，也可以新建项目工作区。

1) 新建.py 文件

通过下列 3 种方式中的任意一种，都可以新建一个.py 文件。

- 选择菜单栏中的 File→New File 命令。
- 单击工具栏上的 按钮。
- 按 Ctrl+N 组合键。

新建的.py 文件以 Untitled 开头，直接在该文件中编写代码。

2) 新建项目工作区

工作区是计算机上用于创建和保存所有文件的空间，新建项目工作区通常有助于管理项目文件，Spyder 支持创建项目工作区，具体步骤如下：

① 在菜单栏中单击 Projects。

② 在弹出的菜单中选择 New Project 命令，出现如图 1.35 所示的对话框。

③ 在该对话框中输入项目名称，设置存放路径，然后单击 Create 按钮，即可新建一个工程项目。

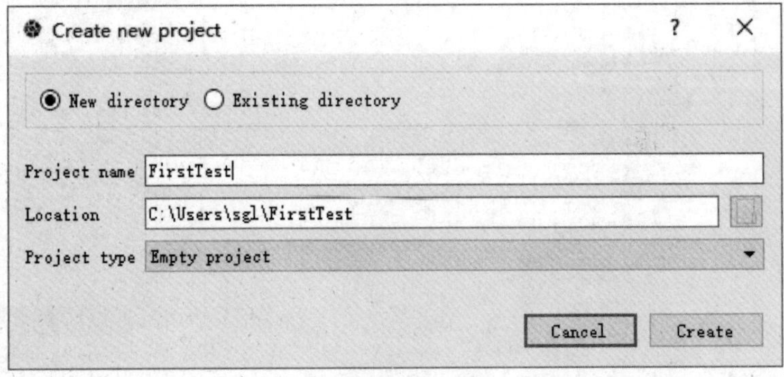

图 1.35 Create new project 对话框

本章小结

本章首先介绍了数据分析的重要性和数据分析的内容；然后介绍了数据分析的基本流程，梳理了用于数据分析的常用开发语言工具，并且介绍了 Python 用于数据分析的常用类库，包括数据爬取库、数据分析及处理库、数据可视化类库；最后介绍了数据分析的开发环境——Anaconda，包括如何下载安装 Anaconda 及包的管理、Jupyter Notebook 的使用方法和 Spyder 的使用。

习题 1

扫一扫

习题

扫一扫

自测题

扫一扫

视频讲解

第2章 Python爬虫基础

进行数据分析，首先要获取相应的数据，互联网是数据的重要来源，而网络爬虫则是获取互联网数据的常用工具。本章讲解Python爬虫基础，其中2.1节认识爬虫，了解爬虫的概念、工作原理及常见分类等；2.2节介绍爬虫的组成和目前网站中常用的反爬虫措施；2.3节在介绍HTTP的基础上讲解如何使用requests库爬取数据；2.4节在介绍网页的组成后讲解如何使用BeautifulSoup库解析网页数据。

2.1 认识爬虫

互联网是数据的重要来源，网络爬虫是收集互联网数据的常用工具。那么到底什么是网络爬虫？爬虫的运行原理和分类是什么？用爬虫爬取数据是合法的吗？本节来认识爬虫。

扫一扫

视频讲解

2.1.1 爬虫的概念

使用过互联网和浏览器的人都知道，在网页中除了提供用户阅读的文字、图片信息之外，还包含一些超链接，超链接相互交织，构成了一张大网。网络爬虫通过网页中的超链接不断获取网络上的其他页面。正因为如此，网络数据采集的过程就像一个爬虫或者蜘蛛在网络上漫游。网络爬虫或网络蜘蛛是一个模拟人的行为获取网页并提取内容信息的自动化程序，具体来说，网络爬虫会从指定的链接入口，按照某种策略，从互联网中自动收集、获取有用的信息。

网络爬虫在早期的时候主要是为了搜索引擎从互联网上下载网页，是搜索引擎的重要组成部分，表2.1中列出了常见的搜索引擎爬虫。随着互联网上的信息日益密集，单纯地依靠搜索引擎无法获得有效的发现和获取信息，同时随着人们数据思维素养的提高，大家对数据的需求量也日益增加，因此往往需要通过定制的网络爬虫获取所需要的互联网数据。网络爬虫目前是获取互联网信息和数据的主要渠道。

表2.1 常见的搜索引擎爬虫

搜索引擎爬虫	说明
BaiduSpider	基于Python的百度搜索结果爬虫，支持多种搜索结果
Googlebot	Google的网页爬虫，主要爬取网页中的内容
HaoSouSpider(360Spider)	好搜的网络爬虫
SosoSpider	腾讯搜搜的网络爬虫
YoudaoBot	有道的网络爬虫
EtaoSpider	一淘网的网络爬虫，搜索爬取和挖掘商品相关信息

2.1.2 爬虫的原理与类型

1. 爬虫的原理

网络爬虫主要是爬取互联网上的信息资源。在万维网上，每个信息资源都有统一且唯一的地址，该地址称为URL(Uniform Resource Locator，统一资源定位器)，是万维网服务程序上用于指定信息位置的表示方法。它通常可以理解为狭义的网页的链接，例如http://www.buu.edu.cn，表示的是如图2.1所示的网页页面；也可以理解为广义的资源在网络中的定位标识，例如http://news.buu.edu.cn/picture/0/2106280911381021715.jpg，表示的是如图2.2所示的图片。

图2.1　URL对应的网页页面

图2.2　URL对应的图片资源

1) 爬虫的工作流程

网络爬虫通常是以一个叫种子集的 URL 列表为起点,沿着 URL 的链接爬行,下载每个 URL 所指向的网页资源,分析页面内容,然后提取新的 URL,如此往复,直到 URL 队列为空或满足设定的终止条件为止,最终实现整个 Web 的遍历。下面来看具体的流程,如图 2.3 所示,整个网络爬虫工作可以分为 8 步。

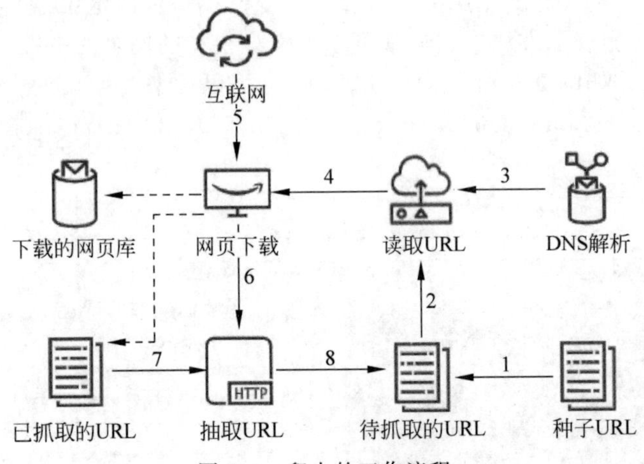

图 2.3 爬虫的工作流程

① 选取种子 URL。

② 将种子 URL 放入待爬取 URL 队列中。

③~④ 从待爬取 URL 队列中取出待爬取的 URL,解析 DNS。

⑤ 把 URL 对应的网页下载下来,存储进已下载网页库中。

⑥ 将⑤对应的 URL 放进已爬取 URL 队列,并解析网页页面,抽取页面的 URL。

⑦~⑧ 将⑥中抽取的 URL 和已爬取 URL 队列做比较,筛选出新的 URL 并加入待爬取 URL 队列中。

重复上述过程,直到待爬取 URL 队列为空。

2) 爬取策略

在实际操作中,URL 列表的设置与维护是一个需要对目标应用场景有极强敏锐度的工作,通常需要领域用户的参与。另外,根据爬取目标需求,为了提高工作效率,通常会设置爬虫的爬取策略,常用的爬取策略有深度优先策略和广度优先策略。

深度优先策略如图 2.4 所示,是按照深度由低到高的顺序依次访问下一级网页 URL,直到不能再深入为止。爬虫在完成一个爬行分支后返回到上一个 URL 节点再进一步搜索其他 URL 链接。当所有 URL 遍历完后爬行任务结束。这种策略比较适合垂直搜索或站内搜索。

广度优先策略如图 2.5 所示,是按照网页内容目录层次的深浅来爬行页面,处于较浅目录层次的页面首先被爬行。当同一层次中的页面爬行完毕后,爬虫再深入下一层继续爬行。这种策略能够有效地控制页面的爬行深度,避免遇到一个无穷深层分支时无法结束爬行的问题,实现方便,无须存储大量中间节点,不足之处在于需要较长时间才能爬行到目录层次较深的页面。

在实际应用中还有其他的爬虫策略,例如基于 PageRank 链接评价的爬取策略、基于页面内容相似度的爬取策略等。

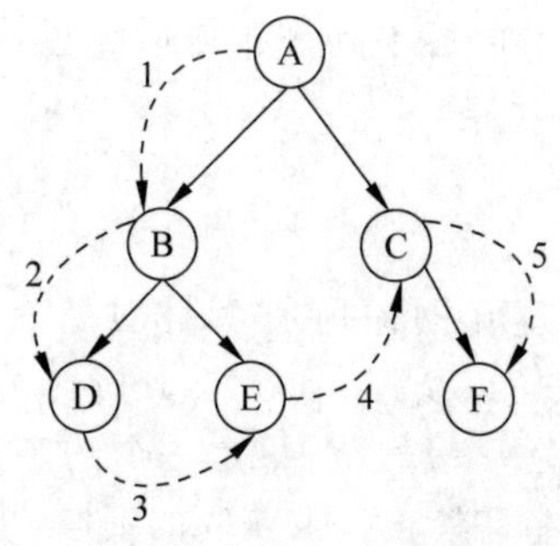

图 2.4　深度优先策略

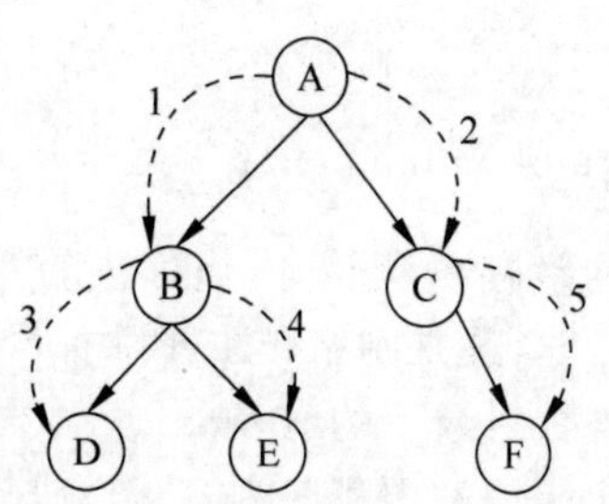

图 2.5　广度优先策略

2. 爬虫的分类

不同的视角，有不同的爬虫分类方法，常见的网络爬虫分类如图 2.6 所示。按照系统结构和运行原理划分，可以分为全网、聚焦、增量和深层网络爬虫；按照爬取数据的来源划分，可以分为网页爬虫和 API 爬虫；按照爬取数据的特点划分，可以分为静态爬虫和动态爬虫。这里按照爬取数据的范围将爬虫分为全网爬虫、站内爬虫和主题爬虫。

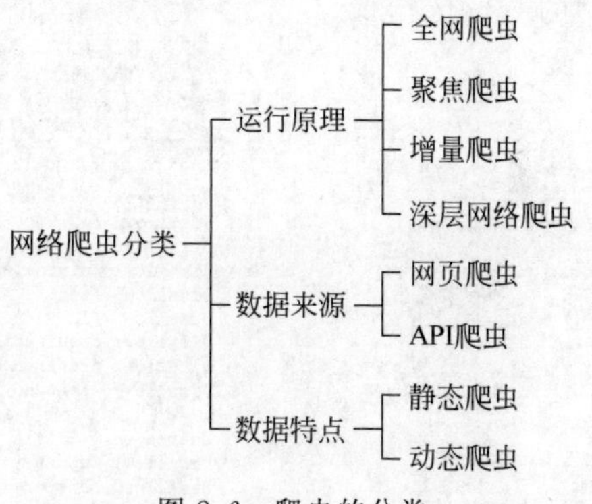

图 2.6　爬虫的分类

全网爬虫又叫通用网络爬虫，爬取的目标资源在整个互联网中。全网爬虫要爬取的目标数据是巨大的，并且爬行的范围也是非常大的，正是因为其爬取的数据是海量数据，所以对于这类爬虫来说，对其爬取的性能要求是非常高的。这种网络爬虫主要应用于大型搜索引擎中，有非常高的应用价值。

站内爬虫，顾名思义爬取的目标资源在某个网站内，通常提供相关领域的资源，爬取的难易程度和网站使用的技术相关。

聚焦爬虫也叫主题爬虫，是按照预先定义好的主题有选择地进行网页爬取的一种爬虫，聚焦爬虫不像通用网络爬虫那样将目标资源定位在全互联网中，而是将爬取的目标网页定位在与主题相关的页面中，这样可以大大节省爬虫爬取时所需的带宽资源和服务器资源。

2.1.3　爬虫的合法性和 robots 协议

1. 爬虫的合法性

目前，多数网站允许将爬虫爬取的数据用于个人或者科学研究。如果将爬取的数据用于其他用途，尤其是转载或者用于商业用途，严重的将会触犯法律或者引起民事纠纷。以下数据是不能爬取的，更不能用于商业用途。

(1) 个人隐私数据：例如姓名、手机号码、年龄、血型、婚姻情况等，爬取此类数据将会触犯个人信息保护法。

(2) 明确禁止他人访问的数据：例如用户设置了账号密码等权限控制，进行了加密的内容。

(3) 版权保护的数据：有作者署名的受版权保护的内容不允许爬取后随意转载或用于商业用途。

2. robots 协议

当使用网络爬虫爬取一个网站的数据时，需要遵守网站所有者针对所有爬虫制定的 robots 协议，其全称是网络爬虫排除标准(Robots Exclusion Protocol)。robots 协议通常是一个存放在网络根目录下的 robots.txt 文本文件，它不是一份规范，只是一个约定俗成的协议。这个协议规定了网站中哪些内容可以被爬虫获取，哪些是禁止爬虫获取的资源，指定的资源由正则表达式表示。网络爬虫在采集这个网站之前，首先获取这个文件，解析其中的规则，然后根据规则来采集网站的数据。

获取 robots 协议的一般是在网站的顶级域名后加 robots.txt，图 2.7 所示为百度百科网站的 robots 协议。

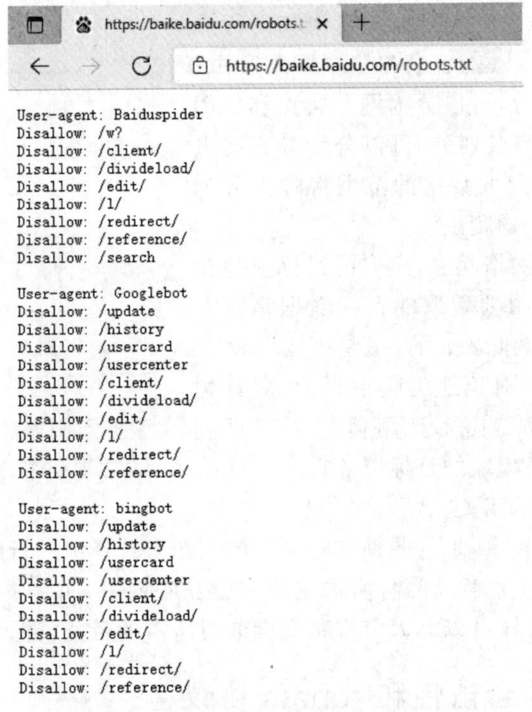


```
User-agent: Baiduspider
Disallow: /w?
Disallow: /client/
Disallow: /divideload/
Disallow: /edit/
Disallow: /l/
Disallow: /redirect/
Disallow: /reference/
Disallow: /search

User-agent: Googlebot
Disallow: /update
Disallow: /history
Disallow: /usercard
Disallow: /usercenter
Disallow: /client/
Disallow: /divideload/
Disallow: /edit/
Disallow: /l/
Disallow: /redirect/
Disallow: /reference/

User-agent: bingbot
Disallow: /update
Disallow: /history
Disallow: /usercard
Disallow: /usercenter
Disallow: /client/
Disallow: /divideload/
Disallow: /edit/
Disallow: /l/
Disallow: /redirect/
Disallow: /reference/
```

图 2.7　百度百科网站的 robots 协议

在 robots 协议中可以使用模式，例如使用 * 表示所有，使用? 表示一个任意字符。robots 协议通常包括 User-agent 和 Disallow 两条规则。

User-agent 行指定了规则应用于哪些网络爬虫，一般是针对网络搜索引擎爬虫。例如，如果要禁用 Google 网页搜索爬虫，User-agent 行可以设为 Googlebot；如果要禁用所有的爬虫，User-agent 行可以设为 *。

Disallow 行指定要屏蔽拦截的信息资源的 URL 或模式。Disallow 行以斜线"/"开头，如果要屏蔽整个网站，使用斜线即可；如果要屏蔽某一目录以及其中的所有内容，在目录名后添加斜线；如果要屏蔽某个具体的网页，直接指出这个网页。

2.2　爬虫的组成及反爬虫措施

编写爬虫需要了解爬虫由哪些部分组成，以及 Python 提供了哪些类库帮助实现网络爬虫的对应功能。网络爬虫作为自动化的程序，在获取数据时必然会增加网站的负荷，影响网站的访问性能，那么网站会有哪些限制爬虫的措施？了解了这些措施，在编写爬虫时又应该有哪些策略？本节学习爬虫的组成、反爬虫的措施，以及如何制定爬取策略。

2.2.1　网络爬虫的组成

扫一扫

视频讲解

从数据的视角来看，爬虫由 3 个部分构成，即爬取数据、解析数据和保存数据。

第一部分是爬取数据，爬虫要想爬取数据一般需要伪装成人的行为向网站站点发送请求，以获得网页页面，这也叫模拟请求。Python 提供了模拟请求获得资源的第三方库，例如 urllib、requests 等。

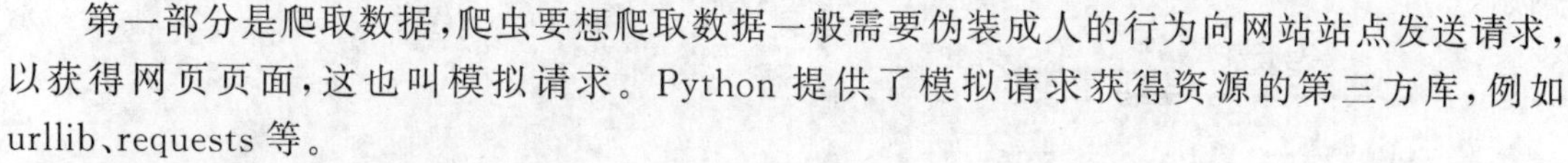

第二部分是解析数据，这一步是对模拟请求获得的网页页面信息进行解析提取。常见的网络资源是用 HTML 或 XML 编写的网页页面，可以用 BeautifulSoup、Xpath、PyQuery 等库解析出数据。有时为了提高解析效率，可以借助于正则表达式库 re。

第三部分是保存数据，以便后续进行数据分析。根据爬取解析数据的格式、规模的不同，其保存的形式可以是文件形式，也可以是数据库，包括关系型和非关系型。

如果编写的网络爬虫对性能的要求比较高，还可以使用爬虫框架，在 Python 中 scrapy 是经典框架，将爬虫的步骤模块化，方便部署开发出专业的网络爬虫。另外，也可以使用 selenium 库爬取动态网页的数据，使用 appinum 库爬取 API 接口中的数据。

2.2.2　网站反爬虫策略

扫一扫

视频讲解

编写爬虫的目的是自动获取网站上的相关数据，但是很多爬虫在运行时往往会增加网站服务器的压力，甚至会造成网站宕机，无法正常访问；另外，出于保护数据和商业竞争的考虑，网站不希望重要或涉及用户利益的数据被爬取。基于上述原因，网站会制定反爬虫策略，防止爬虫爬取数据。

1. User-Agent 限制

浏览器在发送请求的时候会附带一部分浏览器及当前系统环境的参数给服务器，服务器会通过 User-Agent 的值来区分不同的浏览器信息，一个正常浏览器的 User-Agent 如图 2.8 所示。如果是 requests 库发送的请求，User-Agent 的请求头为 python-requests/2.18.4；如果是 urllib 库发送的请求，则请求头显示的信息为 python-urllib/2.1。服务器通过识别请求中的 User-Agent 是否为合理、真实的浏览器对非真实的浏览器请求头进行限制。

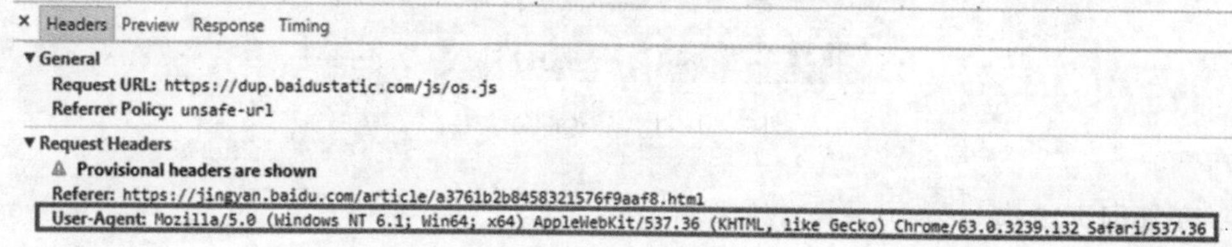

图 2.8　真实浏览器中的 User-Agent 信息

2. 设置账号权限

有些网站需要登录才能继续操作,如图2.9所示。虽然这些网站并不是为了反爬虫才要求进行登录操作,但确实起到反爬虫的作用。

3. IP 限制

普通用户通过浏览器访问网站的速度相对爬虫而言要慢得多,所以不少网站会使用这一点对访问频度设定一个阈值,如果一个IP在单位时间内访问频度超过了预设的阈值,将会对该IP做出访问限制。例如,在对某个页面进行频繁刷新时可能会被提示输入验证码,如图2.10所示,通常需要经过验证码验证后才能继续正常访问,严重的甚至会禁止一段时间该IP访问网站。

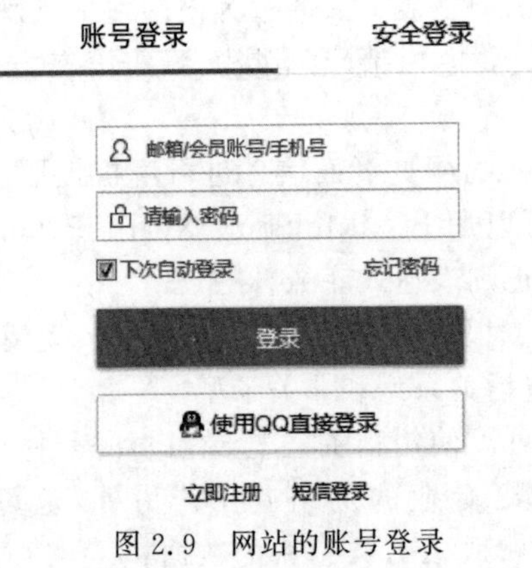

图2.9 网站的账号登录

图2.10 频繁刷新网站的提示验证码

4. 设置验证码

通过验证码来进行反爬取措施是比较常用的方法,特别是对一些要进行登录的页面,不论访问频度如何,一定要来访者输入验证码才能继续操作。例如,如图2.11所示的网站,在登录时就需要验证验证码,与访问频度无关。

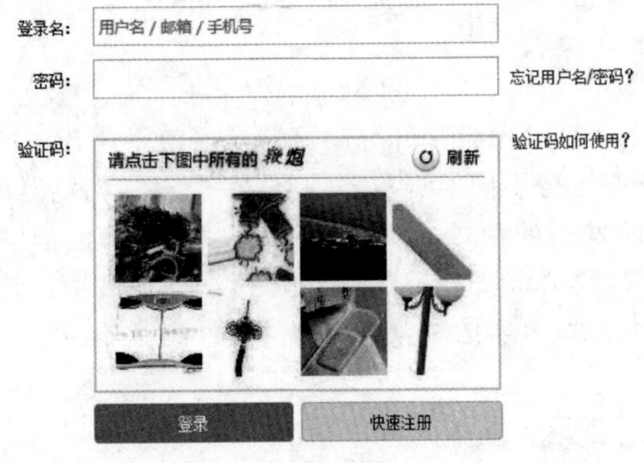

图2.11 网站登录验证码

5. 变换网页结构

爬虫在大部分情况下都需要通过网页结构来解析需要的数据,一些网站经常会更换网页结构，从而起到反爬虫的作用。在网页结构变换后，爬虫往往无法在原本的网页位置找到原本需要的内容。

在编写爬虫时，大家经常遇到的问题是爬虫获取数据的稳定性问题，不稳定的原因就是因为有这些反爬措施。

扫一扫

视频讲解

2.2.3　爬取策略的制定

如何能编写出高质量的爬虫，获取想要的数据信息？这里给出一些常用的策略建议。

1. 伪装浏览器

对于网站服务器针对访问请求来源的限制，一般可以发送模拟 User-Agent 来通过检验，即将要发送至网站服务器的请求的 User-Agent 值伪装成一般用户登录网站时使用的 User-Agent 值。

2. 模拟登录

通过设置 Cookie，可以模拟登录，然后维持一个会话去发送请求。当访问的数据较多时，可以研究服务器对账号进行限制的规律，搭建一个 Cookies 池，通过动态地获取 Cookies，然后使用这些 Cookies 信息进行访问，并维持会话。

3. 调整 IP 访问频率或设置 IP 代理

对于 IP 限制通常有两种方法：一种是调整 IP 访问频度，可以通过备用 IP 先测试网站的访问频率阈值，然后设置访问频率比阈值略低，这种方法既能保证爬取的稳定性，又能使效率不至于过低；第二种方法是使用 IP 代理，通常会根据 IP 的反爬限制自己搭建一个 IP 池，即拥有很多 IP 的容器，根据需要动态地更换爬虫 IP。可以从免费的 IP 网站上获取这些 IP，但是这些 IP 都是不太稳定的，所以也需要一个检测模块，从容器中获取 IP 并检测它是否有效，对于有效的 IP 可以放到容器中，对于无效的 IP 则从容器中删除。

4. 通过算法识别验证码

验证码通常是使用一些算法进行识别，简单的验证码可以采用一些简单的处理，例如二值化、中值滤波去噪、分割、紧缩重排、字库特征匹配识别等，有时也可以使用百度 AI 开放平台的 OCR 技术。对于复杂的验证码一般不会花时间去破解，因为即使破解了准确率也比较低，可以考虑借助于打码平台。

2.3　模拟请求爬取数据

本节学习在 Python 中如何模拟人的请求爬取数据。为便于大家理解用户是如何发送请求，获得网页数据的，首先介绍 Chrome 网页页面的开发者工具，然后认识 HTTP 网络传输协议，最后了解 Python 中的 requests 库是如何实现模拟请求的。

扫一扫

视频讲解

2.3.1　Chrome 开发者工具

Chrome 浏览器提供了一个非常便利的工具供广大 Web 开发者使用，这个工具提供了查看请求资源列表、网页元素以及调试 JavaScript 等功能,只需要下载、安装 Chrome 浏览器就可以使用。对于爬虫编写者来说,它是一个必备的工具,使用该工具可以查看资源请求信息、网页页面构成信息,对于模拟请求,解析页面非常有帮助。

1. Chrome 开发者工具的打开方式

Chrome 开发者工具通常有以下两种打开方式。

方式一：右击 Chrome 浏览器页面,在快捷菜单中选择“检查”命令,如图 2.12 所示。

方式二：打开 Chrome 浏览器快捷菜单,如图 2.13 所示,选择“更多工具”→“开发者工具”命令。

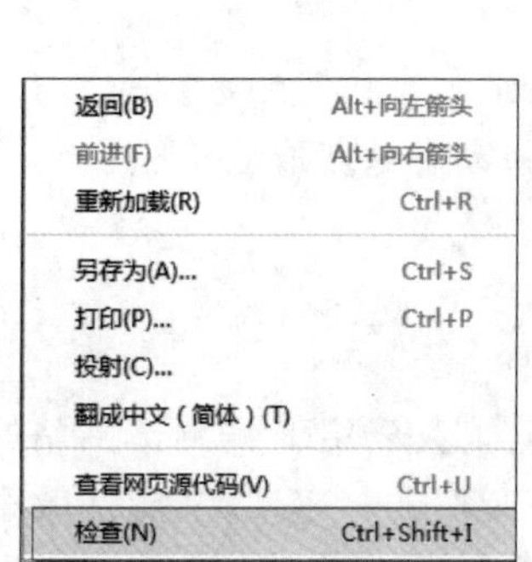

图 2.12 右键快捷菜单打开方式

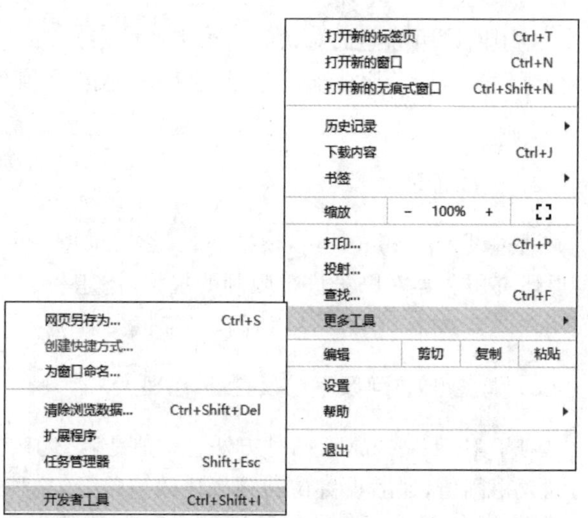

图 2.13 Chrome 浏览器快捷菜单打开方式

2. Chrome 开发者工具的构成

Chrome 开发者工具目前包括了 9 个面板,如图 2.14 所示。

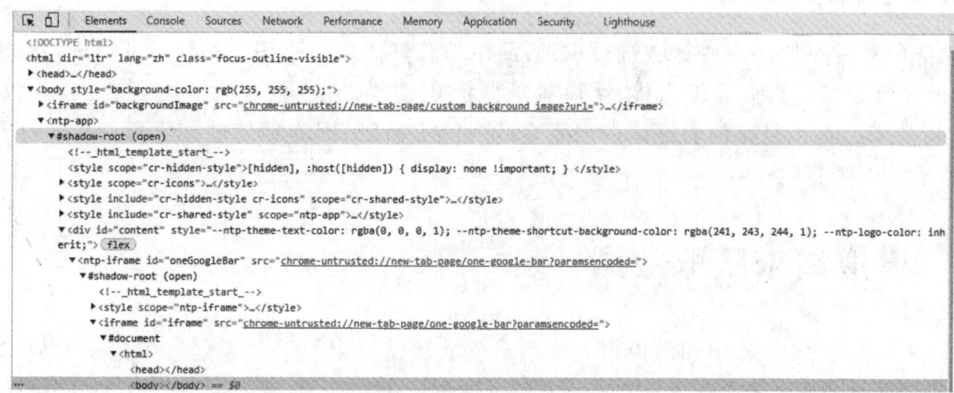

图 2.14 Chrome 开发者工具的 9 个面板

这些面板的作用各不相同,涉及展示网页元素、调试源代码、调试网页安全和认证等功能,各个面板的具体功能如表 2.2 所示,在实际使用中可以根据开发需要选择不同的面板。

表 2.2　Chrome 开发者工具面板的功能

面　　板	说　　明
元素面板(Elements)	可以查看渲染页面所需的 HTML、CSS 和 DOM(Document Object Model) 对象,并可以实时编辑这些元素调试页面渲染效果
控制台面板(Console)	记录各种警告与错误信息,并可以作为 shell 在页面上与 JavaScript 交互
源代码面板(Sources)	可以设置断点调试 JavaScript
网络面板(Network)	可以查看页面请求、下载的资源文件以及优化网页的加载性能,还可以查看 HTTP 的请求头、响应内容等
性能面板(Performance)	展示页面加载时所有事件花费时长的完整分析
内存面板(Memory)	提供比性能面板更详细的分析,例如可跟踪内存泄漏等
应用面板(Application)	可以检查加载的所有资源
安全面板(Security)	可以调试当前网页的安全和认证等问题,并确保网站上已正确地实现了 HTTPS
审查面板(Lighthouse)	对当前网页的网络使用情况、网页性能方面进行诊断,并给出优化建议

在编写网络爬虫时经常使用的面板有网络面板(Network)、元素面板(Elements) 和源代码面板(Sources)。

1) 网络面板

通过网络面板可以查看资源请求和相应的信息。首先切换到网络面板(Network),重新加载页面,然后单击要查看的网页资源,此时会以选项卡的形式显示该资源的 Headers(头部信息)、Preview(预览)、Response(响应信息)、Initiator(启动信息)、Timing(时间详情)和 Cookies,如图 2.15 所示。

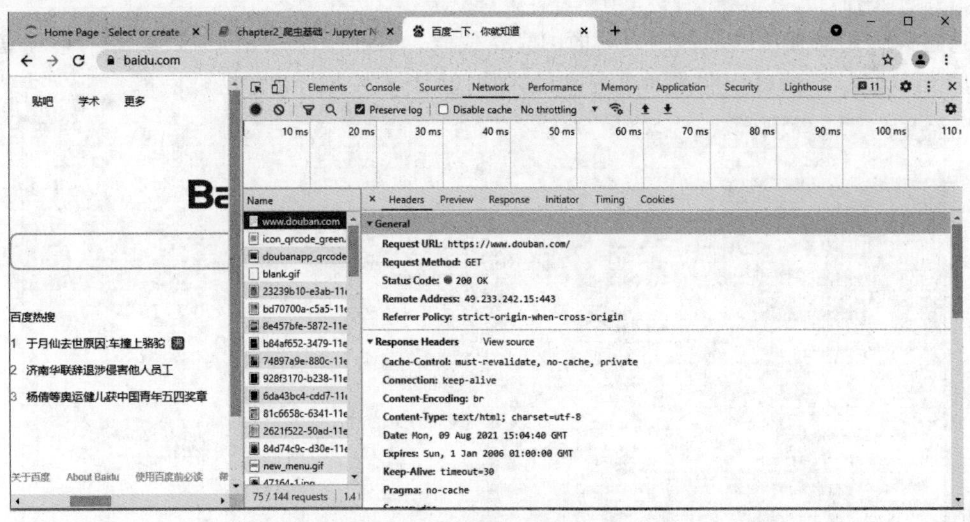

图 2.15　网络面板

(1) Headers:包括请求的 URL、请求方法、响应码、请求头、响应头、请求参数等。

(2) Preview:用于资源的预览。

(3) Response:响应信息,包括资源未进行格式处理的内容。

(4) Initiator:启动信息,解释请求是谁发起、怎么发起的。

(5) Timing:资源请求的详细时间。

(6) Cookies:请求用到的 Cookies 内容。

在编写爬虫时,一般会通过 Headers 选项卡查看请求需要用到的请求头、请求参数等,然后再通过 Response 选项卡查看网页的结构特征。

2）元素面板

元素面板在爬虫开发中主要用来查看页面元素对应的位置，如图 2.16 所示，例如查看图片所在位置或文字链接所对应的位置。在该面板左侧可以看到当前页面的树状结构，单击三角符号可以展开分支。将鼠标指针悬停至标签中的内容，该内容会同步在原网页界面中标识出对应部分。

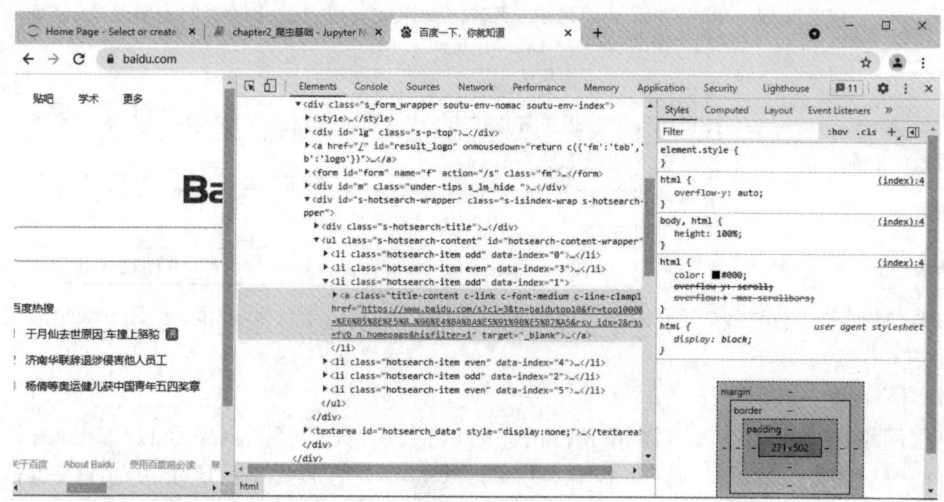

图 2.16 元素面板

3）源代码面板

通过源代码面板可以查看网页页面的完整代码，如图 2.17 所示，例如单击左侧对应文件夹中的 index 文件，将在中间显示其包含的完整代码。

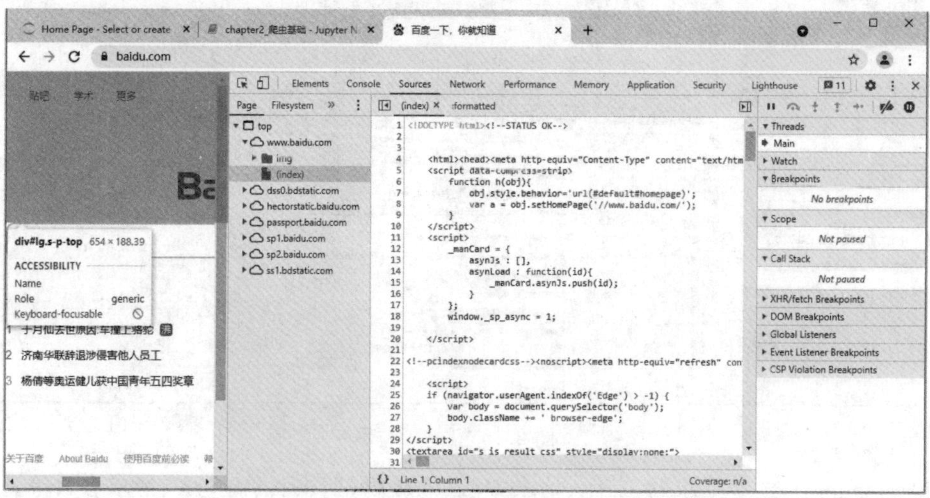

图 2.17 源代码面板

2.3.2 认识 HTTP

HTTP 是超文本传输协议（Hypertext Transfer Protocol）的简称，它是互联网数据传输的基础，要想理解爬虫如何模拟人类请求，必须了解 HTTP 的工作原理。

HTTP 定义网络客户端是如何从 Web 服务器请求 Web 页面，以及服务器如何把 Web 页面传送给客户端，它采用了请求/响应模型，如图 2.18 所示。客户端向服务器发送一个请求报文，请求报文包含请求的方法、URL、协议版本、请求头部和请求数据。服务器以一个状态行作为响应，响应的内容包括协议的版本、成功或者错误的状态码、服务器相关信息、响应头部和响应数据。简单地说，HTTP 规定了客户端发送给服务器的内容格式，即请求(request) 协议，也规定了服务器发送给客户端的内容格式，即响应(response)协议。

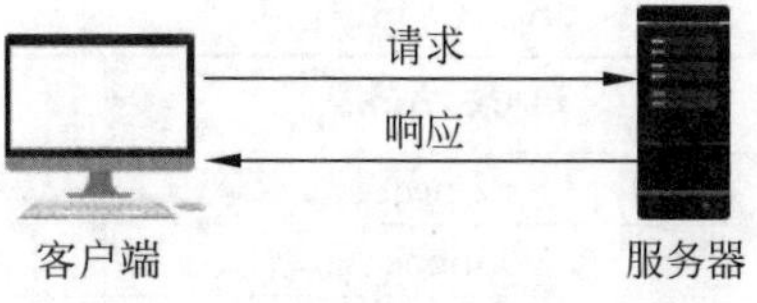

图 2.18 请求响应模型

通过 Chrome 开发者模式下的网络面板可以查看如图 2.19 所示的 HTTP 请求响应的具体过程。

图 2.19 Chrome 网络面板中 HTTP 请求响应的过程显示

1. request 请求

request 请求由客户端向服务器端发出，主要由请求行(Request Line)、请求头(Request Header)和请求体(Request Body)三部分构成。

1) 请求行

请求行由请求方法(Request Method)、请求资源的地址(Uniform Resource Identifier, URI)和协议(Protocol)构成。

HTTP/1.1 定义的请求方法有 8 种，如表 2.3 所示。在这些方法中最常用的是 get 和 post 方法。

表 2.3 HTTP 的请求方法

请求方法	描述
get	请求页面，并返回页面内容
head	请求并返回页面报头
post	通常用于提交表单或上传文件，数据包含在请求体中
put	从客户端向服务器传送的数据取代指定文档中的内容
delete	请求服务器删除指定页面

续表

请求方法	描述
connect	把服务器当跳板,让服务器代替客户端访问其他网页
options	允许客户端查看服务器的性能
trace	回显服务器收到的请求,主要用于测试或诊断

若客户端是通过单击网页上的链接或者在浏览器的地址栏中输入网址来浏览网页的,使用的都是get方法。在使用get方法时,请求参数和对应的值附加在URL的后面,使用一个问号"?"代表URL的结尾和请求参数的开始。在get方法中向服务器传递参数的长度是受限制的。

如果客户端需要给服务器提供较多信息,可以用post方法将请求参数封装在HTTP请求数据中,以key-value的形式呈现,这样就可以传输大量数据。post方法对传送的数据大小没有限制,并且传递的内容不会显示在URL中。

2)请求头

请求头用来向服务器说明使用的附加信息,图2.20所示为一个具体的请求头示例。请求头以key-value的形式呈现,例如Accept是指定客户端可以接受的信息类型,通过对应的value值,可以看到客户端接受的信息类型比较丰富,包括文本、图片、API等。在请求头信息中比较重要的信息有User-Agent和Cookie等,User-Agent可以让服务器识别用户使用的操作系统及版本、浏览器及版本等信息,Cookie则可以帮助用户维持当前与服务器的访问会话。更多详细的请求头信息如表2.4所示。

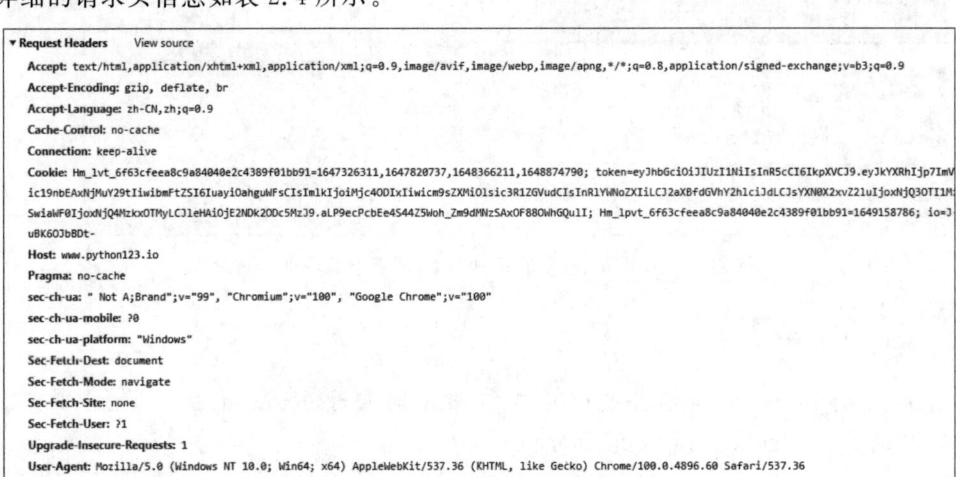

图2.20 请求头的一个示例

表2.4 常见请求头信息

头信息	描述
Accept	指定客户端可以接受的信息类型
Accept-Encoding	指定客户端可以接受的内容编码,包括字符编码、压缩形式
Host	指定要请求的资源所在的主机IP和端口
Cookie/Cookies	网站为了辨别用户进行会话跟踪而存储在用户本地的数据,它的主要功能是维持当前访问会话
Referer	标识请求是从哪个页面发过来的
User-Agent	它是一个特殊的字符串头,可以使服务器识别用户使用的操作系统及版本、浏览器及版本等信息

3) 请求体

在 POST 请求中,请求体是向服务器发送的请求参数,它将一个页面表单中的组件值通过 param1=value1¶m2=value2 的形式编码成一个格式化串,可以包括多个请求参数的数据。在 Chrome 工具中,当 Content-Type 显示为 form-urlencoded 时可以查看它的请求体 Form Data,如图 2.21 所示。

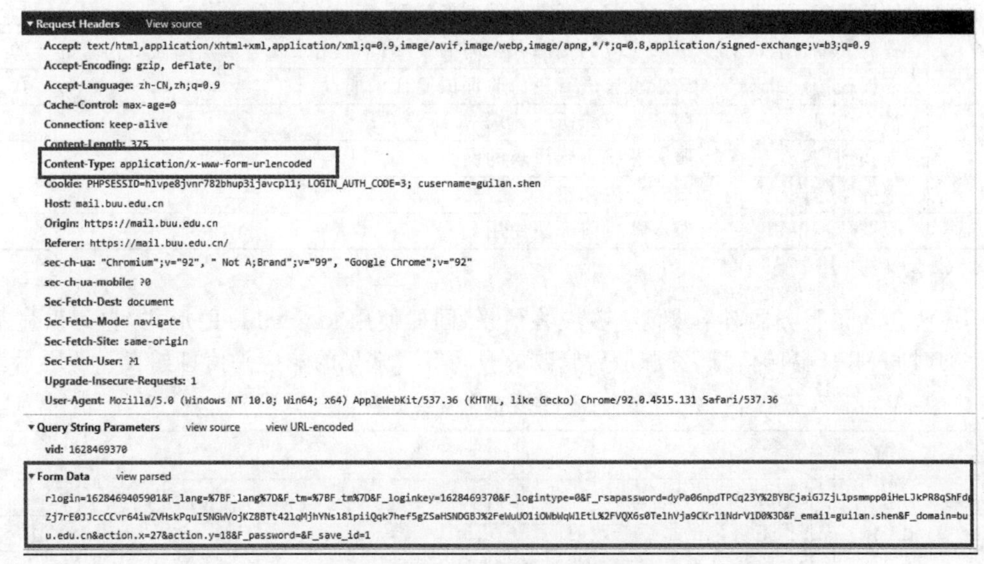

图 2.21 POST 请求中的请求体

在 GET 请求中,由于请求参数信息直接链接在 URL 中,即请求 URL 通过类似于"/chapter03/user.html?param1=value1¶m2=value2"的方式传递请求参数,因此对于 GET 请求,没有请求体。

2. response 响应

由服务器端返回给客户端的 response 响应包括响应行(Response Line)、响应头(Response Header)和响应体(Response Body)3 个部分。

1) 响应行

响应行由协议版本、响应状态码、状态码描述 3 个字段组成,它们之间用空格分隔。例如在访问百度时,响应行的内容为 HTTP/1.1 200 OK。

响应状态码由 3 位数字组成,第一个数字定义了响应的类别,有以下 5 种可能的取值。

- 1xx:信息类状态码,表示服务器已接收了客户端请求,客户端可以继续发送请求。
- 2xx:成功状态码,表示服务器已成功接收到请求并进行处理。
- 3xx:重定向状态码,表示服务器要求客户端重定向。
- 4xx:客户端错误状态码,表示客户端请求有语法错误或请求无法实现。
- 5xx:服务器端错误,表示服务器未能正常处理客户端的请求而出现意外错误。

在编写爬虫时经常会遇到 200 状态码,表明服务器已成功处理了请求;其次是 404 状态码,说明服务器没有找到请求的资源;然后是 500 状态码,说明服务器内部错误,无法完成请求。其他常见的状态码如表 2.5 所示。

表 2.5 常见的状态码

状态码	说明	详　情
200	成功	服务器已成功处理了请求
204	无内容	服务器成功处理了请求,但没有返回任何内容
301	永久移动	请求的网页已永久移动到新位置,永久重定向
302	使用代理	请求的网页暂时跳转到新位置,暂时重定向
303	查看其他位置	请求对应的资源存在另一个 URI,使用 get 方法定向获取请求的资源
401	未授权	请求没有进行身份验证或验证未通过
403	禁止访问	服务器拒绝访问请求
404	未找到	服务器找不到请求的网页
500	服务器错误	服务器内部错误,无法完成请求
503	服务器不可用	服务器目前无法使用

2) 响应头

响应头包含了服务器对请求的一些应答信息,同样使用 key-value 的形式,它可以显示响应产生的时间、服务器的信息、资源最后修改的时间等。常见的响应头信息如表 2.6 所示。

表 2.6 常见的响应头信息

头 信 息	描　述
Date	响应产生的时间
Last-Modified	指定资源的最后修改时间
Server	包含服务器的信息,例如名称、版本号
Content-Type	文档类型,指定返回的数据类型是什么,例如 text/html 代表返回 HTML 文档,application/x-javascript 代表返回 JavaScript 文件,image/jpeg 代表返回图片
Cache-Control	指定所有的缓存机制是否可以缓存及缓存哪种类型
Set-Cookie	设置 Cookies。响应头中的 Set-Cookie 告诉浏览器需要将此内容放在 Cookies 中,下次请求携带 Cookies 请求

图 2.22 所示为在 Chrome 工具中查看响应头信息的一个示例。

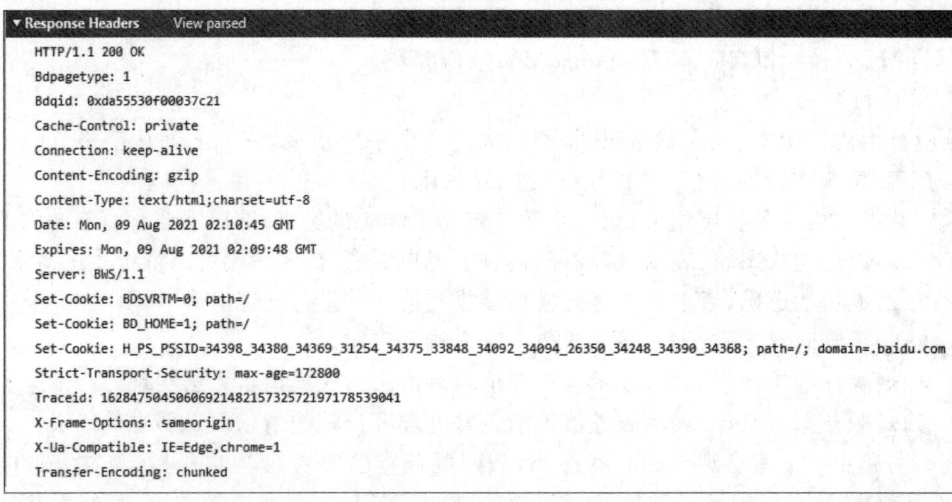

图 2.22 响应头示例

3) 响应体

响应体是网页的主要内容,即要获取网络数据的载体,Content-Type 指定响应体的

MIME 类型,可以是 HTML 文档、JavaScript 文件、图片等。

扫一扫

视频讲解

2.3.3 认识 requests 库

requests 库是 HTTP 的 Python 实现,它可以很方便地处理请求,返回响应。尽管在 Python 中还有其他第三方库能够模拟请求,但正如 requests 官网(https://docs.python-requests.org/zh_CN/latest/user/quickstart.html)所说"让 HTTP 服务人类"。requests 库的开发者遵循了 Python 之禅的箴言,用户可以简单、直接、高效地使用 requests 库的 API (Application Interface,应用程序接口)来模拟请求。

图 2.23 所示为 requests 官网上提供的一段示例代码,实现对 GitHub 网站中的页面发送请求并得到响应,以及查看具体响应信息。其中第一行代码实现了发送 GET 请求,得到响应的功能,查看响应信息,只需要访问响应对象相应的属性。

```
>>> r = requests.get('https://api.github.com/user', auth=('user', 'pass'))
>>> r.status_code
200
>>> r.headers['content-type']
'application/json; charset=utf8'
>>> r.encoding
'utf-8'
>>> r.text
u'{"type":"User"...'
>>> r.json()
{u'private_gists': 419, u'total_private_repos': 77, ...}
```

图 2.23 requests 代码的示例

要想使用 requests 库,首先需要安装,代码如下。

```
pip install requests
```

1. 使用 requests 发送请求

requests 库支持 HTTP 中的各种请求方法。发送请求的方法很简单,比如想发送 GET 请求,调用 get 方法即可。在 get 方法中通常传入要访问资源的 URL 地址。

```
>>> r = requests.get('https://httpbin.org/events')
```

如果发送 POST 请求,调用 post 方法,除 URL 地址参数以外,还需要传入 data 参数,data 里是 POST 请求中提交的表单数据。

```
>>> r = requests.post('http://httpbin.org/post', data = {'key':'value'}')
```

下面是 requests 库分别调用 put、delete、head 等方法发送和 HTTP 中对应的请求。

```
>>> r = requests.put('http://httpbin.org/put', data = {'key':'value'})
>>> r = requests.delete('http://httpbin.org/delete')
>>> r = requests.head('http://httpbin.org/get')
>>> r = requests.options('http://httpbin.org/get')
```

上述请求方法均会返回一个 requests.models.response 对象,即响应对象。

【例 2.1】 模拟 GET 请求,获得北京联合大学首页数据的响应。

```
import requests
url = "http://www.buu.edu.cn"
r = requests.get(url)
print(r)
```

程序的运行结果如下:

```
<Response [200]>
```

2. 响应信息

requests 请求通过响应对象的属性和方法可以获得响应体、响应状态及响应头等信息。表 2.7 列出了常见响应对象的属性和方法。

表 2.7 常见响应对象的属性和方法

属性或方法	描 述
status_code	返回 HTTP 响应的状态码,例如 200、404、500 等
url	请求的 URL 地址
headers	返回 HTTP 响应头
text	经过编码后的响应文本内容
content	未经编码的响应文本内容
encoding	HTTP 响应头中的编码字段,text 就是根据这个字段进行解码的,如果没有,则按 "ISO-8859-1"解码
apparent_encoding	根据响应内容解析出来的字符编码
cookies	获取 Cookie
request	获取对应的请求对象
raise_for_status()	除响应状态为 200 以外,抛出状态异常错误
json()	返回 JSON 格式的数据

在例 2.1 获得响应对象的基础上可以查看响应对象的属性,包括:

1) 查看 HTTP 响应的状态码

```
>>> r.status_code
200
```

如果发送了一个错误请求,比如一个 4xx 客户端错误,或者 5xx 服务器错误响应,可以通过调用 response 对象的 raise_for_status()来抛出异常:

```
>>> r = requests.get("http://httpbin.org/status/404")
>>> r.status_code
404
>>> r.raise_for_status()
```

此时 r 的 status_code 是 404,调用 raise_for_status()方法,得到的结果如图 2.24 所示。

在例 2.1 中,因为 r 的 status_code 是 200,调用 raise_for_status()方法返回的结果为 None。

```
---------------------------------------------------------------------------
HTTPError                                 Traceback (most recent call last)
<ipython-input-2-ef7af25fa6a4> in <module>
      2 r = requests.get("http://httpbin.org/status/404")
      3 r.status_code
----> 4 r.raise_for_status()

~\Anaconda3\lib\site-packages\requests\models.py in raise_for_status(self)
    938
    939         if http_error_msg:
--> 940             raise HTTPError(http_error_msg, response=self)
    941
    942     def close(self):

HTTPError: 404 Client Error: NOT FOUND for url: http://httpbin.org/status/404
```

图 2.24　异常显示

2）查看请求的 URL

```
>>> r.url
'https://www.buu.edu.cn/'
```

3）查看响应头

```
>>> r.headers
```

显示结果如图 2.25 所示。

```
{'Date': 'Thu, 07 Apr 2022 08:16:37 GMT', 'Content-Type': 'text/html', 'Content-Lengt
h': '5026', 'Connection': 'keep-alive', 'Last-Modified': 'Thu, 07 Apr 2022 01:22:26 GM
T', 'ETag': '"427d-5dc064f8b5880-gzip"', 'Accept-Ranges': 'bytes', 'Vary': 'Accept-Enco
ding', 'Content-Encoding': 'gzip', 'MS-Author-Via': 'DAV', 'Set-Cookie': 'HttpOnly;Secu
re', 'X-XSS-Protection': '1; mode=block'}
```

图 2.25　response 对象的 headers 属性返回结果

从图 2.25 可以看出 response 对象的 headers 属性返回的是一个字典类型的数据，用 key-value 形式返回响应头的信息。如果只想获得某个响应的头部信息，可以按照 key 值直接进行提取。例如只查看响应头中 Date 的内容。

```
>>> r.headers['Date']
'Thu, 07 Apr 2022 08:16:37 GMT'
```

4）获得响应中的内容

可以通过 text 属性或 content 属性获得 response 对象的内容。

- text 属性：查看响应中的文本内容。
- content 属性：查看响应中的非文本内容，例如图片的内容。

这两个属性的本质区别在于 content 属性是不经过任何字符编码以字节类型返回结果，text 属性则是根据编码以字符串类型返回结果。例如，以下代码可以查看响应对象的 content 属性返回结果中的一段信息。

```
>>> r.content[600:800]
```

显示结果如图 2.26 所示，可以看出文本内容是未经编码的十六进制数。

```
b'\r\n    <title>\xe5\x8c\x97\xe4\xba\xac\xe8\x81\x94\xe5\x90\x88\xe5\xa4\xa7\xe5\xad\xa6</title>\n<meta name="Keywords" content="\xe
5\x86\x85\xe5\xae\xb9\xe7\xae\xa1\xe7\x90\x86\xe3\x80\x81\xe5\x86\x85\xe5\xae\xb9\xe7\xae\xa1\xe7\x90\x86\xe5\x8f\x91\xe5\xb8\x83\xef
\xbc\x88CMS\xef\xbc\x89\xe7\xb3\xbb\xe7\xbb\x9f\xe3\x80\x81\xe4\xbf\xa1\xe6\x81\xaf\xe5\x8f\x91\xe5\xb8\x83\xe3\x80\x81\xe6\x96\xb0\x
e9\x97\xbb\xe9\x87\x87\xe7\xbc\x96\xe5\x8f\x91\xe7\xb3\xbb\xe7\xbb\x9f\xe3\x80\x81\xe7\x9f\xa5\xe8\xaf\x86\xe7\xae\xa1\xe7\x90\x86\xe
3\x80\x81\xe7\x9f\xa5\xe8\xaf\x86\xe9\x97\xa8\xe6\x88\xb7\xe3\x80\x81\xe6\x94\xbf\xe5\xba\x9c\xe9\x97\xa8'
```

图 2.26　响应对象的 content 属性返回的部分结果

5) 响应内容的编码

使用响应对象的 text 属性获取返回结果内容时,会自动根据响应头的字符编码进行解码。通过 encoding 属性可以查看编码,通过 apparent_encoding 属性查看返回内容解析出来的编码,在例 2.1 中查看这两个属性。

```
>>> r.encoding
'ISO-8859-1'
>>> r.apparent_encoding
'utf-8'
```

如果返回结果含有中文字符,有时会出现乱码情况,此时可以执行 r.encoding = r.apparent_encoding 对响应头的字符编码重新赋值。以下代码查看了包含中文字符串的返回结果中的一段信息。

```
>>> r.encoding = r.apparent_encoding
>>> r.text[600:800]
```

显示结果如图 2.27 所示。

'\r\n <title>北京联合大学</title>\n<meta name="Keywords" content="内容管理、内容管理发布(CMS)系统、信息发布、新闻采编发系统、知识管理、知识门户、政府门户、教育门户、企业门户、竞争情报系统、抓取系统、信息采集、信息雷达系统、电子政务、电子政务解决方案、办公系统、OA、网站办公系统"><meta name=\'Generator\' content'

图 2.27 响应对象的 text 属性返回结果

从上面的操作可以看出,使用 requests 库完成发送请求,得到响应文本内容,往往需要一系列操作语句,可以把这些操作语句封装成一个方法。

【例 2.2】 封装请求响应的方法。

```
def getHtml(url):
    try:
        r = requests.get(url)                    #发送请求
        r.raise_for_status()                     #抛出异常
        r.encoding = r.apparent_encoding         #将响应头的字符编码赋值为解析出来的内容编码
except:
        print("error")
    return r.text
```

在需要进行网络资源请求的时候只需要调用该方法。

```
>>> html = getHtml("http://www.buu.edu.cn")
>>> print(html)
```

3. 定制请求

目前已经可以模拟一个基本的常见 GET 请求来获得网页资源,但是网站开发者往往会设置一些反爬措施,例如不允许自动化的程序访问网页、设置登录权限等。另外,有时发送 GET 请求会带上一些参数,比如想在豆瓣读书中获取和奥运会有关的资源,这时需要定制请求。定制请求有以下 3 个常见的可选参数。

- headers 参数:用于设置请求头信息。
- params 参数:用于设置 url 访问参数。

• auth 参数：用于设置认证信息。

1）定制请求头

设置 headers 参数可以实现定制请求头，一般设置 headers 参数需要一个字典类型的数据。例如，豆瓣网（http://www.douban.com）默认禁止自动化程序访问网页，可以通过 headers 参数对请求头中的 User-Agent 进行设置，伪装浏览器，实现对豆瓣网主页的请求响应。

【例 2.3】 伪装浏览器请求豆瓣网主页的响应。

```
import requests
url = "http://www.douban.com"
header = {"User - Agent":"Mozilla/5.0 (Windows NT 10.0; Win64; x64)  AppleWebKit/537.36 (KHTML,
like Gecko) Chrome/92.0.4515.131 Safari/537.36"}
r = requests.get(url,headers = header)
print(r.text[600:800])
```

结果如图 2.28 所示。

```
'e;r.setTime(r.getTime()+24*(e||30)*60*60*1e3),i="; expires="+r.toGMTString();for(a in
t)document.cookie=a+"="+t[a]+i+"; domain="+(o||"douban.com")+"; path="+(n||"/")}functio
n get_cookie(t){var e,o,n=t'
```

图 2.28　伪装浏览器后的响应文本信息

2）发送带参数的请求

设置 GET 请求中的 params 参数，可以实现在请求中发送带有参数的数据，类似于 POST 请求中的表单数据。

【例 2.4】 请求获得豆瓣网中和奥运会有关的资源，输出 URL 地址。

```
import requests
url = "https://www.douban.com/search"
para = {"q":"奥运会"}
r = requests.get(url,params = para)
print(r.url)
```

结果显示为：

```
https://www.douban.com/search?q = %E5%A5%A5%E8%BF%90%E4%BC%9A
```

一般 GET 请求可以发送简单的参数数据，如果想发送更加复杂的表单数据，可以通过 POST 请求设置 data 参数，data 参数也需要字典类型的数据。

```
>>> payload = {'key1': 'value1', 'key2': 'value2'}
>>> r = requests.post("http://httpbin.org/post", data = payload)
>>> print(r.text)
{
  ...
  "form": {
    "key2": "value2",
    "key1": "value1"
  },
  ...
}
```

3）设置认证信息

许多 Web 服务需要身份认证，有多种不同的认证形式，例如基本的身份认证 HTTP BasicAuth、摘要式身份认证、OAuth1 认证等。requests 库通过在请求中设置 auth 参数支持这些身份认证形式。

requests 库进行 BasicAuth 基础认证发送请求比较简单，既可以通过 HTTPBasicAuth 类，也可以通过简写的元组方式。

【例 2.5】 进行 BasicAuth 基础认证。

```
import requests
from requests.auth import HTTPBasicAuth # 导入 HTTPBasicAuth 类
requests.get('https://api.github.com/user', auth = HTTPBasicAuth('user', 'pass') )
#requests.get('https://api.github.com/user', auth = ('user', 'pass') ) 简写的元组方式
```

响应结果为：

```
<Response [200]>
```

摘要式身份认证也是一种非常流行的 HTTP 身份认证形式，requests 库通过 HTTPDigestAuth 类表示摘要式身份认证。

【例 2.6】 进行 DigestAuth 摘要认证。

```
import requests
from requests.auth import HTTPDigestAuth                    # 导入 HTTPDigestAuth 类
url = 'http://httpbin.org/digest - auth/auth/user/pass'
requests.get(url, auth = HTTPDigestAuth('user', 'pass') )
```

响应结果为：

```
<Response [200]>
```

OAuth 是一种常见的 Web API 认证方式。requests-oauthlib 库可以让 requests 用户简单地创建 OAuth 认证的请求。

【例 2.7】 进行 OAuth 认证。

```
import requests
from requests_oauthlib import OAuth1                             # 导入 OAuth1
url = 'https://api.twitter.com/1.1/account/verify_credentials.json'
auth = OAuth1('YOUR_APP_KEY', 'YOUR_APP_SECRET',
...               'USER_OAUTH_TOKEN', 'USER_OAUTH_TOKEN_SECRET')
requests.get(url, auth = auth)
```

响应结果为：

```
<Response [200]>
```

2.4 解析数据

通过前面的学习，大家能够编写程序从互联网上爬取数据，但是 response 响应中的内容相对复杂，要想获得所需要的数据，还需要对响应的内容进行解析。解析数据可以使用本节来

学习如何使用 BeautifulSoup 库解析网页数据。

2.4.1 网页的组成

一般 Web 站点由多个网页组成，爬虫直接爬取下来的资源通常是网页，了解网页的组成有助于更好地解析网页数据。

通常一个网页可以分为 HTML（Hypertext Markup Language，超文本标记语言）、CSS（Cascading Style Sheets，层叠样式表）和 JavaScript（简称 JS）3 个部分，其中 HTML 决定网页的结构和内容，CSS 决定网页的样式，JavaScript 控制网页的行为，有这样一种说法，在网页中 HTML 是骨架，CSS 是皮肤，JavaScript 是肌肉。

1. HTML

HTML 是一种使用标记标签来描述网页的语言。在 HTML 文档中，所有的内容都称为标记，每个标记包括标签和内容两部分，每个标签有具体的作用，例如< p >标签用来标记一个文章段落。图 2.29 所示为 HTML 文档的简单示例。

```
<html>
    <head>
        <title>Demo Title
        </title>
    </head>
    <body>
        <p>测试段</p>
        <br>测试一行
        <p><a href="http://www.douban.com">豆瓣</a></p>
    </body>
</html>
```

图 2.29 HTML 文档的示例

从该示例中可以看出整个 HTML 页面使用 HTML 标签标记，由页面头部< head >和页面内容< body >两部分构成。

HTML 标签由符号“<>”标识。

- 单标签：表示为<起始标签>，例如< br >标签。
- 双标签：表示为<起始标签></结束标签>，例如< p ></p >标签。

双标签可以嵌套，但不能交叉使用，例如< div >< p ></p ></div >是正确的用法，而< div >< p ></div ></p >是错误的用法。

内容放在单标签后或者双标签内，例如< h1 >一级标题</h1 >。标签还可以通过包含“属性”的方式来设置一些特性，多个属性可以用空格分隔，例如：

```
<a href = "http://www.douban.com">豆瓣</a>
```

表 2.8 列出了一些常见的 HTML 标签。

表 2.8 常见的 HTML 标签

标签	作　用	标签	作　用
< html >	定义 HTML 文档	< p >	定义段落
< head >	定义文档的头部	< br >	定义换行符
< body >	定义文档的主体	< hr >	定义一条水平线
< h1 >~< h6 >	定义标题	< ol >	定义有序列表
< a >	定义超链接	< ul >	定义无序列表

续表

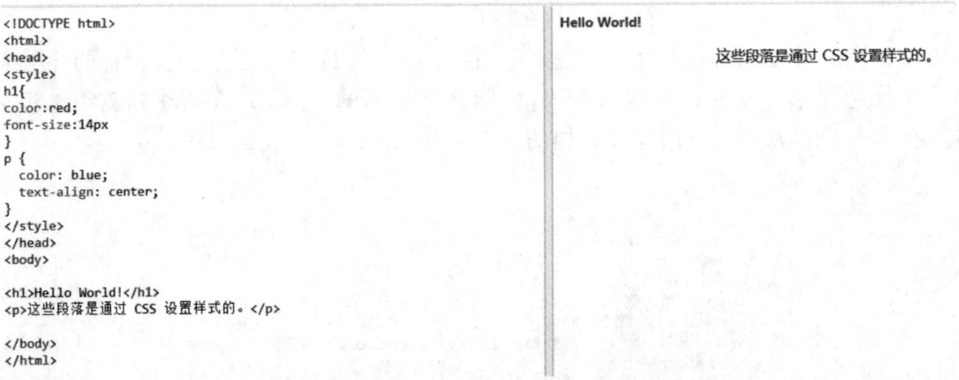

标签	作　用	标签	作　用
<table>	定义 HTML 表格	<li>	定义列表项目
<th>	定义表格内的表头单元格	<td>	定义表格内的普通单元格
<tr>	定义 HTML 表格中的行	<!-- -->	在源文档中插入注释

2. CSS

CSS(层叠样式表)描述了如何在屏幕、页面或其他媒体上显示 HTML 元素,层叠样式表的优势在于可以统一页面样式,也可以同时控制多个网页的布局,让网页看起来更加美观。图 2.30 所示为一个层叠样式表以及应用在 HTML 网页中的效果。

```
<!DOCTYPE html>
<html>
<head>
<style>
h1{
color:red;
font-size:14px
}
p {
  color: blue;
  text-align: center;
}
</style>
</head>
<body>

<h1>Hello World!</h1>
<p>这些段落是通过 CSS 设置样式的。</p>

</body>
</html>
```

Hello World!

这些段落是通过 CSS 设置样式的。

图 2.30　层叠样式表以及应用在 HTML 网页中的效果

1) CSS 的应用样式

在 HTML 文档中 CSS 有 4 种应用样式。

(1) 内联样式：只为单个元素指定 CSS 样式,即在 HTML 的标签中添加 style 属性,直接把样式写进去。例如：

```
<p style="color:red;">内联</p>
```

(2) 内嵌样式：把 CSS 样式写入 HTML 文档,用<style>标签包含进去,放在<head>标签中。例如：

```
<head>
<style type="text/css">
h1{color:red; font-size:14px}
</style>
</head>
```

(3) 用<link>标签引入外部样式表：通过<link>标签中的 href 属性将外部 CSS 文件引入 HTML 文档中,放在<head>标签中。例如：

```
<head>
<link rel="stylesheet" type="text/css" href="mystyle.css"/>
</head>
```

(4) 用@import 指令引入外部样式表：在<style>标签中通过@import 指令引入外部

CSS。例如：

```
<style>
@import url("style.css") screen,print;
</style>
```

在一个 HTML 文档中可以同时应用这 4 种样式，当 4 种样式有相同的属性时，优先级顺序为内联>内嵌>import>link。

2) CSS 选择器

CSS 有不同的选择器，选择器本质上是进行批量样式设置，但正是因为这种批量性，可用于"查找"要设置样式的 HTML 元素。基本的样式选择器有标签选择器、类选择器和 id 选择器。

(1) 标签选择器：文档中所有的某个标签都使用同一个 CSS 样式。例如：

```
p { color:red; border: 1 px; }
```

表明所有的段落都设置为红色，边框宽度为 1px。

(2) 类选择器：class="xxx"，为相同类属性的标签使用同一个 CSS 样式。例如：

```
.text{ color:red; border: 1 px; }
```

类选择器是选择有特定 class 属性的 HTML 元素，要先写一个句点(.) 字符，后面跟类名，例如.text。

(3) id 选择器：id="xxx"，唯一，只可以获取独一无二的元素。例如：

```
#para1 { color:red; border: 1 px; }
```

id 选择器是使用 HTML 元素的 id 属性来选择特定元素。因为元素的 id 在页面中是唯一的，所以 id 选择器用于选择一个元素。如果要选择具有特定 id 的元素，先写一个井号(#)，后跟该元素的 id，例如 #para1。

这 3 种选择器可以用不同的方式组合，对于 CSS 具体的属性和值可以访问 https://www.w3school.com.cn/css/index.asp。

3. JavaScript

HTML 和 CSS 配合使用，提供给用户的是一种静态信息，缺乏交互性。大家在网页中经常能看到一些数据交互和动画效果，例如下载进度条、提示框、轮播图等，这通常是 JavaScript 的作用。作为一种脚本语言，JavaScript 可以实现实时、动态和交互的页面功能。

JavaScript 通常是以单独的 JS 文件形式加载，在 HTML 中可通过 script 标签引入，例如：

```
<script src="jquery-2.1.0.js"></script>
```

对于 JavaScript 的更多内容，可以访问 https://www.w3school.com.cn/js/index_pro.asp。

扫一扫

视频讲解

2.4.2 BeautifulSoup 库

BeautifulSoup 是 Python 的一个 HTML 或 XML 的解析库，可以用它方便地从网页中解析数据。BeautifulSoup 库通过一些简单的函数就可以构建网页文档树，通过对文档树遍历、搜索等,不需要很多代码就能为用户提取需要的数据。图 2.31 所示为 BeautifulSoup 的官方文档(https://beautifulsoup.readthedocs.io/zh_CN/v4.4.0/)。目前 BeautifulSoup3 已经停止开发,大部分的爬虫选择使用 BeautifulSoup4 开发,因此首先安装 BeautifulSoup4 库。

```
>>> pip install beautifulsoup4
```

图 2.31 BeautifulSoup 的官方网站

1. BeautifulSoup 解析器

解析器可以帮助用户提取网页中有价值的信息,BeautifulSoup 默认内置了 Python 标准库中的 HTML 解析器,也支持一些第三方的解析器,表 2.9 列出了主要的解析器以及它们的优/缺点,在实际使用中推荐使用 lxml 作为网页解析器,相对来说它的解析效率更高。

表 2.9 BeautifulSoup 的解析器

解析器	语法格式	优点	缺点
Python 标准库	BeautifulSoup(markup, "html.parser")	Python 的内置标准库; 执行速度适中; 文档容错能力强	Python 2.7.3 或 3.2.2 前的版本中文档容错能力差
lxml HTML 解析器	BeautifulSoup(markup, "lxml")	速度快; 文档容错能力强	需要安装 C 语言库
lxml XML 解析器	BeautifulSoup(markup,["lxml-xml"]) BeautifulSoup(markup, "xml")	速度快; 唯一支持 XML 的解析器	需要安装 C 语言库
html5lib	BeautifulSoup(markup, "html5lib")	最好的容错性; 以浏览器的方式解析文档; 生成 HTML5 格式的文档	速度慢; 不依赖外部扩展

2. BeautifulSoup 对象的示例化

用 BeautifulSoup 库解析网页，需要先创建 BeautifulSoup 对象，可以将字符串或 HTML 文件句柄传入 BeautifulSoup 类的构造方法，具体示例代码如下：

```
>>> from bs4 import BeautifulSoup
>>> soup = BeautifulSoup("< html > data </html >")          #用字符串创建 BeautifulSoup 对象
>>> soup = BeautifulSoup(open("index.html"))                #用 HTML 文件创建 BeautifulSoup 对象
```

这里 index.html 文件内容如图 2.32 所示。

```
<html><head><title>Demo Title</title></head>
<body>
HTML页面测试
<p>测试段</p>
<!--这是一段注释。注释不会在浏览器中显示-->
<br>测试一行
<table border="3" class="dataframe">
  <thead>
    <tr style="text-align: right;">
      <th>用户名</th>
      <th>宝贝标题</th>
    </tr>
  </thead>
  <tbody>
    <tr>
      <td border="1" id="t1">mr001</td>
      <td border="1" id="t2">Python数据分析</td>
    </tr>
    <tr>
      <td class="me">mr003</td>
      <td class="me">Java编程思想</td>
    </tr>
    <tr>
      <td>mr004</td>
      <td>Python网络爬虫技术</td>
    </tr>
    <tr>
      <td>mr002</td>
      <td>大数据导论</td>
    </tr>
  </tbody>
</table>
<br><a href="http://www.zhihu.com">知乎</a>
<p><a href="http://www.douban.com">豆瓣</a></p>
<p><a href="https://beautifulsoup.readthedocs.io/zh_CN/v4.4.0/">Beautiful Soup 4.4.0 文档</a></p>
<p><a href="http://www.buu.edu.cn">北京联合大学</a></p>
</body>
</html>
```

图 2.32 index.html 文件内容

3. BeautifulSoup 对象及示例

BeautifulSoup 对象本质上是一个 HTML 文档转换成的复杂树形结构，树的每个节点都是 Python 对象，所有的对象可以归纳为 4 种，即 Tag、NavigableString、BeautifulSoup、Comment。在图 2.33 中标记出了 index.html 文档中对应的 4 种 BeautifulSoup 对象示例。

1) Tag 对象

Tag 对象和 HTML 文档中的 tag 标签相同，Tag 对象有很多方法和属性，其中两个重要的属性是 name 属性和 attrs 属性。

可以查看 Tag 对象的内容：

```
>>> soup.a                                        #查看 a 标签内容
< a href = "http://www.zhihu.com">知乎</a >
>>> type(soup.a)                                  #查看 soup.a 的数据类型
bs4.element.Tag
>>> soup.table                                    #查看 table 标签
```

输出结果如图 2.34 所示。

可以查看 Tag 对象的子节点，例如：

```
<html><head><title>Demo Title</title></head>
<body>
HTML页面测试
<p>测试段</p>
<!--这是一段注释。注释不会在浏览器中显示-->
<br>测试一行
<table border="3" class="dataframe">
  <thead>
    <tr style="text-align: right;">
      <th>用户名</th>
      <th>宝贝标题</th>
    </tr>
  </thead>
  <tbody>
    <tr>
      <td border="1" id="t1">mr001</td>
      <td border="1" id="t2">Python数据分析</td>
    </tr>
    <tr>
      <td class="me">mr003</td>
      <td class="me">Java编程思想</td>
    </tr>
    <tr>
      <td>mr004</td>
      <td>Python网络爬虫技术</td>
    </tr>
    <tr>
      <td>mr002</td>
      <td>大数据导论</td>
    </tr>
  </tbody>
</table>
<br><a href="http://www.zhihu.com">知乎</a>
<p><a href="http://www.douban.com">豆瓣</a></p>
<p><a href="https://beautifulsoup.readthedocs.io/zh_CN/v4.4.0/">Beautiful Soup 4.4.0 文档</a></p>
<p><a href="http://www.buu.edu.cn">北京联合大学</a></p>
</body>
</html>
```

Comment对象

NavigableString对象

BeautifulSoup对象

Tag对象

图 2.33 index.html 文档中对应的对象示例

```
<table border="3" class="dataframe">
<thead>
<tr style="text-align: right;">
<th>用户名</th>
<th>宝贝标题</th>
</tr>
</thead>
<tbody>
<tr>
<td border="1" id="t1">mr001</td>
<td border="1" id="t2">Python数据分析</td>
</tr>
<tr>
<td class="me">mr003</td>
<td class="me">Java编程思想</td>
</tr>
<tr>
<td>mr004</td>
<td>Python网络爬虫技术</td>
</tr>
<tr>
<td>mr002</td>
<td>大数据导论</td>
</tr>
</tbody>
</table>
```

图 2.34 table 标签内容

```
>>> soup.table.tr                              #查看 table 标签内的 tr 标签
<tr style="text-align: right;">
<th>用户名</th>
<th>宝贝标题</th>
</tr>
```

另外,也可以查看 Tag 对象的 name 属性和 attrs 属性,其中 attrs 属性返回字典类型的数据。

```
>>> soup.table.name                          #查看 table 标签的名字
'table'
>>> tattrs = soup.table.attrs                #提取 table 标签中的属性
>>> tattrs
{'border': '3', 'class': ['dataframe']}
>>> tattrs['border']                         #查看 border 属性的值
'3'
```

2）NavigableString 对象

NavigableString 对象是包含在 tag 标签之间的字符串信息，可以用 string 属性获得。

```
>>> soup.a.string
'知乎'
>>> type(soup.a.string)                      #查看 soup.a.string 的数据类型
bs4.element.NavigableString
```

3）BeautifulSoup 对象

BeautifulSoup 对象表示的是一个文档的全部内容，可以用 contents 属性获得文档中的所有标签。

```
>>> soup.contents
```

这里返回的是一个列表，列表中的元素为文档的全部内容。

4）Comment 对象

Comment 对象是文档中注释的内容，它是一个特殊类型的 NavigableString 对象，也可以用 string 属性获得。

2.4.3　文档树的遍历

对文档树进行遍历可以从文档的一段内容找到另一段内容。通过访问文档树的子节点、父节点、兄弟节点、前后节点等实现文档树的遍历。这里仍然以 index.html 的网页内容为例，对其实现文档树的遍历操作。

1. 子节点

一个 tag 标签可能包括多个字符串或其他的 Tag，这些都是 Tag 的子节点。除了可以直接使用 Tag 名字、contents 属性得到 Tag 的子节点以外，还可以使用 BeautifulSoup 对象的以下两个属性。

- children 属性：遍历 Tag 的直接子节点。
- descendants 属性：递归遍历所有 Tag 的子孙节点。

children 属性和 descendants 属性返回的都是生成器，例如：

```
>>> soup.tr.children                         #直接访问 tr 标签的 children 属性
<list_iterator at 0x26ff318ef48>
>>> for tag in soup.tr.children:             #遍历 tr 标签的直接子节点
>>>     print(tag)
<th>用户名</th>
```

```
<th>宝贝标题</th>
>>> for tag in soup.tr.descendants:        #遍历 tr 标签的子孙节点
>>>     print(tag)
<th>用户名</th>
用户名
<th>宝贝标题</th>
宝贝标题
```

此处<tr>标签有两个直接子节点<th>,但是每个<th>标签中各自包含一个子节点,即字符串“用户名”和字符串“宝贝标题”,在这种情况下,这两个字符串也属于<tr>的子孙节点。

2. 父节点

在文档树中,每个 Tag 或字符串都有父节点,即被包含在某个 Tag 中。通过 parent 属性可以获取某个元素的父节点。例如在 index.html 中,<thead>标签是<tr>标签的父节点。另外,标签中的字符串也有父节点,例如“用户名”的父节点是<th>标签。

```
>>> soup.tr.parent                         #查看 tr 标签的父节点
<thead>
<tr style="text-align: right;">
<th>用户名</th>
<th>宝贝标题</th>
</tr>
</thead>
>>> soup.th.string.parent                  #查看 th 标签中文本的父节点
<th>用户名</th>
```

通过元素的 parents 属性可以递归得到元素的所有父节点。

```
>>> tags = soup.table.parents
>>> for tag in tags:
>>>   print(tag.name)
body
html
[document]
```

3. 兄弟节点

在文档树中,使用 next_sibling 和 previous_sibling 属性来查询兄弟节点,通过 next_siblings 和 previous_siblings 属性可以对当前节点的兄弟节点迭代输出。例如:

```
>>> html = '''<p><h5>测试</h5><a href="http://www.buu.edu.cn">北京联合大学</a><a
href="http://www.zhihu.com">知乎</a></p>'''
>>> soup = BeautifulSoup(html)
>>> soup.h5.next_sibling                        #h5 的后兄弟节点
<a href="http://www.buu.edu.cn">北京联合大学</a>
>>> soup.a.previous_sibling                     #第一个 a 的前兄弟节点
<h5>测试</h5>
>>> for tag in soup.a.previous_siblings:       #遍历第一个<a>标签的所有前兄弟节点
```

```
>>>     print(tag)
< h5 >测试</h5 >
< p ></p >
```

在上述示例中，html 字符串中所有标签之间没有换行符和空格，但实际上 HTML 文档很少这样，Tag 的 next_sibling 和 previous_sibling 属性通常为换行符"\n"或者空格。

4. 前后节点

对于下面的 HTML 文档：

```
< p >< h5 >测试</h5 >< a href = "http://www.buu.edu.cn">北京联合大学</a >< a
href = "http://www.zhihu.com">知乎</a ></p >
```

HTML 解析器将这段字符串解析为一连串的事件：

（1）打开< p >标签。

（2）打开< h5 >标签。

（3）添加字符串"测试"。

（4）关闭< h5 >标签。

（5）打开 href 属性为"http://www.buu.edu.cn"的< a >标签，等等。

BeautifulSoup 使用前后节点属性 next_element 和 previous_element 可以重现解析器初始化过程的方法，分别指向解析过程中下一个被解析的对象和前一个解析对象。通过.next_elements 和.previous_elements 的迭代器可以向前或向后访问文档的解析内容。例如：

```
>>> html = '''< p >< h5 >测试</h5 >< a href = "http://www.buu.edu.cn">北京联合大学</a >< a
href = "http://www.zhihu.com">知乎</a ></p >'''
>>> soup = BeautifulSoup(html)
>>> soup.a.next_element                          # a 标签的后一个节点
'北京联合大学'
>>> soup.a.previous_element                      # a 标签的前一个节点
'测试'
>>> for element in soup.a.next_elements:         # 遍历 a 标签的后面节点
>>>     print(element)
北京联合大学
< a href = "http://www.zhihu.com">知乎</a >
知乎
```

2.4.4 文档树的搜索

对文档树遍历可以提取有价值的标签信息，但是这种方法不适用于复杂的应用场景。BeautifulSoup 定义了很多方法实现文档树的搜索，常用的方法有 find_all 方法和 find 方法，本节重点介绍 find_all 方法，其他方法的参数和用法与 find_all 方法类似，大家可以举一反三。

1. find_all 方法

find_all 方法是通过搜索文档树的标签返回所有匹配元素的列表，其使用语法如下：

```
find_all(name, attrs, recursive, string, ** kwargs)
```

主要参数的说明如下。

(1) name：无默认值，接收 string。查找所有名字为 name 的 tag，字符串对象会被自动忽略掉。

(2) attrs：无默认值，接收 string。查找符合 CSS 类名的 tag，使用 class 做参数会导致语法错误，从 BeautifulSoup 的 4.1.1 版本开始，可以通过 class_参数搜索有指定 CSS 类名的 tag。

(3) recursive：接收 built-in。表示是否检索当前 tag 的所有子孙节点。其默认为 True，若只想搜索 tag 的直接子节点，可以将该参数设置为 False。

(4) string：无默认值，接收 string。搜索文档中匹配传入的字符串的内容。

(5) ** kwargs：若一个指定名字的参数不是搜索内置的参数名，在搜索时会把该参数当作指定名字 tag 的属性来搜索

通过 find_all 方法中的不同参数可以实现按照不同的搜索选项查找所需要的标签。

2. 过滤器

在进行文档树的搜索时，标签名称、标签属性和标签内容中可以输入的信息类型称为过滤器。过滤器包括字符串、正则表达式、列表、True 等，适用于文档树的所有搜索的方法。下面以查找 2.4.2 节中 index.html 构建的文档树中的相关内容为例，具体查看各个过滤器的作用。

```
from bs4 import BeautifulSoup                    # 导入 BeautifulSoup 类
soup = BeautifulSoup(open("index.html"))         # 使用 index.html 创建 BeautifulSoup 对象
```

1) 字符串

字符串是最简单的过滤器，在搜索方法中传入一个字符串参数，BeautifulSoup 会查找与字符串完整匹配的内容。

【例 2.8】 搜索文档树中所有的<p>标签。

```
for tag in soup.find_all("p") :
      print(tag)
```

显示结果为：

```
<p>测试段</p>
<p><a href = "http://www.douban.com">豆瓣</a></p>
<p><a href = "https://beautifulsoup.readthedocs.io/zh_CN/v4.4.0/"> Beautiful Soup 4.4.0 文档
</a></p>
<p><a href = "http://www.buu.edu.cn">北京联合大学</a></p>
```

2) 正则表达式

在搜索方法中传入一个正则表达式，BeautifulSoup 会通过正则表达式的 search()方法实现内容的模糊匹配。

【例 2.9】 搜索文档树中所有以 b 开头的标签。

```
import re
for tag in soup.find_all(re.compile("^b") ) :
      print(tag.name)
```

显示结果为：

```
body
br
br
```

【例 2.10】 搜索文档树中所有含字母 e 的标签。

```
import re
for tag in soup.find_all(re.compile("e") ) :
    print(tag.name)
```

显示结果为：

```
head
title
table
thead
```

3）列表

过滤器为列表，当作为参数传入搜索方法时，BeautifulSoup 会将与列表中任一元素匹配的内容返回，从而实现内容的并集匹配。

【例 2.11】 搜索 index 文档中所有< a >和< p >的标签。

```
ls = ["a","p"]
for tag in soup.find_all(ls) :
    print(tag)
```

显示结果如图 2.35 所示。

```
<p>测试段</p>
<a href="http://www.zhihu.com">知乎</a>
<p><a href="http://www.douban.com">豆瓣</a></p>
<a href="http://www.douban.com">豆瓣</a>
<p><a href="https://beautifulsoup.readthedocs.io/zh_CN/v4.4.0/">Beautiful Soup 4.4.0 文档</a></p>
<a href="https://beautifulsoup.readthedocs.io/zh_CN/v4.4.0/">Beautiful Soup 4.4.0 文档</a>
<p><a href="http://www.buu.edu.cn">北京联合大学</a></p>
<a href="http://www.buu.edu.cn">北京联合大学</a>
```

图 2.35 过滤器为列表的搜索结果

4）True

过滤器为 True，当作为参数传入时，可以匹配文档树中的任何值。

【例 2.12】 匹配 index 文档中的所有标签。

```
for tag in soup.find_all(True) :
    print(tag.name)
```

部分显示结果为：

```
html
head
title
body
p
```

```
br
table
…
p
a
```

传入的参数除了上述4种信息过滤器以外,也可以是方法,这里不再展开介绍。

3. 搜索条件

通过设置搜索方法中的参数可以实现不同条件的搜索功能,具体包括按照标签名字搜索、按照标签属性搜索、按照CSS类名搜索以及按照标签内容搜索,这些内容在设置对应参数时都可以接受过滤器,即都可以使用字符串、正则表达式、列表和True等。

1) 按照标签名字搜索

设置name参数,可以实现按照标签名字搜索,前面过滤器的例子都是对标签名的查找。下面的例子是查找文档中所有的p标签。

【例2.13】 查找所有的p标签。

```
soup.find_all("p")
```

显示结果为:

```
[<p>测试段</p>,
<p><a href = "http://www.douban.com">豆瓣</a></p>,
<p><a href = "https://beautifulsoup.readthedocs.io/zh_CN/v4.4.0/"> Beautiful Soup 4.4.0 文档
</a></p>,
<p><a href = "http://www.buu.edu.cn">北京联合大学</a></p>]
```

2) 按照标签属性搜索

如果一个指定名字的参数不是搜索方法内置的参数,在搜索时会把该参数当作指定名字的标签属性来进行搜索。

【例2.14】 查找border属性为1的标签。

```
soup.find_all(border = "1")
```

结果显示为:

```
[<td border = "1" id = "t1"> mr001 </td>, <td border = "1" id = "t2"> Python 数据分析</td>]
```

【例2.15】 查找id属性以t开头的标签。

```
soup.find_all(id = re.compile("^t") )
```

结果显示为:

```
[<td border = "1" id = "t1"> mr001 </td>, <td border = "1" id = "t2"> Python 数据分析</td>]
```

另外,也可以使用attrs定义一个字典参数来搜索包含具体属性的标签,这种方法的通用性更强。

【例 2.16】 查找 href 属性为“http://www.zhihu.com”的标签。

```
soup.find_all(attrs = {"href":"http://www.zhihu.com"})           #使用 attrs 属性进行查找
```

结果显示为：

```
[<a href = "http://www.zhihu.com">知乎</a>]
```

【例 2.17】 查找 href 属性以“http”开头的标签。

```
soup.find_all(href = re.compile("^http:") )
```

结果显示为：

```
[<a href = "http://www.zhihu.com">知乎</a>,
<a href = "http://www.douban.com">豆瓣</a>,
<a href = "http://www.buu.edu.cn">北京联合大学</a>]
```

3）按照 CSS 类名搜索

按照 CSS 类名搜索标签的功能在实际应用中非常实用，但是标识 CSS 类名的关键字 class 在 Python 中是保留字，使用 class 做参数会导致语法错误。从 BeautifulSoup 的 4.1.1 版本开始，可以通过 class_ 参数搜索指定 CSS 类名的标签。

【例 2.18】 搜索 CSS 类名为 me 的标签。

```
soup.find_all(class_ = "me")
```

显示结果为：

```
[<td class = "me"> mr003 </td>, <td class = "me"> Java 编程思想</td>]
```

4）按照标签内容搜索

设置 string 参数或指定 text 参数的值，可以搜索文档中的字符串内容。

【例 2.19】 搜索内容中含有“数据”的标签。

```
import re
soup.find_all(text = re.compile("数据") )
# soup.find_all(string = re.compile("数据") )  与上面的语句等价
```

显示结果为：

```
['Python 数据分析', '大数据导论']
```

5）组合搜索

文档树的搜索方法也可以实现组合查找，例如想查找 border 属性值为 1 的 td 标签，可以同时设置两个参数。

【例 2.20】 实现 border 属性和 td 标签的组合搜索。

```
soup.find_all("td",border = "1")
```

显示结果为：

```
[<td border="1" id="t1">mr001</td>, <td border="1" id="t2">Python 数据分析</td>]
```

4. 简便搜索

find_all 方法是 BeautifulSoup 中最常用的搜索方法，所以定义了它的简写方法。BeautifulSoup 对象和 Tag 对象可以被当作一个方法来使用，这个方法的执行结果与调用这个对象的 find_all 方法相同，例如下面两行代码是等价的：

```
>>> soup.find_all("a")
>>> soup("a")
```

下面两行代码也是等价的。

```
>>> soup.title.find_all(string=True)
>>> soup.title(string=True)
```

5. 其他搜索方法

1) find 方法

find_all 方法是返回文档中符合条件的所有标签，但有时只想得到一个结果，比如文档中只有一个<body>标签，使用 find_all 方法来查找<body>标签就不太合适，使用 find_all 方法并设置 limit=1 参数不如直接使用 find 方法。下面两行代码除了返回值的类型不同以外，作用是等价的：

```
>>> soup.find_all('title', limit=1)                    #返回 title 标签列表
[<title>Demo Title</title>]
>>> soup.find('title')                                 #返回 title 标签
<title>Demo Title</title>
```

soup.head.title 是标签名字方法的简写，其原理就是多次调用当前标签的 find 方法。下面的两行代码是等价的。

```
>>> soup.head.title
<title>Demo Title</title>
>>> soup.find("head").find("title")
<title>Demo Title</title>
```

2) 其他 10 个搜索方法

除了 find_all 和 find 方法以外，BeautifulSoup 中还有 10 个用于搜索文档的方法，其中有 5 个和 find_all 方法类似，返回所有满足条件的标签列表；有 5 个和 find 方法类似，返回满足条件的第一个标签。这些方法如表 2.10 所示，它们的区别仅在于搜索文档的位置不同。

表 2.10 文档搜索方法

方法	说明
find_parents()和 find_parent()	返回(所有)祖先节点
find_next_siblings()和 find_next_sibling()	返回后面的(所有)兄弟节点
find_previous_siblings()和 find_previous_sibling()	返回前面的(所有)兄弟节点

续表

方　法	说　明
find_all_next()和 find_next()	返回节点后符合条件的(所有)节点
find_all_previous()和 find_previous()	返回节点前符合条件的(所有)节点

文档搜索方法和遍历文档树的节点属性的作用相似,其实它们之间的联系非常紧密。搜索父辈节点的方法实际上就是对 parents 属性的迭代搜索,搜索后面的兄弟节点就是通过 next_siblings 属性对后面所有的兄弟节点进行迭代搜索。

扫一扫

视频讲解

2.4.5 CSS 选择器查找

BeautifulSoup 支持大部分的 CSS 选择器,在 Tag 或 BeautifulSoup 对象的 select 方法中传入字符串参数,即可使用 CSS 选择器的语法找到标签。select 方法的使用比较灵活,总体来说可以实现按标签名字、按属性、按 CSS 类名等进行搜索,这里仍然以 2.4.2 节的 index.html 文档为例进行相关内容的查找。

```
from bs4 import BeautifulSoup
soup = BeautifulSoup(open("index.html"))
```

1. 按照标签名字查找

在 select 方法中直接传入字符串表示的具体标签名,可以实现标签查找,返回结果为匹配的标签列表。

【例 2.21】 搜索文档树中所有的 a 标签。

```
soup.select("a")
```

结果显示为:

```
[<a href = "http://www.zhihu.com">知乎</a>,
<a href = "http://www.douban.com">豆瓣</a>,
<a href = "https://beautifulsoup.readthedocs.io/zh_CN/v4.4.0/"> Beautiful Soup 4.4.0 文档</a>,
<a href = "http://www.buu.edu.cn">北京联合大学</a>]
```

select 方法可以实现多个标签的逐层查找,各级标签之间只需用空格分隔。

【例 2.22】 查找文档树中所有 p 标签下的 a 标签。

```
soup.select("p a")
```

结果显示为:

```
[<a href = "http://www.douban.com">豆瓣</a>,
<a href = "https://beautifulsoup.readthedocs.io/zh_CN/v4.4.0/"> Beautiful Soup 4.4.0 文档</a>,
<a href = "http://www.buu.edu.cn">北京联合大学</a>]
```

2. 按标签属性查找

select 方法也可以通过标签属性来实现查找。

【例 2.23】 查找有 href 属性的 a 标签。

```
soup.select("a[href]")
```

结果显示为：

```
[<a href = "http://www.zhihu.com">知乎</a>,
<a href = "http://www.douban.com">豆瓣</a>,
<a href = "https://beautifulsoup.readthedocs.io/zh_CN/v4.4.0/"> Beautiful Soup 4.4.0 文档</a>,
<a href = "http://www.buu.edu.cn">北京联合大学</a>]
```

select 方法也可以通过属性的值进行查找，而且可以直接使用正则表达式进行模式匹配。下面是属性为固定值或模式匹配的查找示例。

【例 2.24】 查找 href 属性值为固定值的 a 标签。

```
soup.select('a[href = "http://www.buu.edu.cn"]')
```

结果显示为：

```
[<a href = "http://www.buu.edu.cn">北京联合大学</a>]
```

【例 2.25】 查找 href 属性值包含 www 字符的 a 标签。

```
soup.select('a[href * = "www"]')
```

结果显示为：

```
[<a href = "http://www.zhihu.com">知乎</a>,
<a href = "http://www.douban.com">豆瓣</a>,
<a href = "http://www.buu.edu.cn">北京联合大学</a>]
```

【例 2.26】 查找 href 属性值以 http://字符开头的 a 标签。

```
soup.select('a[href^ = "http://"]')
```

结果显示为：

```
[<a href = "http://www.zhihu.com">知乎</a>,
<a href = "http://www.douban.com">豆瓣</a>,
<a href = "http://www.buu.edu.cn">北京联合大学</a>]
```

【例 2.27】 查找 href 属性值以.cn 字符开头的 a 标签。

```
soup.select('a[href $ = ".cn"]')
```

结果显示为：

```
[<a href = "http://www.buu.edu.cn">北京联合大学</a>]
```

3. 按照 CSS 选择器查找

在 select 方法的字符串参数中可以直接写入不同的 CSS 选择器，通过不同选择器查找最终实现标签查找,常用的有以下几种。

1）通过 id 选择器查找

【例 2.28】 查找 id 为 t1 的标签。

```
soup.select("#t1")
```

结果显示为：

```
[<td border="1" id="t1">mr001</td>]
```

2）通过类名选择器查找

【例 2.29】 查找类名为 me 的标签。

```
soup.select(".me")
```

结果显示为：

```
[<td class="me">mr003</td>, <td class="me">Java编程思想</td>]
```

3）同时用多种 CSS 选择器查询元素

【例 2.30】 查找 id 为 t1 或类名为 me 的标签。

```
soup.select("#t1,.me")
```

结果显示为：

```
[<td border="1" id="t1">mr001</td>,
<td class="me">mr003</td>,
<td class="me">Java编程思想</td>]
```

本章小结

本章是 Python 爬虫的基础,首先介绍了爬虫的概念、工作原理和常见的爬虫类型,并讨论了爬虫的合法性和爬虫应该遵守的 robots 协议；然后讨论了网络爬虫的组成和 Python 中涉及网络爬虫常用的第三方库,并列举了网站常见的反爬虫策略以及在编写爬虫时如何制定爬取策略。在介绍了网页开发者常用的 Chrome 开发工具和 HTTP 后,重点讲解了 HTTP 的 Python 实现库——requests 库的详细用法；在获取数据后介绍了网页的组成,Python 中用于网页解析的 BeautifulSoup 库的用法,重点介绍了使用 BeautifulSoup 库如何解析数据,包括通过节点属性实现文档树的遍历以及使用 findall 和 select 方法实现文档树的搜索。

习题 2

扫一扫

习题

扫一扫

自测题

扫一扫

视频讲解

第3章 Python爬虫实战

大家在学会使用 requests 库和 BeautifulSoup 库以后，基本上可以编写爬虫对网页页面进行爬取并解析，从而获得所需数据。但在实际操作时，不同网站的模板结构几乎不同，网页中的数据也存在结构化、半结构化和非结构化的差异，无法采用统一的采集方法。本章进行爬虫实战，3.1 节通过对中国 A 股上市公司的相关数据进行获取，帮助大家理解如何爬取和解析结构化的数据；3.2 节介绍解析出来的数据的文件存储形式，主要包括适用于非结构化数据的文本文件、适用于结构化数据的 CSV 文件和适用于半结构化数据的 JSON 文件；3.3 节以豆瓣读书排行榜 Top250 的数据为例，进行半结构化数据的获取和解析；3.4 节主要讲解正则表达式的使用，以提高文本的解析效率；在 3.5 节以人民网科技类新闻为例，进行非结构化数据的获取和解析。

3.1 实战：中国 A 股上市公司相关数据的获取

本节编写爬虫对结构化数据——中国 A 股上市公司的相关数据进行爬取和解析，数据来源于中商情报网(https://s. askci. com/stock/a/)，从页面展示来看，这些数据以结构化的表格样式呈现出来，如图 3.1 所示。

序号	股票代码	股票简称	公司名称	省份	城市	主营业务收入(202109)	净利润(202109)	员工人数
1	000001	平安银行	平安银行股份有限公司	广东	深圳市	--	291.35亿	36676
2	000002	万科A	万科企业股份有限公司	广东	深圳市	2714.86亿	246.04亿	140565
3	000004	国华网安	深圳国华网安科技股份有限公司	广东	深圳市	1.66亿	3395.90万	264
4	000005	ST星源	深圳世纪星源股份有限公司	广东	深圳市	2.92亿	1.92亿	629
5	000006	深振业A	深圳市振业(集团)股份有限公司	广东	深圳市	23.02亿	5.88亿	397
6	000007	*ST全新	深圳市全新好股份有限公司	广东	深圳市	1.28亿	-308.50万	76
7	000008	神州高铁	神州高铁技术股份有限公司	北京	北京市	10.43亿	-9568.30万	2394
8	000009	中国宝安	中国宝安集团股份有限公司	广东	深圳市	122.07亿	15.18亿	13345
9	000010	美丽生态	深圳美丽生态股份有限公司	广东	深圳市	10.57亿	4003.73万	278

图 3.1 中商情报网页面

3.1.1 目标网站分析

对目标网站“中商情报网”进行预分析，有助于爬虫代码程序的顺利编写。

(1) 查看目标网站的 robots 协议，了解爬取规范。

(2) 使用 Chrome 工具查看数据所在网页页面的特征。

1. 查看 robots 协议

在浏览器的地址栏中输入“https://www.askci.com/robots.txt”，查看目标网站的 robots 协议。可以看出中商情报网对爬虫比较友好，除了 TongJiNews、TongJiReport、404、customreport 目录以外，网站上的其他资源都允许被爬取，如图 3.2 所示。

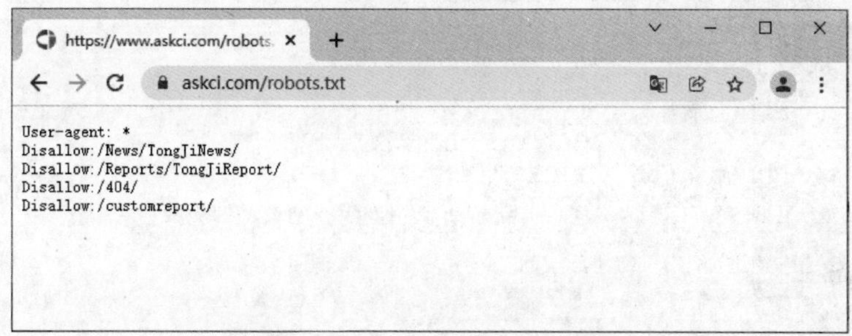

图 3.2 中商情报网的 robots 协议

2. 使用 Chrome 工具进行分析

使用 Chrome 工具查看数据所在的网页页面，主要查看页面请求的 URL 和特点，以及请求类型、请求头的相关信息、页面中的数据所在的位置特征等。

1) 查看 Network 面板

通过 Chrome 工具的 Network 面板可以查看请求 URL 和特点，以及请求类型、请求头的相关信息，如图 3.3 所示。

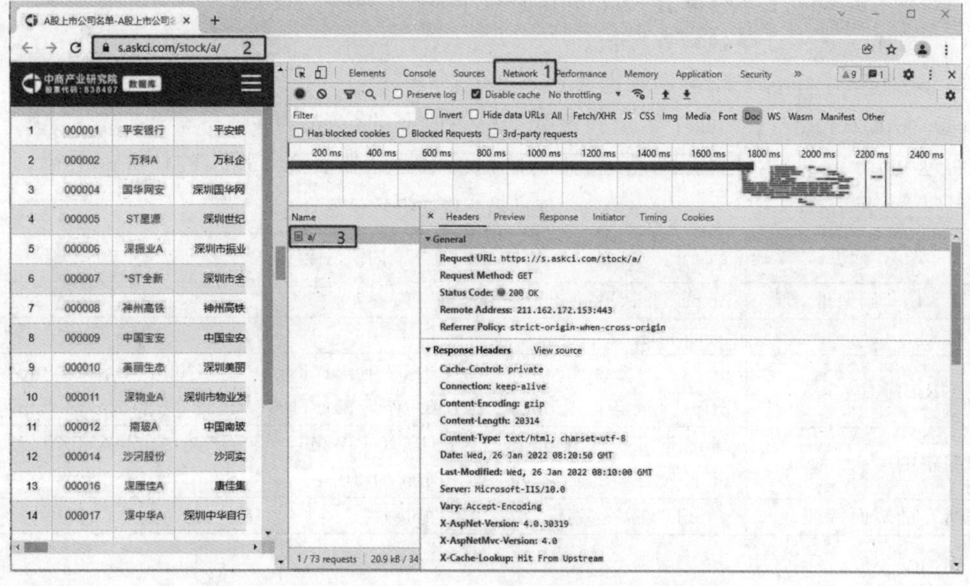

图 3.3 使用 Chrome 工具的 Network 面板查看相关内容

其具体操作步骤如下：

(1) 在 Chrome 工具中单击 Network 选项卡。

(2) 在地址栏中输入网页地址“https://s.askci.com/stock/a/”,或者将鼠标指针放置在已经存在的网页地址后按回车键进行刷新。

(3) 在 Name 栏下出现了资源路径/a,单击该资源路径后将出现该资源的头部(Headers)、预览(Preview)等信息,通过查看这些信息可以获得请求 URL、请求类型等相关内容。

2) 查看 Elements 面板

通过 Elements 面板可以查看页面中的数据所在的位置特征,如图 3.4 所示。

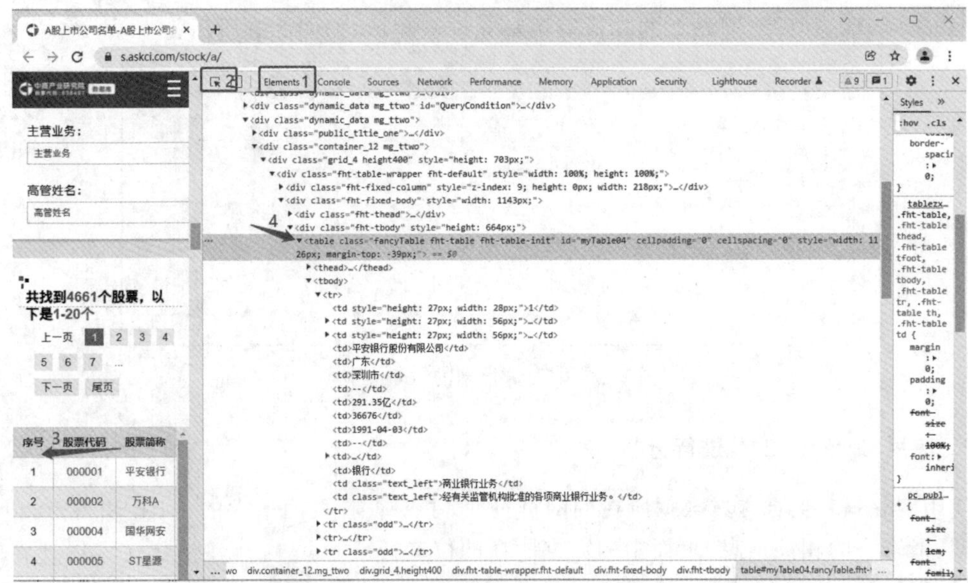

图 3.4　使用 Chrome 工具的 Elements 面板查看相关内容

其具体操作步骤如下：

(1) 在 Chrome 工具中单击 Elements 选项卡。

(2) 单击工具左上角的检查按钮。

(3) 在网页中单击要爬取的数据。

(4) 在 Elements 主页面中定位到该数据资源所在的位置。

通过 Chrome 工具对目标网站进行预分析,可以得到如表 3.1 所示的信息。

表 3.1　通过预分析获得的信息

类　型	内　容
请求 URL 基础地址	https://s.askci.com/stock/a/
请求类型	GET 请求
分页 URL 特点	https://s.askci.com/stock/a/0-0?reportTime=2021-09-30&pageNum=1 https://s.askci.com/stock/a/0-0?reportTime=2021-09-30&pageNum=2
请求头中的 User-Agent	Mozilla/5.0 (Windows NT 10.0; Win64; x64) AppleWebKit/537.36 (KHTML, like Gecko) Chrome/97.0.4692.71 Safari/537.36
数据所在的页面特征	<table>标签,其中 id="myTable04"

3.1.2 表格数据的爬取和解析

在对目标网站进行预分析以后，就可以编写代码对表格数据进行爬取和解析。

（1）使用 requests 库模拟用户请求爬取网页数据。

（2）使用 BeautifulSoup 库提取网页中的表格数据并解析。

1. 模拟发送请求、爬取数据

发送请求，爬取数据，具体操作如下：

（1）确定 URL 和相关参数。

确定爬取的 URL，因为分页时 URL 地址中带有 reportTime 和 pageNum 两个参数，所以在请求方法的 get 方法中设置 param；同时为了伪装浏览器，在 header 参数中设置浏览器信息。

```
import requests
url = "https://s.askci.com/stock/a/0-0"
param = {"reportTime": "2021-09-30","pageNum": 1}
header = {"User-Agent": "Mozilla/5.0 (Windows NT 10.0; Win64; x64)  AppleWebKit/537.36 (KHTML, like Gecko)  Chrome/92.0.4515.159 Safari/537.36"}
```

（2）调用 requests 库的 get 方法。

通过 get 方法发送请求，这样就得到了响应，通过响应对象 r 的 text 属性查看响应的 HTML 文档信息。

```
r = requests.get(url,params = param,headers = header)
html = r.text
print(html)
```

如果响应文档无法正常显示中文字符，还需要设置页面响应的 encoding 编码。

2. 解析表格数据

通过分析 Elements 元素，可以看出中国 A 股上市公司相关数据所在的 table 标签内容包括两部分，如图 3.5 所示。

第一部分是标题所在的<thead>标签，包括一对<tr>标签，具体表格标题的内容在<th>标签中。

第二部分是表格数据所在的<tbody>标签，具体每个上市公司的数据在某个<tr>标签中，在每个<tr>标签内又包含了若干<td>标签，存放的是具体的数据内容。

其具体解析步骤如下：

（1）使用 BeautifulSoup 类将 HTML 文档封装成文档树，这里采用了 lxml 解析器。

```
from bs4 import BeautifulSoup
soup = BeautifulSoup(r.text,"lxml")
```

（2）使用 soup 对象的 find 方法找到数据所在的标签，通过上面的分析可知要查找 table 标签的 id 是“myTable04”。

```
table = soup.find(id = "myTable04")
```

```
<div class="container_12 mg_ttwo">
    <div class="grid_4 height400">
        <table class="fancyTable" id="myTable04" cellpadding="0" cellspacing="0">
            <thead>
                <tr>
                    <th>序号</th>
                    <th>股票代码</th>
                    <th>股票简称</th>
                    <th>公司名称</th>
                    <th>省份</th>
                    <th>城市</th>
                    <th><div class="nav_hov"><a href="javascript:void(0)">主营业务收入(202103) <i class="icon_sxbottom"></i></a></div></th>
                    <th><div class="nav_hov"><a href="javascript:void(0)">净利润(202103)<i class="icon_sxbottom"></i></a></div></th>
                    <th>员工人数</th>
                    <th>上市日期</th>
                    <th>招股书</th>
                    <th>公司财报</th>
                    <th>行业分类</th>
                    <th class="text_left">产品类型</th>
                    <th class="text_left">主营业务</th>
                </tr>
            </thead>
            <tbody>
                        <tr>
                            <td>1</td>
                            <td><a href="/stock/summary/000001/" target="_blank">000001</a></td>
                            <td><a href="/stock/summary/000001/" target="_blank">平安银行</a></td>
                            <td>平安银行股份有限公司</td>
                            <td>广东</td>
                            <td>深圳市</td>
                            <td>--</td>
                            <td>101.32亿</td>
                            <td>36115</td>
                            <td>1991-04-03</td>
                            <td>--</td>
                            <td><a href="https://s.askci.com/stock/financialreport/000001/" target="_blank"><img src="//image1.askci.com/s
                            <td>银行</td>
                            <td class="text_left">商业银行业务</td>
                            <td class="text_left">经有关监管机构批准的各项商业银行业务</td>
                        </tr>
                        <tr>
```

图 3.5 使用 Chrome 工具的 Elements 面板查看相关内容

(3) 解析提取表格标题数据。在 thead 标签下只有一对 tr 标签,放置的是标题的标签 th,所以针对标题数据的查找只需直接找到 table 标签下所有的 th 标签。

```
ths = table.find_all("th")                # 查找 table 中所有的 th 标签
title = [th.text for th in ths]           # 使用列表推导式提取 th 标签中的文本标题信息
```

(4) 解析提取表格内容数据。在 tbody 标签下有多对 tr 标签,可在查找到 tbody 标签后查找其下面所有的 tr 标签,再针对每一行的数据查找该行中所有的 td 标签,并提取其中的文本信息。此处用循环依次遍历表格中的每一行,用列表推导式遍历并提取每个单元格的数据,并最终将提取的数据存储在 data 列表中。

```
tbody = table.find("tbody")               # 查找 table 中表格内容所在的 tbody 标签
trs = tbody.find_all("tr")                # 查找每行所在的标签
data = []
for tr in trs:                            # 遍历每一个 tr 标签
    tds = tr.find_all("td")               # 查找每行中所有的 td 标签
    tdsv = [td.text for td in tds]        # 使用列表推导式提取 td 标签中的文本标题信息
    data.append(tdsv)
```

扫一扫

视频讲解

3.1.3 模块化程序的编写

前面解决了一个页面中的中国 A 股上市公司的数据的爬取和解析,但是所有的 A 股上市公司的数据存放在 234 个页面中,这也就意味着页面的爬取和解析需要重复 234 次,为了实现起来方便,按照功能对代码进行模块化处理,具体步骤如下:

(1) 定义获取 URL 请求的方法。因为每个页面的 URL 差异仅在于请求参数 pageNum 的不同,这里将页数作为方法的参数,定义方法头为 getHtml(page)。

(2) 定义解析表格标题和表格数据的方法。每页都含有表格标题,标题只需要解析一次,将标题和表格的解析设计成两个方法,均以标签树(也就是 BeautifulSoup 对象)作为参数,定义的方法头分别为 parseTitle(soup)和 parseData(soup)。

(3) 实现上述方法的循环调用。循环调用上述方法,提取中国 A 股上市公司的全部数据,将结果保存在列表 tableData 中。

【实战案例代码 3.1】 中国 A 股上市公司的数据的获取。

```
import requests
from bs4 import BeautifulSoup
# 发送请求,获得数据
def getHtml(page) :
    url = "https://s.askci.com/stock/a/0 - 0"
    header = {"User - Agent": "Mozilla/5.0 (Windows NT 10.0; Win64; x64)  \
    AppleWebKit/537.36 (KHTML, like Gecko)  Chrome/92.0.4515.159 Safari/537.36"}
    r = requests.get(url, params = {"reportTime": "2021 - 09 - 30","pageNum": page}, headers =
header)
    return r.text
# 解析表格标题
def parseTitle(soup) :
    table = soup.find(id = "myTable04")
    ths = table.find_all("th")
    title = [th.text for th in ths]
    return title
# 解析表格数据
def parseData(soup) :
    tbody = soup.find(id = "myTable04") .find("tbody")
    trs = tbody.find_all("tr")
    data = []
    for tr in trs:
        tds = tr.find_all("td")
        tdsv = [td.text for td in tds]
        data.append(tdsv)
    return data
# 爬取和解析全部数据
tableData = []
for page in range(1,224) :
    html = getHtml(page)
    soup = BeautifulSoup(html,"lxml")
    if page == 1:
        title = parseTitle(soup)                        # 解析标题
        tableData.append(title)
    pageData = parseData(soup)                          # 解析每页数据
tableData.extend(pageData)
tableData[:5]
```

tableData 中存放的是爬取下来的全部数据,打印输出 tableData 的前 5 个元素,显示结果如下:

```
[['序号', '股票代码', '股票简称', '公司名称', '省份', '城市', '主营业务收入(202106)  ', 净利润
(202106) ', '员工人数', '上市日期', '招股书', '公司财报', '行业分类', '产品类型', '主营业务'],
['1', '000001', '平安银行', '平安银行股份有限公司', '广东', '深圳市', '846.80 亿', '175.83 亿',
'36676', '1991 - 04 - 03', '-- ', '', '银行', '商业银行业务', '经有关监管机构批准的各项商业银行业
```

```
务。'], ['2', '000002', '万科 A', '万科企业股份有限公司', '广东', '深圳市', '1671.11 亿', '161.74 亿', '140565', '1991-01-29', '--', '', '房地产开发', '房地产、物业管理、投资咨询', '房地产开发和物业服务。'], ['3', '000004', '国华网安', '深圳国华网安科技股份有限公司', '广东', '深圳市', '9301.23 万', '613.16 万', '264', '1991-01-14', '--', '', '生物医药', '移动应用安全服务、移动互联网游戏', '移动应用安全服务业务。'], ['4', '000005', 'ST 星源', '深圳世纪星源股份有限公司', '广东', '深圳市', '1.64 亿', '1.92 亿', '629', '1990-12-10', '--', '', '环保工程、物业管理', '酒店经营、物业管理、环保业务', '绿色低碳城市社区建设相关的服务业务。']]
```

3.2　解析数据的存取

3.1 节的实战爬取并解析了数据，为了方便后续对数据进行分析和处理，可以对数据进行保存。数据的保存形式多种多样，可以保存到文件中，也可以保存到数据库中，本节学习文件类型数据的存取，包括文本文件、CSV 文件和 JSON 文件。

扫一扫

视频讲解

3.2.1　文本文件的存取

文本文件几乎兼容任何平台，将数据保存到文本文件的操作简单，但它的缺点是不利于检索。如果追求方便，对检索性能和数据的结构要求不高，可以采用文本文件。使用 Python 内置的文件处理方法可以方便地对文本文件进行存取。

1. 存储文本文件

使用 Python 存储文本文件的步骤如下：

(1) 使用 open 函数以写入模式打开文本文件，获得文件对象。

(2) 调用文件对象的 write 或 writelines 方法写入解析出来的数据内容。

(3) 调用文件对象的 close 方法关闭文件。

下面先看两个示例。

第一个示例是将一个字符串写入 files 目录下的 data. txt 文件中，f 是文件对象，通过 open 方法获得，然后调用 write 方法写入字符串，最后调用 close 方法关闭文件对象。

【例 3.1】 将字符串写入文本文件。

```
data = " Python 数据分析实践课程理论和实践相结合，助力在业务领域获得数据，分析和处理数据。"
f = open('files/data.txt','w')
f.write(data)
f.close()
```

第二个示例是将一个字符串列表写入文件中，调用文件对象的 writelines 方法写入列表。

【例 3.2】 将列表写入文本文件。

```
urlList = ['https://www.buu.edu.cn', 'https://www.baidu.com']
f = open('files/urls1.txt','w')
f.writelines(urlList)
f.close()
```

在上面的两个例子中用到了 open 函数，其作用是创建可以操作的文件对象，open 函数的核心语法为：

```
open(file, mode = 'r', encoding = None)
```

常用参数的说明如下。

（1）file：接收 string，用字符串表示的文件路径。

（2）mode：接收 string，用字符表示文件的使用模式，默认为只读模式。

（3）encoding：接收 string，文件的编码。

文件的使用模式用于控制以何种方式打开文件，open 函数提供了 7 种基本的使用模式，如表 3.2 所示。

表 3.2　文件的使用模式

模　式	作　用
'r'	只读模式，文件不存在则返回异常，默认值
'w'	覆盖写模式，文件不存在则创建，存在则完全覆盖
'a'	追加写模式，文件不存在则创建，存在则在文件的最后追加内容
'x'	创建写模式，文件不存在则创建，存在则返回异常
'b'	二进制文本模式，适用于非文本文件，例如图片、音频文件等
't'	文本文件模式，默认值，适用于文本文件
'＋'	与 r/w/x/a 一起使用，在原有功能上同时增加读/写功能

文件默认使用的模式是'r'，表明以只读形式打开已经存在的文件。文件的使用模式还有'w'（覆盖写）、'a'（追加写）、'x'（创建写），此外还有 3 个可以和这些模式结合使用的符号'b'、't'、'＋'。

（1）'b'是二进制文本模式，例如'rb'就是读取文件的二进制信息，适合读取图片、音频文件等。

（2）'t'是文本文件模式，适用于文本文件，open 函数默认是'rt'模式，即文本只读模式。

（3）'＋'和表示读/写模式的'r'、'w'、'a'、'x'一起使用，表示扩展原有功能，增加读/写。

- 'r＋'：既能从文件中读取数据，又能向文件写入数据。
- 'w＋'：既能向文件中写入数据，又能从文件读取数据。

它们的区别在于，当打开一个不存在的文件时，'r＋'会报错，但是'w＋'会创建这个文件，如果打开一个已经存在的文件，'w＋'会把原文件的内容清空。

在 Python 中与文件内容写入有关的两个常用方法如表 3.3 所示。在进行文件内容的写入时应保证 open 函数中文件的打开方式是非只读的，例如 r＋、w、w＋、a 或 a＋等。

表 3.3　文件内容的写入方法

方　法	作　用
<file>.write(str)	将字符串 str 写入文件
<file>.writelines(strList)	将字符串列表 strList 写入文件

注意：将字符串列表写入文件的 writelines 方法相当于一次往文件中写入多行数据，但该方法不会自动给各行添加换行符。示例 3.2 的输出结果如图 3.6 所示。

图 3.6　示例 3.2 的文件写入效果

如果要实现换行效果,可以在字符串列表的每个元素后添加换行符'\n'。

【例 3.3】 将列表中的各个元素换行写入文本文件。

```
urlList = ['https://www.buu.edu.cn' + '\n', 'https://www.baidu.com' + '\n']
f = open('files/urls2.txt','w')
f.writelines(urlList)
f.close()
```

输出效果如图 3.7 所示。

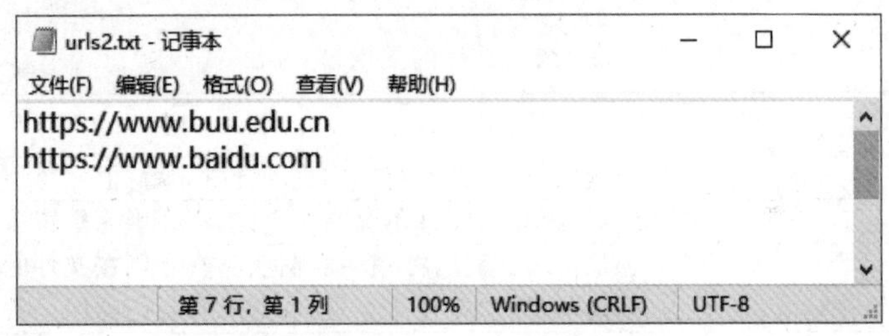

图 3.7 示例 3.3 的文件写入效果

2. 读取文本文件

Python 读取文本文件的步骤如下：

(1) 使用 open 函数以读取模式打开文本文件,获得文件对象。

(2) 调用文件对象的 read、readline 或 readlines 方法读取文件中的内容。

(3) 调用文件对象的 close 方法关闭文件。

读取和存储文本文件的步骤相似,主要区别在于第二步是调用文件对象的读取方法。Python 中常见的 3 个读取文件的方法如表 3.4 所示。

表 3.4 文件内容的读取方法

方 法	作 用
<file>.read()	读取文件中的所有内容,返回一个字符串或字节流
<file>.readline()	读取文件中的一行内容,返回一个字符串或字节流
<file>.readlines()	读取文件中的所有行内容,返回以每行为元素的列表

下面 3 个示例分别展示了这 3 个读取方法的效果。

【例 3.4】 读取文本文件的所有内容。

```
f = open('files/data.txt')
data = f.read()
print(data)
f.close()
```

结果显示为：

```
Python 数据分析实践课程理论和实践相结合,助力在业务领域获得数据,分析和处理数据。
```

【例 3.5】 读取文本文件的一行内容。

```
f = open('files/urls2.txt')
line = f.readline()
```

```
print(line)
f.close()
```

结果显示为：

```
https://www.buu.edu.cn
```

【例 3.6】 读取文本文件的所有行内容。

```
f = open('files/urls2.txt')
lines = f.readlines()
print(lines)
f.close()
```

结果显示为：

```
['https://www.buu.edu.cn\n', 'https://www.baidu.com\n']
```

3. 存取文本文件的简便方法

文件对象的 close 方法表示关闭文件对象。每次对文件操作完毕后都要执行 close 方法，以便释放文件资源。为了避免遗忘该操作，在实际使用中一般采用 with as 语句来操作上下文管理器，帮助系统自动分配和释放资源，因此有了文件存取的简便写法：

```
with open() as f:
    程序语句
```

通过 with open() as f 语句创建了文件句柄，所有和文件相关的操作都在该语句块下执行。下面的代码和示例 3.4 是等价的。

```
with open('files/data.txt') as f:
    data = f.read()
    print(data)
```

扫一扫

视频讲解

3.2.2 CSV 文件的存取

CSV 是一种通用的、相对简单的文件格式，以纯文本形式存取表格数据，是电子表格、数据库最常见的导入和导出格式，被用户、商业和科学广泛应用。CSV 文件本质上是一个字符序列，可以由任意数目的记录组成，记录间以某种分隔符分隔成字段。每条记录由若干字段组成，字段间的分隔符最常见的是逗号或制表符。所有记录都有完全相同的字段序列，Python 使用 csv 库实现对 CSV 文件的存取。

使用 csv 库中的 reader 和 writer 方法生成对象可以读/写字符序列，也可以用 DictReader 和 DictWriter 方法生成对象读/写字典类型的数据。

1. 存储 CSV 文件

Python 使用 csv 库存储 CSV 文件的步骤如下：

(1) 使用 open 函数以写入模式获得要写入的文件对象。

(2) 调用 csv 库的 writer 方法初始化写入对象,生成 writer 对象。

(3) 调用 writer 对象的 writerow 或 writerows 方法传入每行或所有行数据。

writer 方法返回一个 writer 对象,该对象将用户的数据在给定的文件类对象上转换为带分隔符的字符串,其语法如下:

```
csv.writer(csvfile , dialect = 'excel', ** fmtparams)
```

常见参数的说明如下。

(1) csvfile: 必须是支持迭代(Iterator)的对象,可以是文件对象或列表对象,如果是文件对象,需要在生成该文件对象的 open 函数中使用参数 newline=''。

(2) dialect: 用于指定 CSV 的格式模式,不同程序输出的 CSV 格式有细微差别,默认是 Excel 程序风格。

(3) fmtparams: 格式化参数,用来覆盖之前 dialect 对象指定的程序风格。例如 delimiter 参数用于分隔字段的单字符字符串,默认为','。

表 3.5 列出了 writer 对象的两个写入方法。

表 3.5 writer 对象的写入方法

方法或属性	作　用
< writer >. writerow(row)	写入一行数据
< writer >. writerows(rows)	写入多行数据

下面通过几个示例详细学习如何进行 CSV 文件的存储。

【例 3.7】 每次写入一行数据到 CSV 文件中。

```
with open('files/data1.csv','w',newline = "") as f:
    writer = csv.writer(f)
    writer.writerow(['产品 ID','产品名称','生产企业','价格'])
    writer.writerow(['0001','小米','小米',1999])
    writer.writerow(['0002','OPPO Reno','OPPO',2188])
    writer.writerow(['0003','荣耀手机','华为',3456])
```

保存在 data1.csv 文件中的数据如图 3.8 所示。

例 3.7 使用 with open as 获得写入文件对象 f,然后生成 writer 对象,接着调用了 4 次 writerow 方法写入了 4 行数据,其中第一行是标题。

	A	B	C	D
1	产品ID	产品名称	生产企业	价格
2	1	小米	小米	1999
3	2	OPPO Reno	OPPO	2188
4	3	荣耀手机	华为	3456
5				

图 3.8 CSV 文件写入效果

注意:在默认情况下,writerow 方法会在每写入一行后加一个空行,为避免这种情况发生,需要在 open 中设置参数 newline='',另外如果写入的中文显示为乱码,还需要在 open 函数中设置 encoding 参数。

【例 3.8】 每次写入多行数据到 CSV 文件中。

```
with open('files/data2.csv','w',newline = "")  as f:
    writer = csv.writer(f,delimiter = ';')
    writer.writerow(['产品 ID','产品名称','生产企业','价格'])
    writer.writerows([['0001','iPhone9','Apple',9999],
                      ['0002', 'OPPO Reno','OPPO',2188],
                      ['0003', '荣耀手机', '华为', 3456]])
```

与例 3.7 不同，例 3.8 在生成 writer 对象后分别调用了一次 writerow 方法写入第一行标题，调用一次 writerows 方法写入 3 行数据。另外，在 writer 方法中设置 delimiter=';'，表明分隔字段的字符是";"。

csv 库除了写入列表类型的数据以外，还可以写入字典类型数据，此时需要调用 csv 库的 DictWriter 方法，其语法格式如下：

```
csv.DictWriter(csvfile, fieldnames)
```

常见参数的说明如下。

(1) csvfile：必须是支持迭代(Iterator)的对象，可以是文件对象，也可以是列表对象，如果是文件对象，需要在生成该文件对象的 open 函数中使用参数 newline=''。

(2) fieldnames：一个字典 keys 的序列，用于标识 writerow 方法传递字典中的值的顺序。

【例 3.9】 写入字典类型的数据到 CSV 文件中。

```
with open('files/data4.csv','w',newline = "") as f:
    fieldnames = ['产品 ID','产品名称','生产企业','价格']
    writer = csv.DictWriter(f,fieldnames = fieldnames)
    writer.writeheader()                         #写入标题字段名
    #写入一行数据
    writer.writerow({'产品 ID': '0001', '产品名称': '小米', '生产企业': '小米', '价格': 1999})
    #写入多行数据
writer.writerows([{'产品 ID': '0002', '产品名称': 'OPPO Reno', '生产企业': 'OPPO', '价格': 2188},
{'产品 ID': '0003', '产品名称': '荣耀手机', '生产企业': '华为', '价格': 3456}])
```

从例 3.9 可以看出使用 DictWriter 方法生成的 writer 对象，在写入标题时要调用 writeheader 方法，在写入数据时可以用 writerow 方法一次写入一行数据，也可以用 writerows 方法一次写入多行数据。

2. 读取 CSV 文件

Python 使用 csv 库读取 CSV 文件的步骤如下：

(1) 使用 open 函数以读取模式获得要读取的 CSV 文件对象。

(2) 调用 csv 库的 reader 方法读取文件句柄，得到读取文件对象。

(3) 对读取文件对象进行遍历，读取每一行数据。

reader 方法用于文件的读取，返回一个 reader 对象，其语法格式如下：

```
csv.reader(csvfile, dialect = 'excel', ** fmtparams)
```

常见参数的说明如下。

(1) csvfile：文件对象或者 list 对象。

(2) dialect：用于指定 CSV 的格式模式，不同程序输出的 CSV 格式有细微差别。

(3) fmtparams：一系列参数列表，主要用于设置特定的格式，以覆盖 dialect 中的格式。

【例 3.10】 读取 CSV 文件中的数据。

```
import csv
with open('files/data1.csv','r') as f:
```

```
    reader = csv.reader(f)                    #生成 reader 对象
    for row in reader:
        print(row)                            #读取的数据为列表形式
```

读取的结果为列表,如下所示:

```
['产品 ID', '产品名称', '生产企业', '价格']
['0001', '小米', '小米', '1999']
['0002', 'OPPO Reno', 'OPPO', '2188']
['0003', '荣耀手机', '华为', '3456']
```

3. 存储中国 A 股上市公司数据的实战

在 3.1 节中爬取并解析出了结构化的中国 A 股上市公司的相关数据,在掌握了 csv 库中对 CSV 文件的存储和读取方法后,就可以将解析出来的数据存储在 CSV 文件中。

【实战案例代码 3.2】 中国 A 股上市公司的数据的存储。

```
import csv
def saveCSV(data) :                                      #定义保存 CSV 文件的方法
    with open("files/stockData.csv","w",newline = "") as f:
        writer = csv.writer(f)                           #创建 writer 对象
        writer.writerows(data)                           #写入列表数据
saveCSV(tableData)                                       #调用方法保存解析出来的数据
```

这里采用模块化的思想,定义了一个方法 saveCSV 用于将数据保存到 CSV 文件,将二维列表 data 作为方法的参数。在前面的实战中最终解析的数据存储在二维列表 tableData 中,因此调用 saveCSV 方法将 tableData 作为实参传入,数据存储的部分结果如图 3.9 所示。

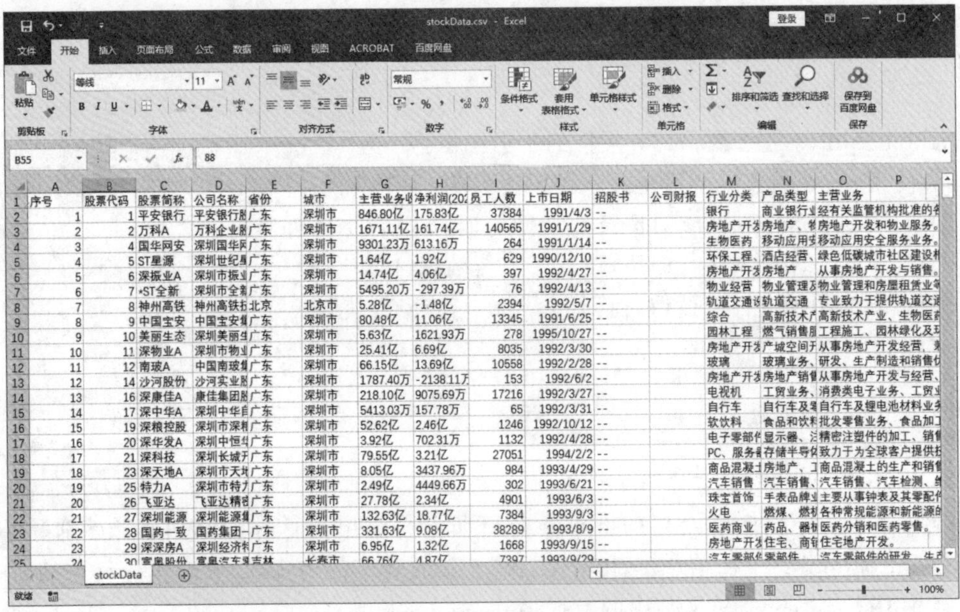

图 3.9 中国 A 股上市公司相关数据的存储结果

3.2.3 JSON 文件的存取

JSON 的全称为 JavaScript Object Notation，它是 JavaScript 对象标记，通过对象和数组的组合来表示数据，构造简洁，但是结构化程度非常高，是一种轻量级的数据交换格式。

使用 json 库，Python 可以很方便地对 JSON 文件进行存取。

1. 对象和数组

JSON 对象在 JavaScript 中是使用大括号"{ }"括起来的内容，数据结构为{key1：value1，key2：value2，…}的键值对结构。

- key 必须是字符串，value 可以是合法的 JSON 数据类型，包括字符串、数字、对象、数组、布尔值或 null。
- key 和 value 使用冒号":"分隔，每个键值对使用逗号分隔。

JSON 对象的用法类似于 Python 中的字典类型数据。

JSON 数组在 JavaScript 中是使用中括号"[ ]"括起来的内容，数据结构为类似["java"，"javascript"，"Python"，…]的索引结构。使用中括号括起来的值可以是任意类型。

JSON 数组的用法类似于 Python 中的列表类型数据。

JSON 可以由以上两种形式自由组合而成，可以无限次嵌套，结构清晰，是数据交换的极佳方式。

```
[{ "name":"小米","price":1999, "count":3000},
{"name":"华为","price":2999, "count":122}]
```

2. 存储 JSON 文件

Python 使用 json 库存储 JSON 文件的步骤如下：

(1) 使用 json 库的 dumps 方法将 JSON 对象转换为字符串。

(2) 使用 open 函数以写入模式获得要写入的文件句柄。

(3) 调用文件句柄的 write 方法将①中转换后的字符串写入文件。

dumps 方法用于将对象编码成 JSON 字符串格式。其语法格式如下：

```
dumps(obj, ensure_ascii = True, indent = None,sort_keys = False)
```

常见参数的说明如下。

(1) obj：JSON 的对象。

(2) ensure_ascii：默认值为 True，如果 obj 内含有非 ASCII 字符，则会以 UTF-8 编码值的形式显示数据，类似\uXXXX，设置成 False 后，可以正常显示字符。

(3) indent：一个非负的整数值，如果是 0 或者为空，则显示的数据没有缩进格式，且不换行；如果设为大于 0 的整数值，则会换行且缩进 indent 指定的数值，便于 JSON 数据进行格式化显示。

(4) sort_keys：将数据根据 key 值进行排序。

存储 JSON 文件需要先使用 dumps 方法将 JSON 对象转换成字符串，然后使用常规的文件写入操作把转换好的字符串写入 JSON 文件中。

【例 3.11】 存储数据到 JSON 文件中。

```
import json
data = [{"name":"小米","price":"1999","count":"3000"},
        {"name":"华为","price":"2999","count":"122"}]  #要存储的对象
#将 JSON 对象编码为 JSON 字符串
jsonData = json.dumps(data, indent = 2, ensure_ascii = False)
with open("files/data.json","w") as f:                  #打开 JSON 文件,将 JSON 字符串写入文件
    f.write(jsonData)
```

例 3.11 使用 dumps 方法设置了 indent=2,表明在实现数据存储时可以自动换行,且每行缩进两个字符,如果不做该设置,存储在文件中的数据将在一行显示。另外,因为数据中有中文字符,为了能正常显示出中文,需要设置 ensure_ascii=False,否则将显示中文字符对应的 UTF-8 编码。数据存储到 JSON 文件的结果如图 3.10 所示。

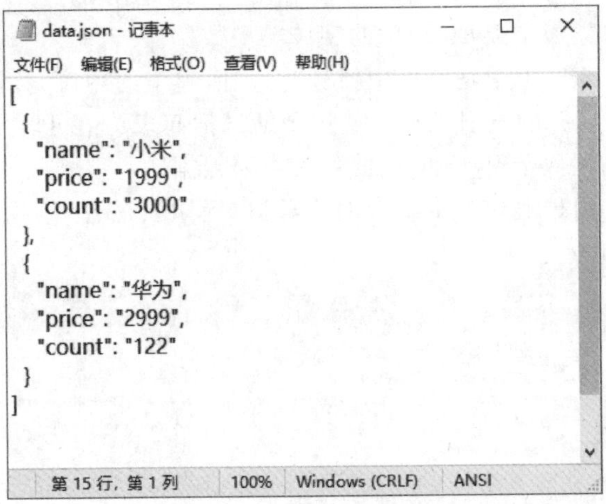

```
data.json - 记事本
文件(F) 编辑(E) 格式(O) 查看(V) 帮助(H)
[
  {
    "name": "小米",
    "price": "1999",
    "count": "3000"
  },
  {
    "name": "华为",
    "price": "2999",
    "count": "122"
  }
]
第 15 行, 第 1 列  100%  Windows (CRLF)  ANSI
```

图 3.10 JSON 文件的存储结果

3. 读取 JSON 文件

Python 使用 json 库读取 JSON 文件的步骤如下:

(1) 使用 open 函数以读取模式获得要读取的 JSON 文件句柄。

(2) 使用文件句柄的 read 方法读取文件得到字符串。

(3) 调用 json 库的 loads 方法将字符串转化为 JSON 对象。

loads 方法用于将已编码的 JSON 字符串解码为 JSON 对象。其语法格式如下:

```
loads(str)
```

其中,str 是已编码的 JSON 字符串,例如'{"a":1,"b":2,"c":3,"d":4,"e":5}'。

读取 JSON 文件,先用常规的读取文件操作得到字符串,然后用 json 库中的 loads 方法将字符串转换为 JSON 对象。

【例 3.12】 读取 JSON 文件中的数据。

```
import json
with open("files/data.json","r") as f:
    str = f.read()
```

```
data = json.loads(str)                    #将字符串解码为 JSON 对象
print(data)
```

程序的输出结果为列表类型数据，列表中的每个元素为字典类型数据，如下所示：

```
[{'name': '小米', 'price': '1999', 'count': '3000'}, {'name': '华为', 'price': '2999', 'count': '122'}]
```

3.3　实战：豆瓣读书 Top250 的数据的获取

本节进行半结构化数据的获取——编写爬虫获取豆瓣读书 Top250 的相关数据，数据来源于豆瓣读书 Top250(https://book.douban.com/top250)，如图 3.11 所示。本实战的任务是爬取排行榜中每本图书的具体信息，存储在 JSON 文件中。

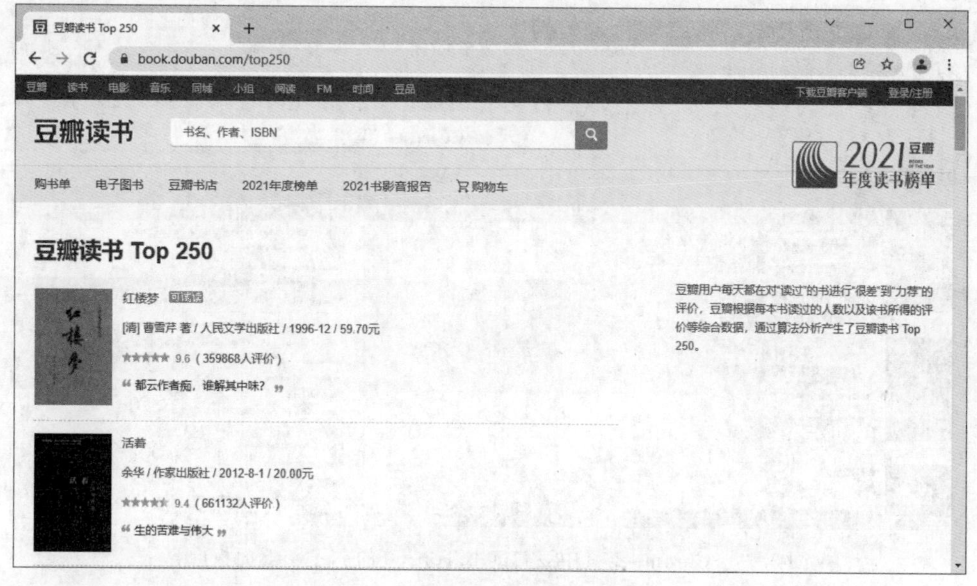

图 3.11　豆瓣读书 Top250 的主页

3.3.1　目标网站分析

扫一扫

视频讲解

1. 查看 robots 协议

查看豆瓣读书的 robots 协议，了解网站是否允许爬虫爬取豆瓣读书 Top250 的数据。在浏览器的地址栏中输入网址"https://book.douban.com/robots.txt"，协议的具体内容如图 3.12 所示，豆瓣读书网站没有禁止对 Top250 目录下资源的爬取。

2. 使用 Chrome 工具进行网站分析

使用 Chrome 工具的 Network 面板查看发送请求的相关内容，包括 URL、请求类型、分页 URL 的特点、请求头中的 User-Agent 信息等，如图 3.13 所示。

查看到的具体信息如表 3.6 所示。

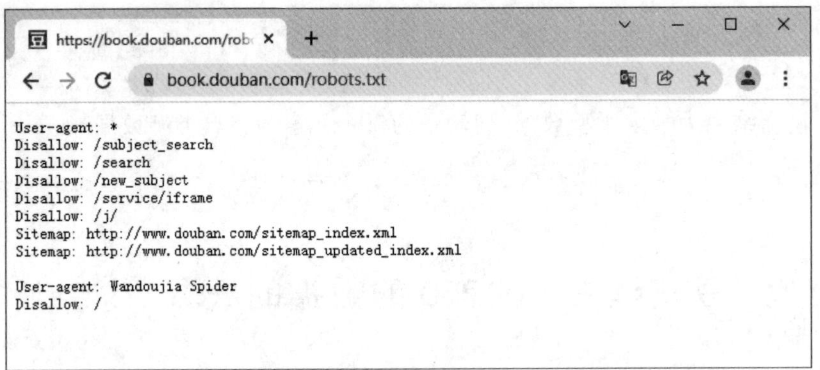

图 3.12　豆瓣读书网站的 robots 协议

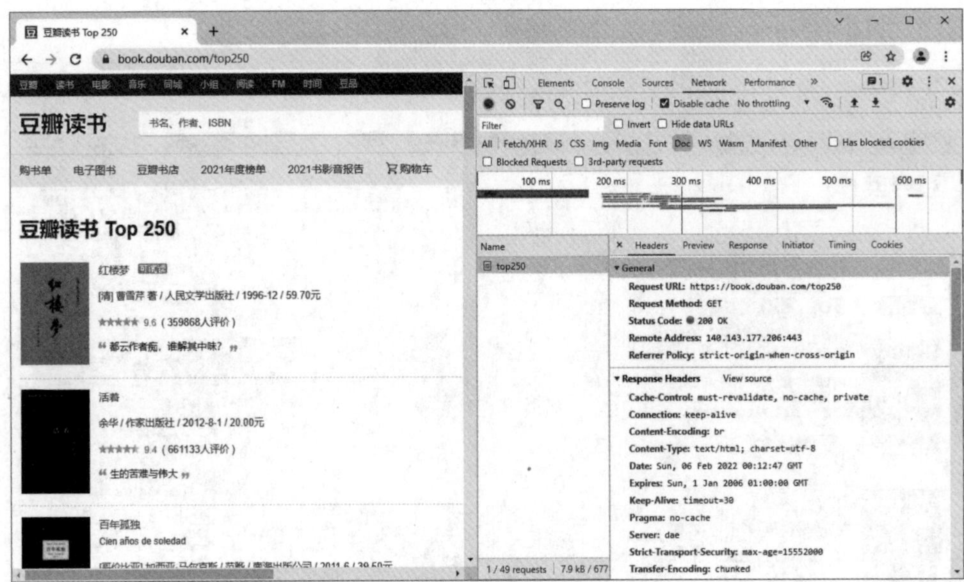

图 3.13　Chrome 工具中豆瓣读书 Top250 的 Network 面板内容

表 3.6　预分析获得的信息

类　型	内　容
请求 URL 基础地址	https://book.douban.com/top250
请求类型	GET 请求
分页 URL 的特点	https://book.douban.com/top250?start=25 https://book.douban.com/top250?start=50
请求头中的 User-Agent	Mozilla/5.0 (Windows NT 10.0; Win64; x64) AppleWebKit/537.36 (KHTML, like Gecko) Chrome/97.0.4692.99 Safari/537.36

使用 Chrome 工具的 Elements 面板对数据所在网页的特征进行分析，如图 3.14 所示。可以看出在网页页面中每本书的信息都在一对 table 标签中，具体来看，在 table 标签下仅有一对 tr 标签，tr 标签中包括两对 td 标签，其中，第一个 td 标签包含书籍详情的链接 URL 地址和书的封面图片 URL 地址；第二个 td 标签包含书名、作者、出版社、出版时间、定价、豆瓣评分、参与评价人数、一句话书评等相关信息。

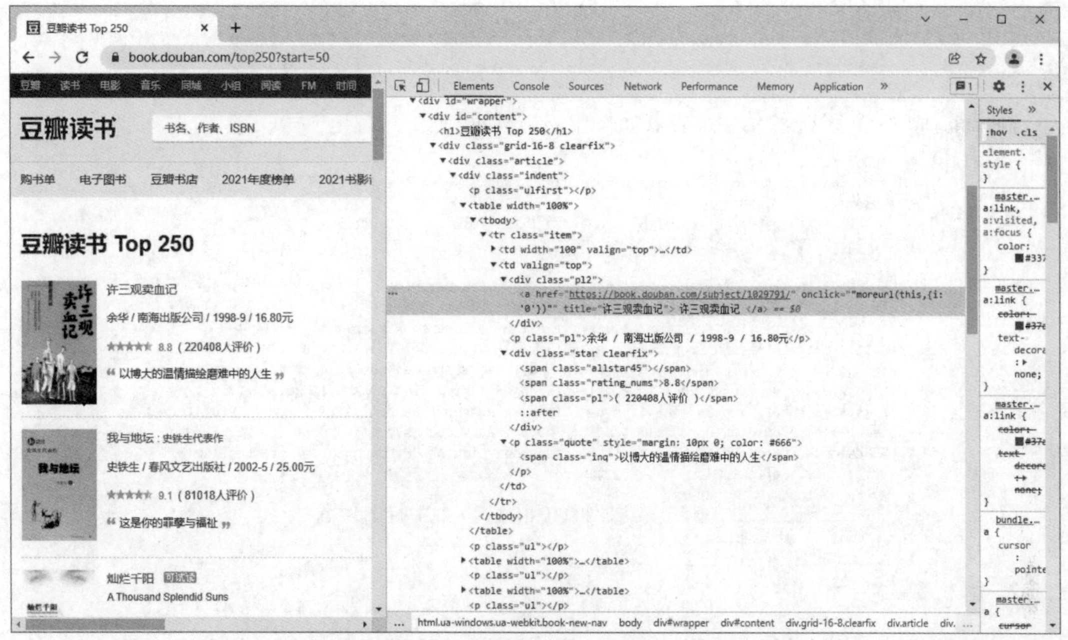

图 3.14　Chrome 工具中豆瓣读书 Top250 的 Elements 面板内容

3.3.2　半结构化数据的爬取、解析和存储

在对目标网站进行预分析后，就可以编写代码对半结构化数据进行爬取、解析和存储，具体如下。

(1) 用 requests 库模拟用户请求对网页数据进行爬取。

(2) 用 BeautifulSoup 库对网页中的书籍信息进行解析。

(3) 用 json 库将解析出来的数据保存为 JSON 文件。

1. 模拟发送请求、爬取数据

豆瓣读书 Top250 上的数据是分页显示的，URL 的请求参数为 start，页码从 0 开始，start 参数对应的值是页码的 25 倍，设计请求页面方法 getHTML(num)，其中 num 实际取值是 25 的倍数。

```
import requests
def getHTML(num) :                          #定义发送请求、爬取数据的方法
    url = 'https://book.douban.com/top250'
    header = {
    'User - Agent':'Mozilla/5.0 (Windows NT 10.0; Win64; x64)  '\
    'AppleWebKit/537.36 (KHTML, like Gecko)  Chrome/80.0.3987.163 Safari/537.36'
    }
    r = requests.get(url,headers = header,params = {"start":num})
    return r.text
```

调用该方法传入参数，可得到对应页面的数据，下面的代码获取了豆瓣读书第 2 页的数据。

```
html = getHTML(25)
print(html[:1000])
```

输出前 1000 个字符的信息,结果如图 3.15 所示。

```
<!DOCTYPE html>
<html lang="zh-cmn-Hans" class="ua-windows ua-webkit book-new-nav">
<head>
  <meta http-equiv="Content-Type" content="text/html; charset=utf-8">
  <title>豆瓣读书 Top 250</title>

<script>!function(e){var o=function(o,n,t){var c,i,r=new Date;n=n||30,t=t||"/",r.setTim
e(r.getTime()+24*n*60*60*1e3),c="; expires="+r.toGMTString();for(i in o)e.cookie=i+"="+
o[i]+c+"; path="+t},n=function(o){var n,t,c,i=o+"=",r=e.cookie.split(";");for(t=0,c=r.l
ength;t<c;t++)if(n=r[t].replace(/^\s+|\s+$/g,""),0==n.indexOf(i))return n.substring(i.l
ength,n.length).replace(/\"/g,"");return null},t=e.write,c={"douban.com":1,"douban.fm":
1,"google.com":1,"google.cn":1,"googleapis.com":1,"gmaptiles.co.kr":1,"gstatic.com":
1,"gstatic.cn":1,"google-analytics.com":1,"googleadservices.com":1},i=function(e,o){var
n=new Image;n.onload=function(){},n.src="https://www.douban.com/j/except_report?kind=ra
022&reason="+encodeURIComponent(e)+"&environment="+encodeURIComponent(o)},r=function(o)
{try{t.call(e,o)}catch(
```

图 3.15 爬取网页中前 1000 个字符的信息

2. 解析数据

在实现数据解析时,首先定义 getPrintData 方法完成网页数据的解析及打印输出,其中参数 html 是调用 getHTML 方法得到的以字符串表示的网页信息。其具体的代码如下:

```
from bs4 import BeautifulSoup
def getPrintData(html):
    soup = BeautifulSoup(html,"lxml")                        #将 HTML 页面封装成文档树
    books = soup.select("tr")                                #提取页面中所有的 tr 标签
    #对每个 tr 标签进行遍历
    for book in books:
        tds = book.select("td")                              #提取当前 tr 标签下的所有 td 标签
        print("书名:",tds[1].div.a.text.strip().split("\n")[0])
        print("书籍详情:",tds[0].a.get("href"))
        print("封面:",tds[0].img.get("src"))
        print("出版信息:",tds[1].p.text)
        #提取第二个 td 标签下所有带有 class 属性的 span 标签
        spans = tds[1].select("span[class]")
        print("评分:",spans[1].text)
        print("评论人数:",spans[2].text.replace("(","").replace(")","").strip())
        if len(spans) == 4:
            print("备注:",spans[3].text)
        print("------------------------------------")
```

在定义的方法内,使用 BeautifulSoup 函数得到文档树之后,调用 soup 对象的 select 方法查找相关标签内容,具体操作如下:

(1) 通过 soup.select("tr")方法查找到页面中所有的 tr 标签,每个 tr 标签中的内容就是一本书的详细信息。

(2) 将查找结果保存为列表 books。

(3) 遍历 books 列表,即遍历每一对 tr 标签。

(4) 在遍历时,先用 book.select("td")提取 tr 中的 td 标签,将其结果存储在列表 tds 中。由前面的分析可知,列表 tds 中只包括以下两个元素。

- tds[0]:包括书籍详情和书籍封面的 URL 地址信息。
- tds[1]:包括书名、出版信息(作者、出版社、出版时间、定价)、评分、评价人数、备注信息。

然后根据各项数据所在标签的特征进行数据的提取。

(5) 评分、评价人数以及备注信息在 td 标签下带有 class 属性的 span 标签中,调用 tds[1].select("span[class]")提取第二个 td 标签下所有带有 class 属性的 span 标签,将其存放在列表 spans 中。

(6) 通过页面分析发现,第二个 span 标签显示的是评分信息,第三个 span 标签显示的是评价人数,但是有些书籍没有备注信息,也就意味着有些书籍只显示 3 个 span 标签,有的书籍显示 4 个 span 标签,如果有备注信息,则在第四个 span 标签中显示,因此显示备注信息是增加一个条件判断 if len(spans) ==4。

执行调用:

```
getPrintData(html)
```

部分结果如图 3.16 所示,其中 html 是爬取的第 2 页的网页文档信息。

```
书名: 基督山伯爵
书籍详情: https://book.douban.com/subject/1085860/
封面: https://img9.doubanio.com/view/subject/s/public/s3248016.jpg
出版信息: 大仲马 / 周克希 / 上海译文出版社 / 1991-12-1 / 43.90元
评分: 9.0
评论人数: 117470人评价
备注: 一个报恩复仇的故事,以法国波旁王朝和七月王朝为背景
------------------------------------------------------------
书名: 肖申克的救赎
书籍详情: https://book.douban.com/subject/1829226/
封面: https://img9.doubanio.com/view/subject/s/public/s4007145.jpg
出版信息: [美] 斯蒂芬·金 / 施寄青 / 人民文学出版社 / 2006-7 / 29.90元
评分: 9.1
评论人数: 105032人评价
备注: 豆瓣电影Top1原著
------------------------------------------------------------
书名: 嫌疑人X的献身
书籍详情: https://book.douban.com/subject/3211779/
封面: https://img9.doubanio.com/view/subject/s/public/s3254244.jpg
```

图 3.16 豆瓣读书 Top250 页面的解析和打印效果

为了后续将数据存储为 JSON 文件,在 getPrintData 方法的基础上创建 getListData(html)方法,将解析出来的数据先保存为 JSON 数据对象。具体为在方法中增加一个列表 booklist 保存所有书籍信息,每本书籍的信息用字典 bookdic 来保存,代码如下:

```
def getListData(html):
    booklist = []                                  #定义列表保存所有书籍信息
    soup = BeautifulSoup(html,"lxml")
    books = soup.select("tr")
    for book in books:
        bookdic = {}                               #定义字典保存每本书籍的信息
        tds = book.select("td")
        bookdic["书名"] = tds[1].div.a.text.strip() .split("\n") [0]
```

```
        bookdic["书籍详情"] = tds[0].a.get("href")
        bookdic["封面"] = tds[0].img.get("src")
        bookdic["出版信息"] = tds[1].p.text
        spans = tds[1].select("span[class]")
        bookdic["评分"] = spans[1].text
        bookdic["评论人数"] = spans[2].text.replace("(","").replace(")","").strip()
        if len(spans) == 4:
            bookdic["备注"] = spans[3].text
        booklist.append(bookdic)      #将字典元素添加到 booklist 列表中
    return booklist   #返回 booklist
```

3. 保存数据

定义 saveJson 方法保存解析的数据为 JSON 文件,在该方法中有以下 3 个参数。

- data:解析出来的数据。
- path:用户指定的文件存储路径。
- filename:用户指定的文件名。

为了帮助创建用户指定的系统中不存在的文件路径和文件名,此处引入 os 库,具体代码如下:

```
import json
import os
def saveJson(data,path,filename):
    jData = json.dumps(data,indent = 2,ensure_ascii = False)
    if not os.path.exists(path):                    #判断文件路径不存在
        os.makedirs(path)                           #如果不存在指定的文件路径,则新建
with open(path + filename,"w",encoding = "utf-8") as f:
        f.write(jData)
```

3.3.3 模块化程序的编写

在豆瓣读书 Top250 排行榜中共有 250 本书籍信息,分 10 个页面显示。这里设计一个列表 allbooks,对每个页面的书籍信息进行爬取、解析并存储在一个页面的列表后,将每个页面的书籍列表扩展到 allbooks 中。下面是获取豆瓣读书 Top250 排行榜的相关数据的实战案例代码。

【实战案例代码 3.3】 获取豆瓣读书 Top250 排行榜的相关数据。

```
import requests
from bs4 import BeautifulSoup
import json
import os
allbooks = []                       #存储所有页面的书籍信息
for i in range(10):                 #10 个页面
    #调用 getHTML 方法爬取当前页面,返回 HTML 字符串
    html = getHTML(i * 25)
    #调用 getListData 方法解析当前页面,返回存储当前页面所有书籍信息的列表
    page = getListData(html)
```

```
        allbooks.extend(page)          #将列表 page 扩展到 allbooks 中
#保存所有数据到 JSON 文件
saveJson(allbooks,"mdata/","douban250.json")
#定义发送请求爬取数据的方法
def getHTML(num):
    url = 'https://book.douban.com/top250'
    header = {
    'User-Agent':'Mozilla/5.0 (Windows NT 10.0; Win64; x64) '\
    'AppleWebKit/537.36 (KHTML, like Gecko) Chrome/80.0.3987.163 Safari/537.36'
    }
    r = requests.get(url,headers = header,params = {"start":num})
    return r.text
#定义解析数据,保存在列表中的方法
def getListData(html):
    booklist = []
    soup = BeautifulSoup(html,"lxml")
    books = soup.select("tr")
    for book in books:
        bookdic = {}
        tds = book.select("td")
        bookdic["书名"] = tds[1].div.a.text.strip().split("\n") [0]
        bookdic["书籍详情"] = tds[0].a.get("href")
        bookdic["封面"] = tds[0].img.get("src")
        bookdic["出版信息"] = tds[1].p.text
        spans = tds[1].select("span[class]")
        bookdic["评分"] = spans[1].text
        bookdic["评论人数"] = spans[2].text.replace("(","") .replace(")","") .strip()
        if len(spans)  == 4:
            bookdic["备注"] = spans[3].text
        booklist.append(bookdic)
    return booklist
#定义保存数据到 JSON 文件的方法
def saveJson(data,path,filename) :
    jData = json.dumps(data,indent = 2,ensure_ascii = False)
    if not os.path.exists(path) :
        os.makedirs(path)
    with open(path + filename,"w",encoding = "utf-8") as f:
        f.write(jData)
```

以上代码中的一些注意事项如下：

(1) 首页 URL 中的 start 参数值为 0,因此在做多个页面循环时,只需要使用 range(10)即可。

(2) 使用 extend 方法将 page 列表添加到 allbooks 列表,即在原有列表的尾部追加列表,实现原列表 allbooks 的扩展。

(3) 在调用 saveJson 方法中,第二个参数表示路径,应在给出的表示路径的字符串后增加“/”字符。

最终文件 douban250.json 的存储结果如图 3.17 所示。

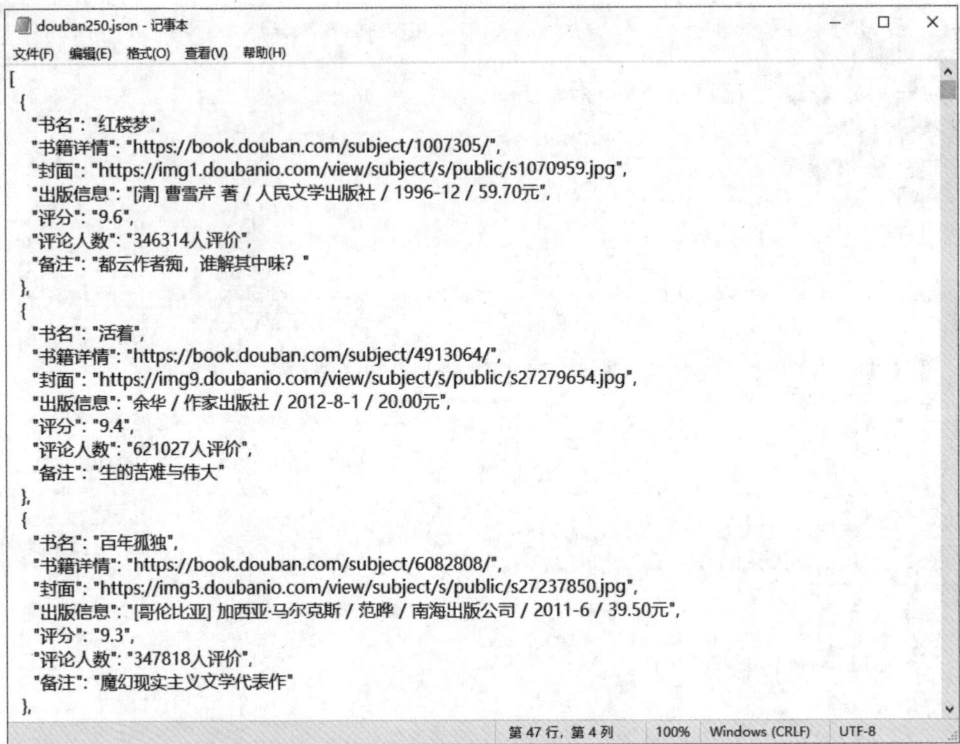
```
[
  {
    "书名": "红楼梦",
    "书籍详情": "https://book.douban.com/subject/1007305/",
    "封面": "https://img1.doubanio.com/view/subject/s/public/s1070959.jpg",
    "出版信息": "[清] 曹雪芹 著 / 人民文学出版社 / 1996-12 / 59.70元",
    "评分": "9.6",
    "评论人数": "346314人评价",
    "备注": "都云作者痴，谁解其中味？"
  },
  {
    "书名": "活着",
    "书籍详情": "https://book.douban.com/subject/4913064/",
    "封面": "https://img9.doubanio.com/view/subject/s/public/s27279654.jpg",
    "出版信息": "余华 / 作家出版社 / 2012-8-1 / 20.00元",
    "评分": "9.4",
    "评论人数": "621027人评价",
    "备注": "生的苦难与伟大"
  },
  {
    "书名": "百年孤独",
    "书籍详情": "https://book.douban.com/subject/6082808/",
    "封面": "https://img3.doubanio.com/view/subject/s/public/s27237850.jpg",
    "出版信息": "[哥伦比亚] 加西亚·马尔克斯 / 范晔 / 南海出版公司 / 2011-6 / 39.50元",
    "评分": "9.3",
    "评论人数": "347818人评价",
    "备注": "魔幻现实主义文学代表作"
  },
```


图 3.17 douban250.json 文件的存储结果

3.4 正则表达式

正则表达式是一个非常强大的字符串处理工具，几乎任何关于字符串的操作都可以使用正则表达式来完成。它是对字符串操作的一种逻辑公式，用事先定义好的一些特定字符及其组合组成一个"规则字符串"，表达对字符串的一种过滤逻辑。编写爬虫解析数据，掌握正则表达式是不可或缺的技能，它可以让数据的解析变得高效、简便。正则表达式不是 Python 独有的，Python 通过自带的 re 库提供了对正则表达式的支持。

扫一扫

视频讲解

3.4.1 正则表达式基础

正则表达式描述了一种字符串匹配的模式(pattern)，可以用来做以下操作：

- 检查一个字符串是否含有某种子串。
- 替换匹配的子串。
- 从某个字符串中取出符合某种条件的子串等。

例如，使用正则表达式\d{11}可以从下列文本中匹配出 11 位手机号码。

```
张至中,手机 15912378901,QQ 66531
刘小云,手机 15662378988,QQ 67319178
王均,手机 13452378118,QQ 3191178
```

1. 正则表达式的构成

创建正则表达式的方法和创建数学表达式的方法一样，都是用多种元字符与运算符将小的表达式结合在一起创建更大的表达式。正则表达式的组成可以是单个字符、字符集、字符范围、字符间的选择或者所有组件的任意组合。正则表达式的基本构成可以是字符、预定义字符集、数量词、边界匹配、逻辑分组等。

1）字符

掌握正则表达式需要熟悉它的特定符号的作用，表 3.7 列出了正则表达式中字符的表示。

表 3.7 字符

字 符	含 义
一般字符	匹配自身
.	匹配除“\n”以外的任何单个字符，在 DOTALL 模式中可以匹配“\n”
\	转义字符，使后一个字符改变原来的意思
[...]	字符集，对应的位置可以是字符集的任意字符，所有的特殊字符都将失去其原有的特殊含义

其中：

(1) 一般字符是匹配自身的，例如 abc 的匹配结果就是 abc。

(2) . 字符为匹配除换行符“\n”以外的任意字符。例如 a.c 匹配的结果可以是 abc、a&c、arc 等。

(3) \是转义字符，让它后面出现的字符失去原来的特殊作用，匹配的是字符本身。例如 a\.c 匹配的结果是 a.c。

(4) [...]是字符集，字符集中的字符可以有以下几种形式。

- 可以逐个列出，例如 a[bc]e 可以匹配 abe 或 ace。
- 可以给出范围，例如 a[b-d]e 可以匹配 abe、ace、ade。
- 字符集中的第一个字符如果是^表示取反，例如[^abc]表示不是 a、b、c 的其他字符。

2）预定义字符集

在正则表达式中有 3 对常用的预定义字符集，每一对预定义字符集的区别在于大小写不同，匹配的字符互为补集，如表 3.8 所示。

表 3.8 预定义字符集

字 符	含 义
\d	匹配数字，即[0-9]
\D	匹配非数字，即[^0-9]
\s	匹配空白字符，即[<空格>\t\r\n\f\v]
\S	匹配非空白字符，即[^\s]
\w	匹配单词字符，即[A-Za-z0-9_]
\W	匹配非单词字符，即[^\w]

其中：

(1) \d 表示匹配 0～9 共 10 个数字；\D 则匹配非数字。例如，a\dc 可以匹配 a1c；a\Dc 则可以匹配 abc。

(2) \s 匹配所有的空白字符，空格、\t、\r、\n 都能被匹配出来；\S 匹配所有的非空白字符。例如，a\sc 可以匹配 a c；a\Sc 则可以匹配 abc。

(3) \w 匹配所有的单词字符；\W 匹配所有的非单词字符。例如，a\wc 可以匹配 abc；a\Wc

则可以匹配 a c。

3) 数量词

在正则表达式中数量词是出现在字符之后的,用于专门控制匹配字符的次数,表 3.9 列出了表示数量词的符号。

表 3.9 数量词

字　符	含　义
*	匹配前一个字符 0 次或多次
+	匹配前一个字符 1 次或多次
?	匹配前一个字符 0 次或 1 次
{m}	匹配前一个字符 m 次
{m,n}	匹配前一个字符 m 到 n 次,m 和 n 可以省略:若省略 m,匹配 0 到 n 次;若省略 n,匹配 m 到无限次

其中:

(1) * 表示匹配 0 次或多次。例如,abc* 可以匹配 ab,也可以匹配 abccc。

(2) +表示匹配 1 次或多次。例如,abc+可以匹配 abc,也可以匹配 abccc。

(3) ?表示匹配 0 次或 1 次。例如,abc? 可以匹配 ab,也可以匹配 abc。

(4) {m}表示匹配前一个字符 m 次。例如,ab{3}c 可以匹配 abbbc。

(5) {m,n}则表示匹配前一个字符 m 到 n 次。例如,ab{1,3}c 可以匹配 abc,也可以匹配 abbc 和 abbbc。

4) 边界匹配

在正则表达式中有一些符号用于边界匹配,如表 3.10 所示。

表 3.10 边界匹配

字　符	含　义
^	匹配字符串的开头,在多行模式中匹配每一行的开头
$	匹配字符串的末尾,在多行模式中匹配每一行的末尾
\A	仅匹配整个字符串的开头
\Z	仅匹配整个字符串的末尾
\b	单词边界
\B	非单词边界,即[^\b]

其中:

(1) ^表示匹配字符串的开头。例如,^ab 可以匹配字符串 abc123,但不能匹配字符串 123abc。

(2) $ 表示匹配字符串的末尾。例如,ab $ 可以匹配字符串 123cab,但不能匹配字符串 123abc。

(3) \A 仅匹配整个字符串的开头。在进行单行文本的匹配时,作用和^相同,但它不能匹配多行文本的开头。

(4) \Z 仅匹配整个字符串的末尾。在进行单行文本的匹配时,作用和 $ 相同,但它同样不能匹配多行文本的末尾。

(5) \b 匹配单词边界,即单词和符号之间的边界,这里的单词是指\w 代表的字符,包括中/英文字符和数字,符号是指中/英文符号、空格、制表符、换行符等。例如,正则表达式 '\bfoo\b' 匹配'foo'、'foo.'、'(foo) '、'bar foo baz',但不匹配 'foobar'或者 'foo3'。

(6) \B 是\b 的取非,代表的是非单词边界,即非单词和符号之间的边界,也就是\B 代表的是单词与单词之间、符号和符号之间的边界。例如,正则表达式 r'py\B'匹配'python'、'py3'、'py2',但不匹配'py'、'py.'或者'py!'。

5）逻辑分组

在正则表达式中也可以实现逻辑运算和分组,表 3.11 列出了正则表达式中表示逻辑和分组的两个符号。

表 3.11　边界匹配

字　符	含　义
|	表示|左边和右边的表达式任意匹配一个
(...)	被()括起来的表达式将作为分组

其中:

(1) |表示或者,它总是先尝试匹配左边的表达式,一旦匹配成功,则跳过匹配右边的表达式。例如,abc|def 既可以匹配 abc 也可以匹配 def。

(2) ()表示分组,从表达式左边开始每遇到一个分组的左括号“(”,分组编号+1。分组表达式是一个整体,后面也可以接数量词,例如(abc){2}可以匹配 abcabc。“()”中的表达式也可以加“|”,表明“|”仅在该组中有效。例如,a(123|456)c 可以匹配 a123c,也可以匹配 a456c。

正则表达式就是上述这些符号的组合。对于更多正则表达式的符号规则,可以参看 re 库的官方网站①。

2. 正则表达式的验证网站

在开始学习正则表达式时,在程序中直接调试验证表达式会比较麻烦,一般可以使用在线的正则表达式工具,其中比较知名的有 regex101 网站(https://regex101.com),如图 3.18 所示,它提供了正则表达式的匹配调试功能。

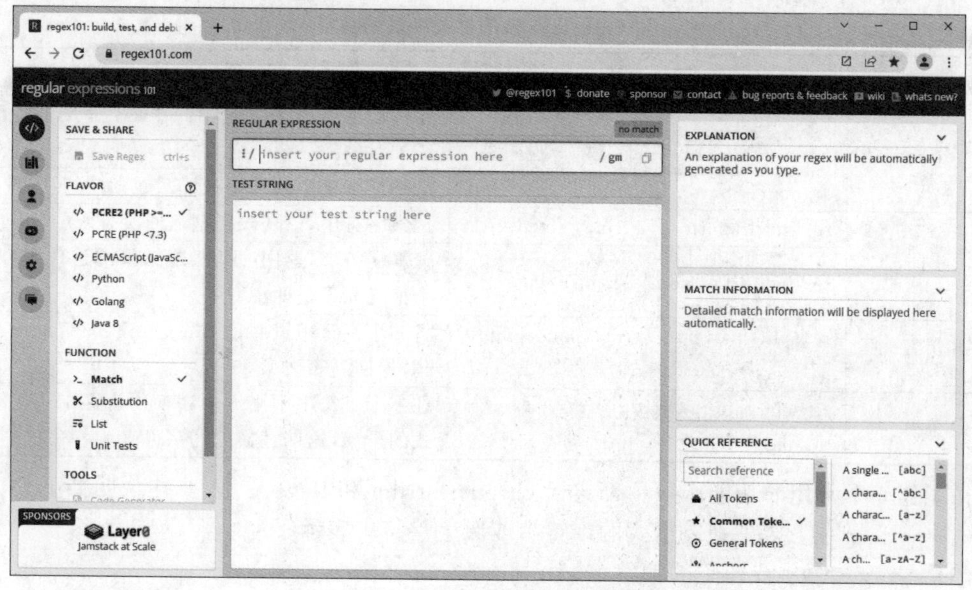

图 3.18　regex101 在线工具

① re 库文档,https://docs.python.org/3/library/re.html#

另一个是国内 OSCHINA 网站提供的在线工具,如图 3.19 所示,它提供了一些常用的正则表达式。

图 3.19 OSCHINA 在线工具

扫一扫

视频讲解

3.4.2 正则表达式的用法

1. re 库常用函数

正则表达式指定了字符串的匹配模式,re 库是 Python 的标准库,它提供若干功能函数检测某个字符串是否与给定的正则表达式匹配,如表 3.12 所示。

表 3.12 re 库的主要功能函数

功 能	函 数	说 明
查找一个匹配项	re.search(pattern, string, flags=0)	在一个字符串中寻找第一个匹配的位置,返回匹配对象
	re.match(pattern, string, flags=0)	从一个字符串的开始位置匹配,返回匹配对象
查找多个匹配项	re.findall(pattern, string, flags=0)	搜索字符串,以列表类型返回所有匹配对象
	re.finditer(pattern, string, flags=0)	搜索字符串,返回一个匹配结果的迭代类型,每个迭代元素是匹配对象
字符串分割	re.split(pattern, string, maxsplit=0, flags=0)	将一个字符串按照正则表达式匹配结果进行分割,返回列表类型
字符串替换	re.sub(pattern, repl, string, count=0, flags=0)	在一个字符串中用 repl 替换所有匹配正则表达式的子串,返回替换后的字符串

在上述 6 个常用的功能函数中都包括 pattern、string 和 flags 参数,具体说明如下。

(1) pattern 参数:正则表达式的字符串或原生字符串表示。

(2) string 参数:待匹配的字符串。

(3) flags 参数:表示正则表达式的匹配模式。

2. 正则表达式的匹配模式

正则表达式的匹配模式用于控制正则表达式的匹配方式，如表 3.13 所示。例如将匹配模式设置为 re.S，那么在这种模式下，符号“.”就可以匹配换行符“\n”。

表 3.13 正则表达式的匹配模式

flags 常用的可选值	说 明
re.I 或 re.IGNORECASE	忽略大小写匹配，表达式[A-Z]也会匹配小写字符
re.M 或 re.MULTILINE	字符'^'匹配字符串的开始和每一行的开始；字符'$'匹配字符串的结尾和每一行的结尾
re.S 或 re.DOTALL	字符'.'匹配任何字符，包括换行符
re.A 或 re.ASCII	让转义字符集的字符(例如\w、\W 等)只匹配 ASCII，而不是 Unicode
re.X 或 re.VERBOSE	详细模式，在该模式下正则表达式可以为多行，忽略空白字符，并可以加入注释

3. re 库功能函数的使用方法

下面以 re.search 函数为例，说明 re 库中常用功能函数在进行正则表达式匹配时返回的结果，以及匹配对象的常用方法和匹配模式的设置。

1）匹配结果

在调用 re 库的 search 函数匹配正则表达式时，如果没有匹配成功，返回 None；如果匹配成功，则返回匹配对象。

【例 3.13】 正则表达式匹配不成功的情形。

```
text = "张至中,手机 15912378901,QQ66531"
r = re.search("手 机",text)
print("匹配结果",r)
```

运行结果为：

```
匹配结果 None
```

【例 3.14】 正则表达式匹配成功的情形。

```
text = "张至中,手机 15912378901,QQ66531"
r = re.search("手机",text)
print("匹配结果",r)
```

运行结果为：

```
匹配结果 <re.Match object; span = (4, 6) , match = '手机'>
```

通过匹配对象可以查看到匹配上的第一个字符串的起始和终止位置，例如示例 3.14 中显示(4,6)，匹配上的字符串文本为'手机'。

2）匹配对象的常用方法

匹配对象支持属性和方法，这里介绍常见的方法，对于更多方法和属性可以参考 re 库的官方文档。

(1) Match.group([group1,…])：返回一个或者多个匹配的子组。

- 默认参数值为 0，返回整个匹配结果。
- 如果设置一个参数，当值的范围是[1..99]且小于或等于正则表达式中定义的组数时，返回对应组的字符串。
- 如果参数设置为负数或大于正则表达式中定义的组数，则引发 IndexError 异常。
- 如果有多个参数，返回一个元组。

例如在示例 3.14 后执行：

```
print("匹配内容",r.group(0))
```

或执行：

```
print("匹配内容",r.group())
```

结果均为：

```
匹配内容 手机
```

(2) Match.start([group])：返回 group 匹配到的字符串的开始标号。例如在示例 3.14 后执行：

```
print("匹配结果所在起始位置",r.start() )
```

结果显示为：

```
匹配结果所在起始位置 4
```

(3) Match.end([group])：返回 group 匹配到的字符串的结束标号。例如在示例 3.14 后执行：

```
print("匹配结果所在结束位置",r.end() )
```

结果显示为：

```
匹配结果所在结束位置 6
```

(4) Match.span([group])：以二元组形式返回 group 匹配到的字符串的开始和结束标号。例如在示例 3.14 后执行：

```
print("匹配结果所在索引位置",r.span())
```

结果显示为：

```
匹配结果所在索引位置 (4, 6)
```

3）匹配模式

设置匹配模式可以改变原有特殊字符的行为，示例 3.15 设置匹配模式为 re.I，匹配字符串时可以忽略大小写。

【例 3.15】 匹配正则表达式忽略大小写。

```
text = "张至中,手机 15912000000,QQ66000"
r = re.search("Qq",text,re.I)
print("匹配结果",r)
```

结果显示为：

```
匹配结果 <re.Match object; span = (18, 20) , match = 'QQ'>
```

4. 正则表达式常见应用示例

下面使用 re 库的 search 函数，结合 3.4.1 节中介绍的正则表达式的语法基础，通过示例来了解常见的正则表达式的用法。

1）字符匹配

在实际使用中，常见的需要匹配的字符有任意字符、数字、单词字符、汉字等。

【例 3.16】 匹配任意字符。

```
text = "张至中,手机 15912000000,QQ66000"
r = re.search("张.",text)
print("匹配结果",r)
```

结果显示为：

```
匹配结果 <re.Match object; span = (0, 2) , match = '张至'>
```

【例 3.17】 匹配任意数字。

```
text = "张至中,手机 15912000000,QQ66000"
r = re.search("\d",text)
print("匹配结果",r)
```

结果显示为：

```
匹配结果 <re.Match object; span = (6, 7) , match = '1'>
```

【例 3.18】 匹配非单词字符。

```
text = "张至中,手机 15912000000,QQ66000"
r = re.search("\W",text)
print("匹配结果",r)
```

结果显示为：

```
匹配结果 <re.Match object; span = (3, 4) , match = ','>
```

【例 3.19】 匹配汉字。

```
text = "张至中,手机 15912000000,QQ66000"
r = re.search("[\u4e00 - \u9fa5]",text)
print("匹配结果",r)
```

结果显示为:

```
匹配结果 < re.Match object; span = (0, 1) , match = '张'>
```

2) 重复匹配

正则表达式中使用数量词限定符表示重复匹配时,默认是贪婪匹配,即在整个表达式得到匹配的前提下匹配尽可能多的字符。

【例 3.20】 匹配前一个字符最多次。

```
text = "张至中,手机 15912000000,QQ66000"
r1 = re.search("张. + ",text)                    #匹配前一个字符最多次
r2 = re.search("张. * ",text)                    #匹配前一个字符最多次
print(". + 匹配结果",r1)
print(". * 匹配结果",r2)
```

结果显示为:

```
. +  匹配结果 < re.Match object; span = (0, 25), match = '张至中,手机 15912000000,QQ66000'>
. * 匹配结果 < re.Match object; span = (0, 25) , match = '张至中,手机 15912000000,QQ66000'>
```

如果需要懒惰匹配,即在整个表达式得到匹配的前提下匹配尽可能少的字符,可以在数量词限定符(例如"+"或"*")后加上一个问号"?"。

【例 3.21】 匹配前一个字符最少次。

```
text = "张至中,手机 15912000000,QQ66000"
r1 = re.search("张. + ?",text)                   #匹配前一个字符 1 次
r2 = re.search("张. * ?",text)                   #匹配前一个字符 0 次
print(". + ?匹配结果",r1)
print(". * ?匹配结果",r2)
```

结果显示为:

```
. + ?匹配结果 < re.Match object; span = (0, 2) , match = '张至'>
. * ?匹配结果 < re.Match object; span = (0, 1) , match = '张'>
```

如果想实现指定次数的重复匹配,可以使用{n}或{m,n}限定符。

【例 3.22】 匹配字符串中指定位数的数字。

```
text = "张至中,手机 15912000000,QQ66000"
r = re.search("\d{11}",text)
print("匹配手机号码",r)                          #匹配 11 位手机号码
r = re.search("QQ\d{5,8}",text)
print("匹配 QQ 号码",r)                          #匹配 5 到 8 位 QQ 号码
```

结果显示为:

```
匹配手机号码 <re.Match object; span=(6, 17), match='15912000000'>
匹配 QQ 号码 <re.Match object; span=(18, 25), match='QQ66000'>
```

3）分组匹配

在正则表达式中，用“()”括起来表示一个分组，执行分组后向引用，即对前面出现过的分组会再一次引用，如果引用已经匹配过的分组内容，可以在 re.group 方法中通过具体的数字来引用对应的分组，例如 re.group(1)引用第一个分组，re.group(2)引用第二个分组，而 re.group(0)引用整个被匹配的字符串本身。

【例 3.23】 分组提取字符串中的数字。

```
text="张至中,手机 15912000000,QQ66000"
r=re.search("(\d+).*(\d{5,8})",text)
print("匹配结果",r)
print("分组信息",r.groups())
print("匹配全部内容",r.group(0))
print("匹配第一组内容",r.group(1))
print("匹配第二组内容",r.group(2))
```

结果显示为：

```
匹配结果 <re.Match object; span=(6, 25), match='15912000000,QQ66000'>
分组信息 ('15912000000', '66000')
匹配全部内容 15912000000,QQ66000
匹配第一组内容 15912000000
匹配第二组内容 66000
```

5. re 库功能函数应用示例

re 库对正则表达式的支持除了 search 函数以外，还有其他函数。

1）re.match 函数

re.match 函数尝试从字符串的起始位置匹配一个模式，如果不是起始位置匹配成功，返回 None。

【例 3.24】 使用 match 方法匹配字符串"手机"。

```
text="张至中,手机 15912000000,QQ66000"
r=re.match("手机",text)
print("匹配结果",r)
```

结果显示为：

```
匹配结果 None
```

2）re.findall 函数

re.findall 函数是从字符串的任意位置查找正则表达式所匹配的所有子串，返回一个所有匹配结果的列表，如果没有找到匹配的，则返回空列表。

【例 3.25】 匹配字符串中所有的 11 位手机号。

```
text='''张至中,手机 15912000000,QQ66000
```

```
刘小云,手机 15662000000,QQ67000000
王均,手机 13452000000,QQ3000000'''
r = re.findall("\d{11}",text)
print("匹配结果",r)
```

结果显示为：

```
匹配结果 ['15912000000', '15662000000', '13452000000']
```

3）re. split 函数

re. split 函数是用正则表达式匹配字符串以实现字符串的分隔，并返回一个列表。

【例 3.26】 拆分出字符串中的单词。

```
text = "text;word,key,teacher.worker"
r = re.split("[;,.]",text)
print("匹配结果",r)
```

结果显示为：

```
匹配结果 ['text', 'word', 'key', 'teacher', 'worker']
```

4）re. sub 函数

re. sub 函数将字符串中匹配正则表达式模式的内容进行替换。

【例 3.27】 提取 HTML 代码中的内容信息。

提取 HTML 代码中的内容信息就是将 HTML 中所有的便签信息替换为空。

```
text = '''<div class = "star clearfix">
                            <span class = "allstar50"></span>
                            <span class = "rating_nums">9.6</span>
                          <span class = "pl">(
                              347480 人评价
                          )</span>
                        </div>
                        <p class = "quote" style = "margin: 10px 0; color: #666">
                            <span class = "inq">都云作者痴,谁解其中味?</span>
                        </p>'''
r = re.sub("<.*?>","",text)                  #将所有的标签替换为空
print("匹配结果",r)
```

结果如图 3.20 所示。

在使用 re. sub 函数去掉 HTML 中的所有标签以后，可以对匹配结果进行字符串的进一步处理，以便于得到具体的内容。该方式可以用于解析网页内容。

```
匹配结果

                9.6
            (
                347480人评价
            )

                都云作者痴，谁解其中味？
```

图 3.20 网页内容信息的提取结果

6. 正则表达式对象

使用 re 库中的 compile 函数可以将正则表达式的字符串编译转化为正则表达式对象 pattern，在编译时还可以设置 flag 匹配模式。其具体语法格式如下：

```
re.compile(string,flag = 0)
```

使用编译后的 pattern 对象进行字符串处理，不仅可以提高处理字符串的速度，还可以提供更强大的字符串处理功能。

正则表达式对象具有和 re 库同名的 search、match、findall 方法，通过正则表达式对象调用这些方法进行字符串处理，不需要每次重复写匹配模式，可以实现复用。这里以 search 函数为例：

```
re.search(regexString,string)
```

等价于：

```
pattern = re.compile(regexString)
pattern.search(string)
```

扫一扫

视频讲解

3.4.3　用正则表达式提取豆瓣读书排行榜网页数据的实战案例

在 3.3.2 节中用 BeautifulSoup 库对豆瓣读书排行榜网页的数据进行了解析，这里用正则表达式解析豆瓣读书排行榜中书籍的信息。

正则表达式提取网页中的书籍信息，需要关注要提取的书籍信息所在的字符串上下文，如图 3.21 所示，找出其中的模式，然后书写恰当的正则表达式。比如，要提取排行榜中的图书名称、出版信息、评分、评价人数以及点评信息，就需要关注这些内容所在的字符串上下文。考虑到提取信息的多样性，在正则表达式中使用分组符号“()”来提取对应的各个元素信息。具体待提取信息的特征分析如下：

```
▼<div class="pl2">
    <a href="https://book.douban.com/subject/1007305/" onclick=""moreurl(this,{i:'0'})"" title="红楼梦"> 红楼梦 </a>
    "   "
    <img src="/pics/read.gif" alt="可试读" title="可试读">
  </div>
  <p class="pl">[清] 曹雪芹 著 / 人民文学出版社 / 1996-12 / 59.70元</p>
▼<div class="star clearfix">
    <span class="allstar50"></span>
    <span class="rating_nums">9.6</span>
    <span class="pl">( 384509人评价 )</span>
    ::after
  </div>
▼<p class="quote" style="margin: 10px 0; color: #666">
    <span class="inq">都云作者痴，谁解其中味？</span>
  </p>
```

图 3.21　提取书籍信息所在的字符串上下文

- 图书名称：图书名称在该字符串中出现两次，其中在 title 属性中的信息特征明显，在字符串中具有唯一性，容易抽取出模式，这里标记出书名所在的前后字符或字符串，具体表示为 title="(.*?)"，其中.*?表示懒惰模式的任意匹配字符。
- 出版信息：根据出版信息所在前后字符串的特征，这部分正则表达式表示为 pl">(.*?)</p>。
- 评分：根据评分所在前后字符串的特征以及要提取的数字内容特征，这部分正则表达式表示为 rating_nums">(\d.\d)</span>，其中\d.\d 表示提取中间带有小数点的两个数字。
- 点评信息：根据评价人数所在前后字符串的特征，正则表达式表示为(\d+)人评价，其中\d+表示按照贪婪模式提取多个数字。
- 点评信息：根据点评信息所在前后字符串的特征，正则表达式表示为 inq">(.*?)</span>。

注意：在实际操作时往往希望通过一个统一的正则表达式就能提取到上述全部内容，因此要提取的各元素特征的正则表达式之间用.*?连接，表示各元素之间有任意字符。

下面以爬取到的豆瓣读书排行榜首页的内容为例来看具体正则表达式的用法和抽取结果。

【实战案例代码 3.4】 爬取并提取豆瓣读书排行榜首页的图书信息。

```
import requests
import re
url = 'https://book.douban.com/top250'
header = {
    'User - Agent':'Mozilla/5.0 (Windows NT 10.0; Win64; x64)  '\
    'AppleWebKit/537.36 (KHTML, like Gecko)  Chrome/80.0.3987.163 Safari/537.36'
    }
def getHTML(num) :
    r = requests.get(url,headers = header,params = {"start":num})
    return r.text
html = getHTML(0)                                          # 获得第 1 页网页内容
pattern = re.compile('\title = "(. * ?) ". * ?pl">(. * ?) </p>. * ?rating_nums">(\d.\d) </span>.
* ?(\d + ) 人评价. * ?inq">(. * ?) </span>',re.S)   # 编译正则表达式对象
items = re.findall(pattern,html)                           # 查找所有匹配模式的信息
print(items)
```

结果如图 3.22 所示，在该案例中使用了 re.compile 函数预先将正则表达式编译成正则表达式对象 pattern，提高了正则表达式的匹配效率。有了正则表达式对象 pattern 以后，只需要在 re 库的各个功能函数中将原来字符串表示的正则表达式替换为 pattern 对象即可，例如这里 re.findall 函数中使用的就是 pattern 对象。

```
[('红楼梦', '[清] 曹雪芹 著 / 人民文学出版社 / 1996-12 / 59.70元', '9.6', '34748
9', '都云作者痴，谁解其中味？'), ('活着', '余华 / 作家出版社 / 2012-8-1 / 20.00
元', '9.4', '624013', '生的苦难与伟大'), ('百年孤独', '[哥伦比亚] 加西亚·马尔克
斯 / 范晔 / 南海出版公司 / 2011-6 / 39.50元', '9.3', '349177', '魔幻现实主义文学
代表作'), ('1984', '[英] 乔治·奥威尔 / 刘绍铭 / 北京十月文艺出版社 / 2010-4-1 /
28.00', '9.4', '192176', '栗树荫下，我出卖你，你出卖我'), ('飘', '[美国] 玛格丽特
·米切尔 / 李美华 / 译林出版社 / 2000-9 / 40.00元', '9.3', '183191', '革命时期的
爱情，随风而逝'), ('三体全集', '刘慈欣 / 重庆出版社 / 2012-1-1 / 168.00元', '9.
4', '106583', '地球往事三部曲'), ('三国演义（全二册）', '[明] 罗贯中 / 人民文学出
版社 / 1998-05 / 39.50元', '9.3', '141099', '是非成败转头空'), ('白夜行', '[日]
东野圭吾 / 刘姿君 / 南海出版公司 / 2008-9 / 29.80元', '9.1', '473266', '暗夜独行
的残破灵魂，爱与恶本就难分难舍'), ('小王子', '[法] 圣埃克苏佩里 / 马振聘 / 人民文
学出版社 / 2003-8 / 22.00元', '9.0', '653737', '献给长成了大人的孩子们'), ('福尔
摩斯探案全集（上中下）', '[英] 阿·柯南道尔 / 丁钟华 等 / 群众出版社 / 1981-8 / 5
3.00元/68.00元', '9.3', '109705', '名侦探的代名词'), ('房思琪的初恋乐园', '林奕含
/ 北京联合出版公司 / 2018-2 / 45.00元', '9.2', '269092', '向死而生的文学绝唱'),
('动物农场', '[英] 乔治·奥威尔 / 荣如德 / 上海译文出版社 / 2007-3 / 10.00元',
'9.3', '118561', '太阳底下并无新事'), ('撒哈拉的故事', '三毛 / 哈尔滨出版社 / 200
3-8 / 15.80元', '9.2', '121073', '游荡的自由灵魂'), ('天龙八部', '金庸 / 生活·读
书·新知三联书店 / 1994-5 / 96.00元', '9.1', '115649', '有情皆孽，无人不冤'),
('安徒生童话故事集', '（丹麦）安徒生 / 叶君健 / 人民文学出版社 / 1997-08 / 25.00
元', '9.2', '106456', '为了争取未来的一代'), ('平凡的世界（全三部）', '路遥 / 人
民文学出版社 / 2005-1 / 64.00元', '9.0', '282651', '中国当代城乡生活全景'), ('围
城', '钱锺书 / 人民文学出版社 / 1991-2 / 19.00', '8.9', '406756', '幽默的语言和对
生活深刻的观察'), ('霍乱时期的爱情', '[哥伦比亚] 加西亚·马尔克斯 / 杨玲 / 南海出
版公司 / 2012-9-1 / 39.50元', '9.0', '224046', '义无反顾地直达爱情的核心'), ('局
外人', '[法] 阿尔贝·加缪 / 柳鸣九 / 上海译文出版社 / 2010-8 / 22.00元', '9.0',
'174314', '人生在世，永远也不该演戏作假'), ('明朝那些事儿（1-9）', '当年明月 / 中
国海关出版社 / 2009-4 / 358.20元', '9.1', '122221', '不拘一格的历史书写'), ('沉默
的大多数', '王小波 / 中国青年出版社 / 1997-10 / 27.00元', '9.1', '123108', '沉默
是沉默者的通行证'), ('哈利·波特', 'J.K.罗琳 (J.K.Rowling) / 苏农 / 人民文学出版
社 / 2008-12-1 / 498.00元', '9.7', '55601', '从9¾站台开始的旅程'), ('追风筝的人',
'[美] 卡勒德·胡赛尼 / 李继宏 / 上海人民出版社 / 2006-5 / 29.00元', '8.9', '71134
2', '为你，千千万万遍'), ('人类简史', '[以色列] 尤瓦尔·赫拉利 / 林俊宏 / 中信出
版社 / 2014-11 / 68.00元', '9.1', '160471', '跟着人类一同走过十万年'), ('月亮和六
便士', '[英] 毛姆 / 傅惟慈 / 上海译文出版社 / 2006-8 / 15.00元', '9.0', '168964',
'有多少人会经历顿悟，就有更少的人甘愿自我放逐')]
```

图 3.22 正则表达式提取图书信息的结果

3.5 实战：人民网科技类新闻的获取

本节进行非结构化数据的获取——编写爬虫获取人民网的科技类新闻，数据来源于人民网的科技类新闻板块(http://scitech.people.com.cn/GB/1057/index.html)，如图3.23所示。该实战的任务是爬取人民网科技栏目下的所有新闻文档，用JSON文件来保存新闻目录，用文本文件来保存新闻内容，文本文件要实现按日期归档。

图3.23 人民网的科技栏目页面

3.5.1 目标网站分析

扫一扫

视频讲解

1. 查看robots协议

在浏览器的地址栏中输入网址“http://www.people.com.cn/robots.txt”，查看到如图3.24所示的人民网的robots协议，可以看出该网站支持爬虫对所有目录资源进行爬取。

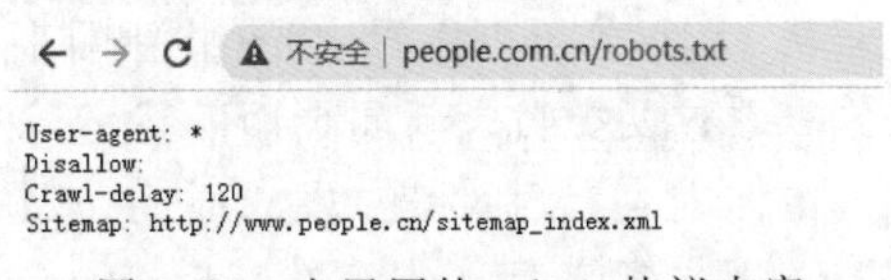


```
User-agent: *
Disallow:
Crawl-delay: 120
Sitemap: http://www.people.cn/sitemap_index.xml
```

图3.24 人民网的robots协议内容

2. 使用Chrome工具进行网站分析

经过网站浏览分析，可以看出要完成目标任务，爬虫的编写其实可以分解为两个子任务，首先是获取科技新闻的列表，然后是根据新闻列表中提供的URL去获取对应的新闻文本。

1) 查看Network面板

使用Chrome工具的Network面板查看访问科技新闻列表网页时发送请求的相关内容，包括URL、请求类型、分页URL的特点、请求头中的User-Agent信息等，如图3.25所示。

查看到的具体信息如表3.14所示。

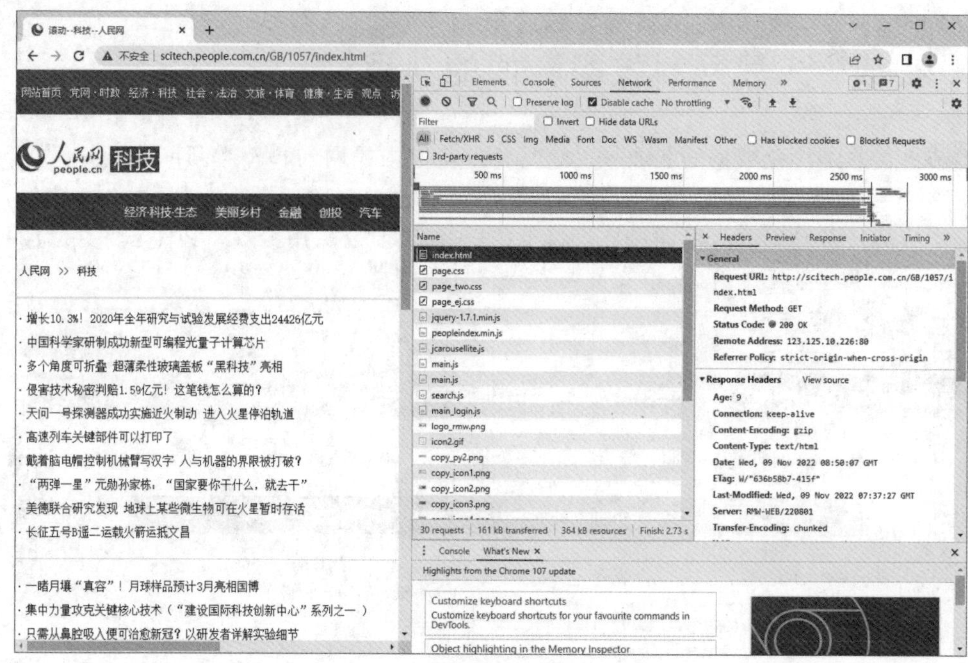

图 3.25 Chrome 工具中人民网科技新闻列表的 Network 面板内容

表 3.14 预分析获得的信息

类　型	内　容
请求 URL 基础地址	http://scitech.people.com.cn/GB/1057/index.html
请求类型	GET 请求
分页 URL 的特点	http://scitech.people.com.cn/GB/1057/index2.html http://scitech.people.com.cn/GB/1057/index3.html
请求头中的 User-Agent	Mozilla/5.0 (Windows NT 10.0; Win64; x64) AppleWebKit/537.36 (KHTML, like Gecko) Chrome/97.0.4692.99 Safari/537.36

2）查看 Elements 面板

使用 Chrome 工具的 Elements 面板对新闻列表所在的网页进行分析，如图 3.26 所示，可以看出在网页页面中每篇新闻的 URL 地址、标题和发布时间都在<li>标签中。

从 URL 分析可以看出，有些新闻来自金融目录 finance，有些来自文化目录 culture，因此分别查看这两类目录新闻页面的特点，如图 3.27 和图 3.28 所示，可以看出 finance 目录下新闻的主体内容，包括标题、发布时间、来源、新闻内容等在<div class="col col-1 fl">标签中，culture 目录下新闻的内容在<div class="clearfix w1000_320 text_con_left">标签中。

扫一扫

视频讲解

3.5.2 科技新闻列表的获取与存储

在对目标网站进行预分析后，可以编写代码对科技新闻列表数据进行爬取、解析及存储。采用的爬取和解析库仍然为 requests 库和 Beautifulsoup 库，在进行数据存储时，考虑后续还需要使用新闻列表中的超链接进行具体新闻内容的爬取，因此用键值对的形式保存新闻列表的信息便于检索，这里采用 json 库将解析出来的新闻列表数据保存为 JSON 文件。

图 3.26 Chrome 工具中新闻列表网页的 Elements 面板内容

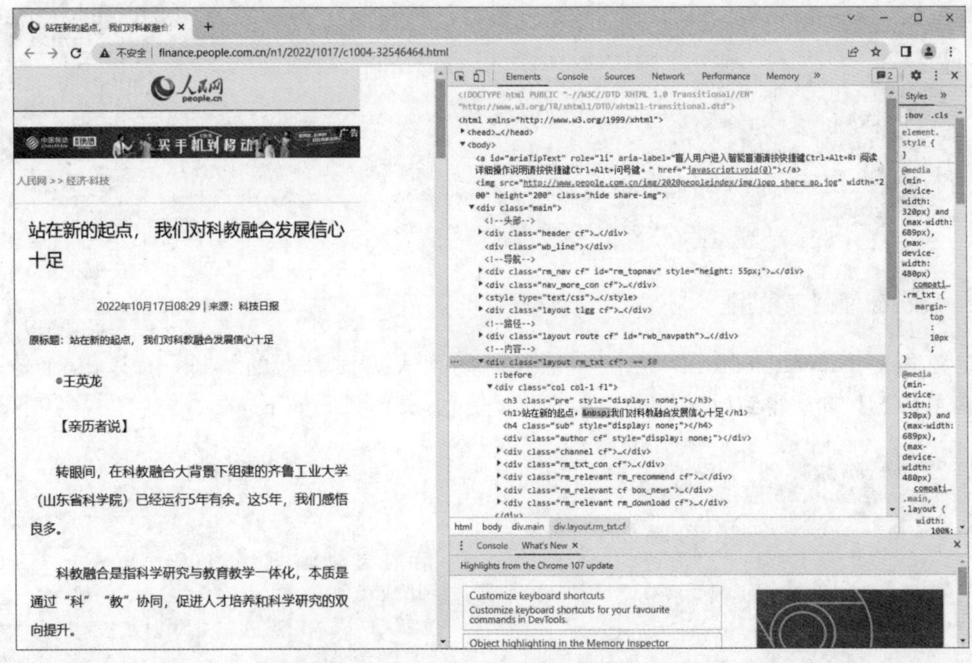

图 3.27 finance 目录下新闻页面的特点

1. 发送请求获取网页数据

人民网科技新闻列表信息呈分页显示，分页 URL 地址的特点是 index 后跟变化的数字，考虑使用字符串的 format 函数来设置具体的分页数字。设计请求新闻列表页面方法 getNewsHtml(page)，其中 page 表示具体页码。

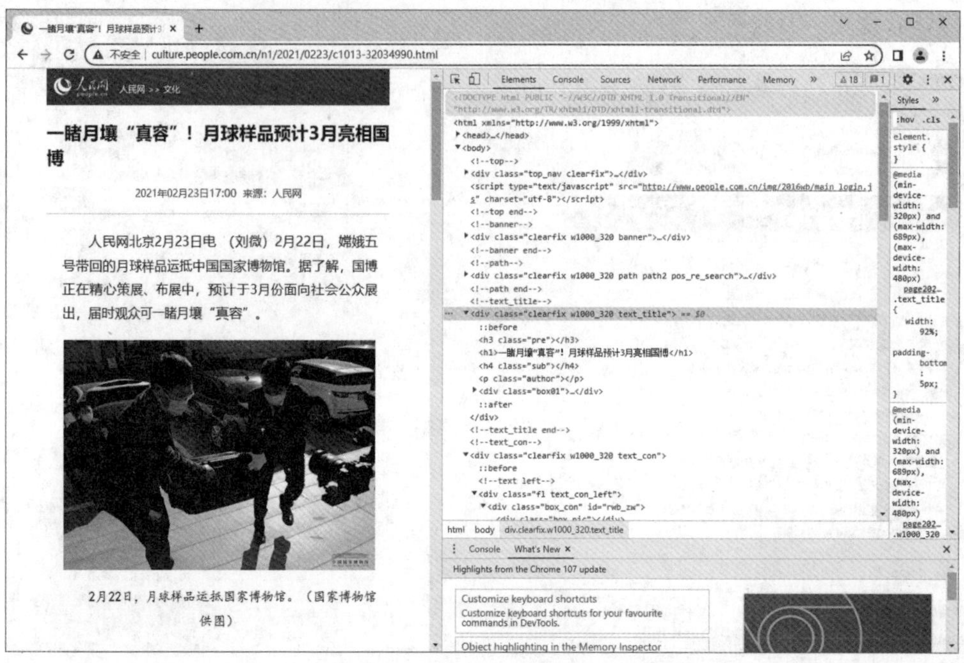

图 3.28 culture 目录下新闻页面的特点

```
import requests
base_url = "http://scitech.people.com.cn/GB/1057/index{}.html"          #设置基础 URL
def getNewsHtml(page) :
    url = base_url.format(page)
    r = requests.get(url)
    r.encoding = r.apparent_encoding
    return r.text
```

2. 解析新闻列表数据

定义 parseNewsList(html)方法实现对新闻列表页面数据的解析，其中 html 是调用 getNewsHTML 方法得到以字符串表示的网页信息，具体代码如下：

```
from bs4 import BeautifulSoup
def parseNewsList(html) :
    soup = BeautifulSoup(html)
    pagelist = []                                   #存放本页新闻列表信息
    for  item in soup.select("li") :                #搜索页面中所有的 li 标签
        itemdic = {}                                #保存新闻信息
        itemdic["标题"] = item.a.text               #提取标题
        urlitem = item.a.get("href")                #提取超链接
        itemdic["url"] = urlitem                    #提取 RUL 地址
        itemdic["time"] = item.em.text              #提取时间
        pagelist.append(itemdic)
    return pagelist
```

定义列表类型的变量 pagelist 保存当前页面的所有新闻信息，每个新闻的信息保存在字典类型的变量 itemdic 中，包括 3 个 key，分别为标题、超链接 URL 地址和时间。因所有的新闻列表信息都在 li 标签中，这里调用 BeautifulSoup 对象的 select 方法找到页面中所有的 li 标签，对其进行遍历，分别提取 3 个 key 所对应的 value 值。

因为科技板块中的新闻列表页共有 18 页，所以定义一个保存全部新闻列表信息的列表类型的变量 urllist，通过 for 循环执行多个页面的获取和解析，具体代码如下：

```
urllist = []
for page in range(1,18) :
    html = getNewsHtml(page)
    page = parseNewsList(html)
urllist.extend(page)
```

注意：因为此处的 page 是列表，这里调用 urllist 的 extend 方法将 page 列表中的各个元素追加到 urllist 列表的末尾。

3. 保存数据

将获取的新闻列表保存为 JSON 文件，具体的实现思路和方法同 3.3.2 节，代码如下：

```
import os
def saveJson(dic,path,filename) :
    jData = json.dumps(dic,indent = 2,ensure_ascii = False)
    if not os.path.exists(path) :
        os.makedirs(path)
    with open(path + filename,"w",encoding = "utf - 8") as f:
        f.write(jData)
#将信息保存在 files 文件夹下的 newslist.json 文件中
saveJson(urllist,"files/","newslist.json")
```

下面是全部新闻列表的获取和存储的实战案例代码。

【实战案例代码 3.5】 爬取并存储人民网科技新闻列表。

```
import json
import os
import requests
from bs4 import BeautifulSoup
#爬取新闻列表页面
def getNewsHtml(page) :
    url = base_url.format(page)
    r = requests.get(url)
    r.encoding = r.apparent_encoding
    return r.text
#解析新闻列表页面
def parseNewsList(html) :
    soup = BeautifulSoup(html)
    pagelist = []                            #存放本页新闻列表信息
    for  item in soup.select("li") :         #搜索页面中所有的 li 标签
        itemdic = {}                         #保存新闻信息
        itemdic["标题"] = item.a.text         #提取标题
        urlitem = item.a.get("href")         #提取超链接
        itemdic["url"] = urlitem             #提取 URL 地址
        itemdic["time"] = item.em.text       #提取时间
```

```
        pagelist.append(itemdic)
    return pagelist
#存储新闻列表信息为 JSON 文件
def saveJson(dic,path,filename):
    jData = json.dumps(dic,indent = 2,ensure_ascii = False)
    if not os.path.exists(path):
        os.makedirs(path)
    with open(path + filename,"w",encoding = "utf-8") as f:
        f.write(jData)
##方法调用##
#设置基础 URL
base_url = "http://scitech.people.com.cn/GB/1057/index{}.html"
urllist = []
for page in range(1,18):
    html = getNewsHtml(page)
    page = parseNewsList(html)
urllist.extend(page)
#将信息保存在 files 文件夹下的 newslist.json 文件中
saveJson(urllist,"files/","newslist.json")
```

3.5.3 新闻的获取与存储

具体新闻内容的获取要用到之前爬取到的新闻列表的相关信息。

(1) 采用模块化的处理方式将具体的获取和存储定义成 4 个方法。

(2) 依次遍历每篇新闻的 URL,提取并保存新闻信息。

1. 定义模块方法

定义的 4 个模块方法如下:

- 读取新闻列表 JSON 文件的 readJson(filename)方法。
- 发送请求获取数据的 getHtml(url)方法。
- 解析新闻文本数据的 parseNews(html)方法。
- 保存新闻文本的 saveFile(text,path,filename)方法。

其具体实现代码如下:

```
import json
import requests
from bs4 import BeautifulSoup
import os
#读取新闻列表文件
def readJson(filename):
    with open(filename,"r",encoding = "utf-8") as f:
        newStr = f.read()
        JData = json.loads(newStr)
    return JData
#发送请求,获取数据
def getHtml(url):
    r = requests.get(url)
```

```
        r.encoding = r.apparent_encoding
        return r.text
#解析新闻文本数据
def parseNews(html):
        soup = BeautifulSoup(html)
        text = ""
        #正则表达式匹配,找到class属性中包括'_con'字符串的div标签
        for p in soup.select("div[class * = '_con'] p"):
            text += p.text
        return text
#保存数据
def saveFile(text,path,filename):
        if not os.path.exists(path):
            os.makedirs(path)
        with open(path + filename,"w",encoding = "utf - 8") as f:
            f.write(text)
```

由于新闻分别来源于 finance 和 culture 两个不同的目录,使用的网页页面模板不同,要提取的新闻文本数据所在的 div 标签属性不同,为了简化处理,定义解析新闻文本内容方法,使用 BeautifulSoup 的 select 方法查找目标 div 标签时使用正则表达式,提取 class 属性中含有"_con"的字符串。

2. 调用方法获取和保存新闻内容

调用上面定义的 4 个方法获取和保存新闻内容的具体步骤如下:

(1) 调用 readJson 方法获取新闻列表的 JSON 数据。

(2) 进行新闻列表遍历。

- 提取新闻所在的 URL 地址。
- 提取时间 time 作为新闻文件所在的文件夹路径 path,以便将同一天的新闻归档存储在同一个文件目录中。
- 提取标题 title,并去掉非文件名字符,作为文件名 filename。
- 调用 getHtml 和 parseNews 方法获得新闻内容文本 txt。
- 调用 saveFile 方法保存新闻文件。

其具体的代码如下:

```
import re
JData = readJson("files/newslist.json")
for item in JData:
        url = item["url"]                                    #提取 URL 链接
        time = item["time"]
        title = item["标题"]
        title = re.sub('[\\/: * ?"<>|]',"",title)            #去掉标题中的非文件名字符
        html = getHtml(url)
        page = parseNews(html)
        saveFile(page,"files/" + time + "/",title + ".txt")
```

有的新闻标题中含有类似'?'、':'等的文件名禁用字符,调用 re.sub 方法对这些字符进行正则替换后作为文件名。保存后的结果如图 3.29～图 3.31 所示。

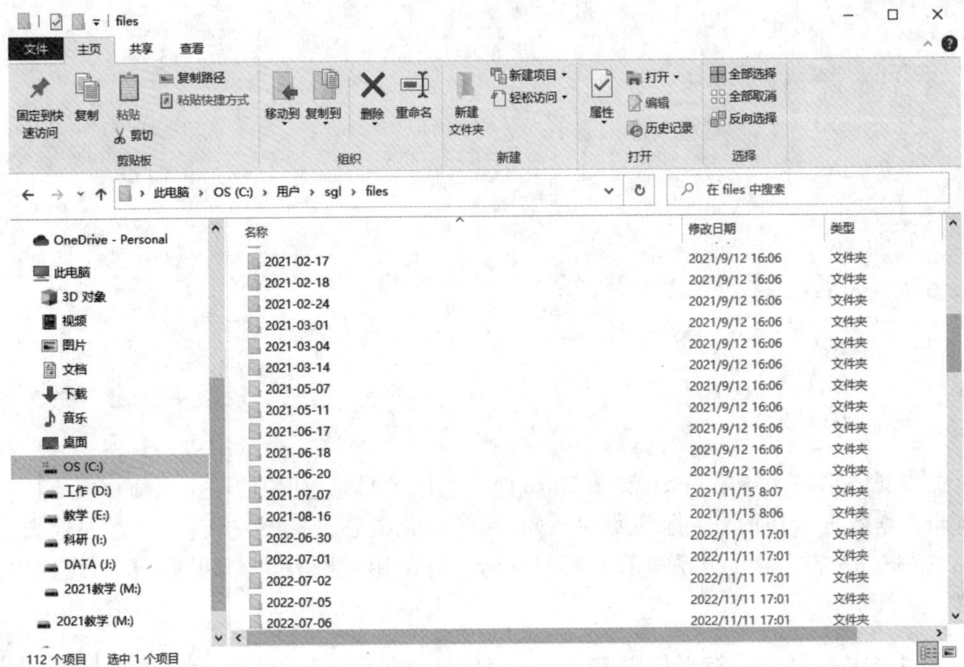

图 3.29 存储的以时间命名的文件目录

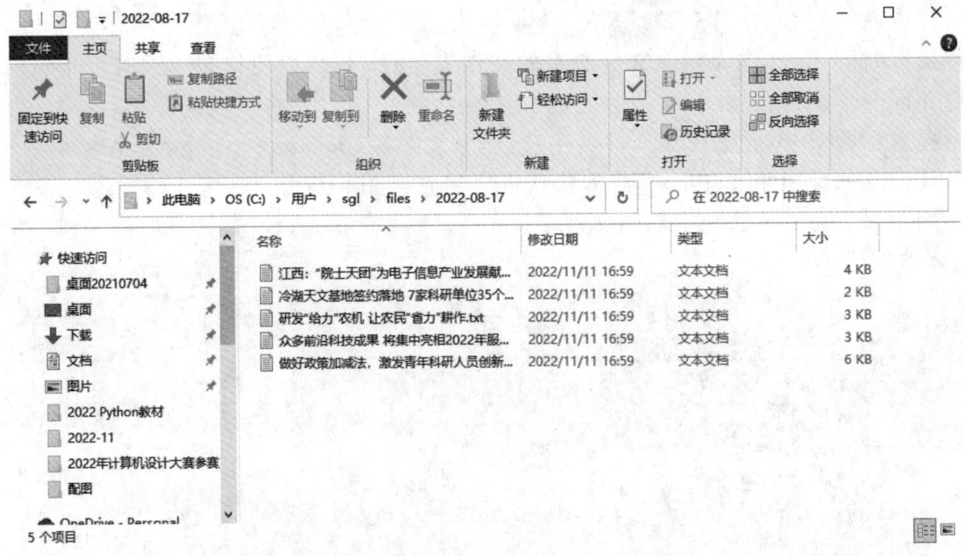

图 3.30 文件夹下保存的新闻文本文件

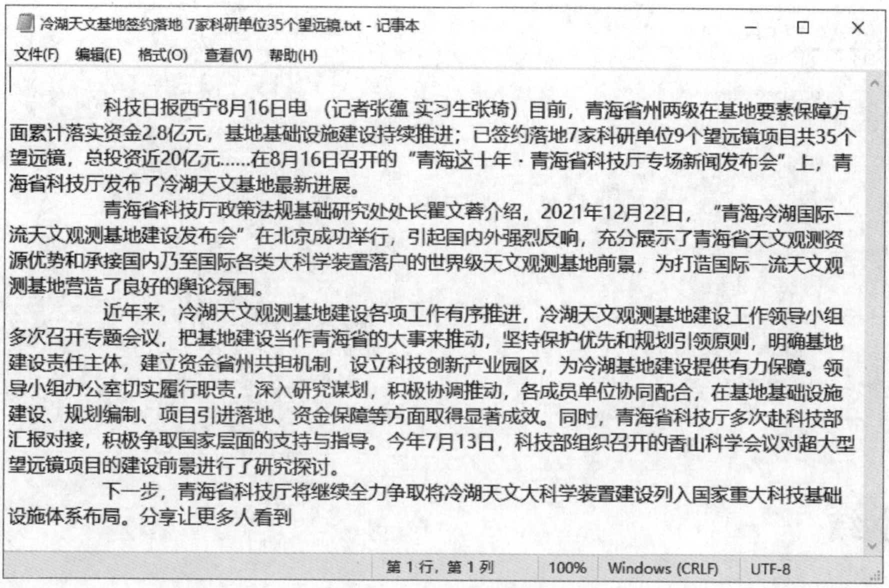

冷湖天文基地签约落地 7家科研单位35个望远镜.txt - 记事本

文件(F) 编辑(E) 格式(O) 查看(V) 帮助(H)

科技日报西宁8月16日电 （记者张蕴 实习生张琦）目前，青海省州两级在基地要素保障方面累计落实资金2.8亿元，基地基础设施建设持续推进；已签约落地7家科研单位9个望远镜项目共35个望远镜，总投资近20亿元......在8月16日召开的“青海这十年·青海省科技厅专场新闻发布会”上，青海省科技厅发布了冷湖天文基地最新进展。

青海省科技厅政策法规基础研究处处长瞿文蓉介绍，2021年12月22日，“青海冷湖国际一流天文观测基地建设发布会”在北京成功举行，引起国内外强烈反响，充分展示了青海省天文观测资源优势和承接国内乃至国际各类大科学装置落户的世界级天文观测基地前景，为打造国际一流天文观测基地营造了良好的舆论氛围。

近年来，冷湖天文观测基地建设各项工作有序推进，冷湖天文观测基地建设工作领导小组多次召开专题会议，把基地建设当作青海省的大事来推动，坚持保护优先和规划引领原则，明确基地建设责任主体，建立资金省州共担机制，设立科技创新产业园区，为冷湖基地建设提供有力保障。领导小组办公室切实履行职责，深入研究谋划，积极协调推动，各成员单位协同配合，在基地基础设施建设、规划编制、项目引进落地、资金保障等方面取得显著成效。同时，青海省科技厅多次赴科技部汇报对接，积极争取国家层面的支持与指导。今年7月13日，科技部组织召开的香山科学会议对超大型望远镜项目的建设前景进行了研究探讨。

下一步，青海省科技厅将继续全力争取将冷湖天文大科学装置建设列入国家重大科技基础设施体系布局。分享让更多人看到

第 1 行，第 1 列 | 100% | Windows (CRLF) | UTF-8

图 3.31 文件中的新闻内容

下面是全部新闻内容的获取和存储的实战案例代码。

【实战案例代码 3.6】 爬取与存储人民网的科技新闻内容。

```
import json
import requests
from bs4 import BeautifulSoup
import os
import re
#读取新闻列表文件
def readJson(filename):
    with open(filename,"r",encoding="utf-8") as f:
        newStr = f.read()
        JData = json.loads(newStr)
    return JData
#发送请求,获取数据
def getHtml(url):
    r = requests.get(url)
    r.encoding = r.apparent_encoding
    return r.text
#解析新闻文本数据
def parseNews(html):
    soup = BeautifulSoup(html)
    text = ""
    #正则表达式匹配,找到 class 属性中包括'_con'字符串的 div 标签
    for p in soup.select("div[class*='_con'] p"):
        text += p.text
    return text
#保存数据
def saveFile(text,path,filename):
    if not os.path.exists(path):
```

```
            os.makedirs(path)
        with open(path + filename,"w",encoding = "utf - 8") as f:
            f.write(text)
    #获取新闻列表数据
    JData = readJson("files/newslist.json")
    for item in JData:
        url = item["url"]                              #提取 RUL 链接
        time = item["time"]
        title = item["标题"]
        title = re.sub('[\\/: * ?"<>|]',"",title)      #去掉标题中的非文件名字符
        html = getHtml(url)
        page = parseNews(html)
        saveFile(page,"files/" + time + "/",title + ".txt")
```

本章小结

本章介绍了3个Python爬虫实战项目,涉及结构化、半结构化和非结构化网站数据。每个实战项目均涉及目标网站分析,数据的爬取、解析和存储以及模块程序的编写等相关内容。本章首先介绍了结构化数据——中国A股上市公司相关数据的获取;然后介绍了如何存取、解析数据,主要介绍文件的存取方法,包括文本文件、CSV文件和JSON文件;接下来介绍了半结构化数据——豆瓣读书Top250数据的获取;为了更便捷地解析数据,引入了正则表达式,包括正则表达式基础、用法以及用其提取豆瓣排行榜网页数据的实战案例;最后介绍了非结构化数据——人民网科技类新闻的获取。

习题3

扫一扫

习题

扫一扫

自测题

扫一扫

视频讲解

pandas和numpy基础

本章为后续进一步的Python数据分析进行基础知识准备，主要包括pandas和numpy基础。pandas是一款快速、强大、灵活且易于使用的开源数据分析和操作的库，用于数据挖掘和数据分析，同时也提供数据清洗功能，主要用于分析结构化数据。它的使用基础是numpy库。本章首先介绍pandas及其数据结构，然后介绍利用pandas导入和导出数据，最后介绍numpy及其数据结构。

扫一扫

视频讲解

4.1 pandas及其数据结构

pandas是基于BSD(Berkeley Software Distribution)许可的开源支持库，为Python提供了高性能、易使用的数据结构与数据分析工具。pandas主要包括两种数据结构，分别是Series和DataFrame。Series是一种类似于一维数组的对象，由一组数据(各种numpy数据类型)以及一组与之相关的数据标签(即索引)组成，仅由一组数据也可以产生简单的Series对象。DataFrame是pandas中的一个表格型的数据结构，包含一组有序的列，每列可以是不同的值类型(数值、字符串、布尔型等)，DataFrame有行索引也有列索引，可以被看作由Series组成的字典。这两种数据结构足以处理金融、统计、社会科学、工程等领域中的大多数典型用例。

pandas和其他第三方库一样，需要先下载和安装，然后再引入。

扫一扫

视频讲解

4.1.1 Series数据结构及其创建

Series类型是带索引的一维数组对象。它是一个值序列，并且包含了数据标签，称为索引(index)，可以通过索引来访问数组中的数据。也就是说Series类型是由一组数据以及与之相关的数据索引组成。

Series的创建格式如下：

```
pd.Series(data = None, index = None, dtype = None, name = None, copy = False, fastpath = False)
```

常见参数的说明如下。

(1) data：接收ndarray、list或dict，表示接收的数据，默认为None。

(2) index：接收array或list，表示索引，它必须与数据长度相同，默认为None。

(3) name：接收string或list，表示Series对象的名称，默认为None。

1. 通过标量创建Series

【例4.1】 通过给定的标量62创建Series类型，其中包含x、y、z 3个索引。

```
import pandas as pd
s1 = pd.Series(62,index = ['x','y','z'])
```

结果显示为:

```
x    62
y    62
z    62
dtype: int64
```

在通过给定的标量创建 Series 类型时,其中索引 index 也可以为 range 内置函数生成的一系列连续的整数。例如:

```
import pandas as pd
t1 = pd.Series(62,index = list(range(3) ) )
```

结果显示为:

```
0    62
1    62
2    62
dtype: int64
```

2. 通过列表创建 Series

【例 4.2】 通过列表[30,10,60]创建 Series 类型,其中包含 x、y、z 3 个索引。

```
import pandas as pd
s2 = pd.Series([30,10,60],index = ['x','y','z'])
```

结果显示为:

```
x    30
y    10
z    60
dtype: int64
```

3. 通过字典创建 Series

【例 4.3】 通过一个常用电话字典创建 Series 类型。

```
import pandas as pd
s3 = pd.Series({'匪警': 110, '火警': 119, '急救中心': 120,'交通事故': 122})
```

结果显示为:

```
匪警        110
火警        119
急救中心    120
交通事故    122
dtype: int64
```

4. 通过 ndarray 创建 Series

ndarray 是 numpy 处理数据的基本对象,实际上可以理解为一个多维数组(或者看成一个 N 维张量),可以使用 numpy 的 arange 函数批量生成 ndarray 对象。

【例 4.4】 通过 numpy 的 arange 函数生成的 ndarray 对象创建 Series 类型。

```
import pandas as pd
import numpy as np
s4 = pd.Series(np.arange(6) ,index = ['a','b','c','d','e','f'])
```

结果显示为:

```
a    0
b    1
c    2
d    3
e    4
f    5
dtype: int32
```

5. Series 类型的索引和切片

通过 Series 对象的属性可以查看其 index 索引和 values 值两部分,例如查看例 4.3 中 Series 对象 s3 的索引和值,代码如下:

```
>>> s3.index
Index(['匪警', '火警', '急救中心', '交通事故'], dtype = 'object')
>>> s3.values
array([110, 119, 120, 122], dtype = int64)
```

另外,可以根据索引的值或切片得到对应的 values,例如对例 4.2 中的 Series 对象 s2 进行索引和切片,代码如下:

```
>>> s2['x']
2
>>> s2[:2]
x    30
y    10
dtype: int64
>>> s2[0]
30
```

扫一扫

视频讲解

4.1.2 DataFrame 数据结构及其创建

DataFrame 是 pandas 中的一个表格型的数据结构,包含一组有序的列,每列可以是不同的值类型(数值、字符串、布尔型等)。DataFrame 常用于表达二维数组,也可以表达多维数组。

DataFrame 的创建格式如下:

```
pd.DataFrame(data = None, index = None, columns = None, dtype = None, copy = False)
```

常见参数的说明如下。

(1) data：接收 ndarray、series、dict、list、DataFrame 等，表示接收的数据。

(2) index：接收 array 或 list，表示行标签，它必须与数据长度相同，默认为 RangeIndex (0,1,2,…,n)。

(3) columns：接收 string 或 list，表示列索引，默认为 RangeIndex (0,1,2,…,n)。

(4) dtype：数据类型。

(5) copy：复制数据，默认为 False。

1. 通过一维列表构成的字典创建 DataFrame

【例 4.5】 通过一维列表的课程名称和各科成绩构成的字典创建 DataFrame。

```
import pandas as pd
d1 = {'姓名':['张三','李四','王五','赵六'],'数学':[90,75,82,93],'语文':[85,67,91,79],'计算机':
[99,95,92,98]}
df1 = pd.DataFrame(d1, index = ['202101','202102','202103','202104'])
```

结果显示为：

	姓名	数学	语文	计算机
202101	张三	90	85	99
202102	李四	75	67	95
202103	王五	82	91	92
202104	赵六	93	79	98

2. 通过二维 ndarray 创建 DataFrame

【例 4.6】 通过二维 ndarray 类型的数据创建 DataFrame，其中通过 np. arange(12). reshape(3,4)创建一个 3 行 4 列的二维数据。

```
import pandas as pd
import numpy as np
df2 = pd.DataFrame(np.arange(12) .reshape(3,4) , index = ['a','b','c'])
```

结果显示为：

	0	1	2	3
a	0	1	2	3
b	4	5	6	7
c	8	9	10	11

除此以外，DataFrame 一般还可以通过列表、字典、元组或 Series 构成的字典，还有 Series 类型等创建，此处不再列举。

3. DataFrame 的 3 个组成部分

DataFrame 类型包括 index、values 和 columns 3 个部分，可以通过其对应属性得到。这里以例 4.5 中的 df1 为例查看这 3 个部分的内容，代码如下：

```
>>> df1.index
Index(['202101', '202102', '202103', '202104'], dtype = 'object')
>>> df1.values
array([['张三', 90, 85, 99],
       ['李四', 75, 67, 95],
       ['王五', 82, 91, 92],
       ['赵六', 93, 79, 98]], dtype = object)
>>> df1.columns
Index(['姓名', '数学', '语文', '计算机'], dtype = 'object')
```

4.2 使用 pandas 导入和导出数据

扫一扫
视频讲解

4.2.1 导入外部数据

导入外部数据的函数一般有以下几种。

(1) read_table 函数：读取文本文件。

(2) read_csv 函数：读取 CSV、TSV、TXT 文件。

(3) read_excel 函数：读取 Excel 文件。

1. 导入文本文件

使用 pandas 的 read_table 函数来读取文本文件。

read_table 函数的格式如下：

```
pandas.read_table(filepath_or_buffer, sep = '\t', header = 'infer', names = None , index _col =
None, usecols = None, dtype = None, converters = None, skiprows = None, skipfooter = None, nrows =
None, na_values = None, skip_blank_lines = True, parse_dates = False, thousands = None, comment =
None , encoding = None)
```

常见参数的说明如下。

(1) filepath_or_buffer：文件路径，还可以是指定存储数据的网站链接。

(2) sep：指定原数据集中各变量之间的分隔符，默认为制表符 tab。

(3) header：是否将原数据集中的第一行作为表头，默认是，并将第一行作为变量名称。如果原始数据中没有表头，该参数需要设置成 None。

(4) names：如果原数据集中没有变量名称，该参数可以用来给数据添加具体的变量名称，也就是列名。

(5) index _col：指定数据集中的某些列作为数据的行索引(标签)。

(6) usecols：指定要读取哪些变量名。

(7) dtype：为数据集中的每个变量设置不同的数据类型。

(8) converters：通过字典格式为数据集中的某些变量设置转换函数。

(9) skiprows：指定需要跳过原数据集的起始行数。

(10) skipfooter：指定需要跳过原数据集的末尾行数。

(11) nrows：指定读取的行数。

(12) na_values：指定原数据集中的哪些特征值为缺失值(默认将两个分隔符之间的空值

视为缺失值)。

(13) skip_blank_lines:跳过空白行,默认为 True。

(14) parse_dates:当参数值为 True 时,尝试解析数据框的行索引;如果参数为列表,则尝试解析对应的日期列;如果参数为嵌套列表,则将某些列合并为日期列;如果参数为字典,则解析对应的列(即字典中的值),并生成新的变量名(即字典中的键)。

(15) thousands:指定原数据集中的千分位符。

(16) comment :指定注释符,在读取数据时,如果碰到行首指定的注释符,则跳过该行。

(17) encoding:为防止中文乱码,可以借助该参数解决(通常设置为"utf-8"或者"gbk")。

2. 导入 CSV 格式的数据文件

使用 pandas 的 read_csv 函数来读取 CSV、TSV、TXT 文件。

read_csv 函数的格式如下:

```
pandas. read_csv (filepath_or_buffer, sep = ',', header = 'infer', names = None , index _col = None ,
usecols = None, dtype = None, converters = None, skiprows = None, skipfooter = None, nrows = None,
na_values = None, skip_blank_lines = True, parse_dates = False, thousands = None, comment = None ,
encoding = None)
```

read_csv 函数的参数和 read_table 函数完全一致,有一个不同点是 sep 参数值的默认值,read_csv 函数的 sep 参数的默认值为英文状态下的逗号“,”,read_table 函数的 sep 参数的默认值为制表符 tab。

【例 4.7】 导入 CSV 格式的数据文件,其中 a. csv 文件在当前路径。

```
import pandas as pd
f1 = pd.read_csv("./a.csv",encoding = "gbk")
```

结果显示为:

```
     学科门类(专业)名称           A类总分   B类总分
0          哲学                    299      289
1          经济学                  348      338
2          法学                    321      311
3          教育学(不含体育学)      337      327
4          文学                    355      345
5          历史学                  321      311
6          理学                    280      270
7          工学(不含工学照顾专业)  263      253
8          农学                    252      242
9          医学(不含中医类照顾专业) 299     289
10         军事学                  265      255
11         管理学                  341      331
12         艺术学                  346      336
13         体育学                  281      271
14         工学照顾专业            253      243
15         中医类照顾专业          299      289
```

3. 导入 Excel 格式的数据文件

使用 pandas 的 read_excel 函数来读取 Excel 文件。

read_excel 函数的格式如下：

```
pandas.read_excel(io, sheet_name = 0, header = 0, names = None, index_col = None, usecols = None,
squeeze = False, dtype = None, engine = None, converters = None, true_values = None, false_values =
None, skiprows = None, nrows = None, na_values = None, keep_default_na = True, verbose = False, parse_
dates = False, date_parser = None, thousands = None, comment = None, skipfooter = 0, convert_float =
True, mangle_dupe_cols = True, * * kwds)
```

常见参数的说明如下。

(1) io：必填参数，文件对象支持类型，包括 string、bytes、ExcelFile、xlrd. Book、path object、file-like object 等。

(2) sheet_name：选取工作表，支持类型 string、int、list 等。

(3) header：指定列名行，支持类型 int、list of int、None。

(4) names：取列名称，支持类型 list。

(5) index_col：指定索引列，支持类型 int、list of int。

(6) usecols：指定要读取的列，支持类型 string、list-like、callable。

(7) skiprows：在保留列名行的情况下跳过指定行，支持类型 int、list of int。

(8) nrows：指定要读取的行的数量上限，支持类型 int、list of int、None。

(9) skipfooter：跳过末尾 N 行，支持类型 int。

【例 4.8】 导入 Excel 格式的数据文件，其中 c. xlsx 文件在当前路径。

```
import pandas as pd
f2 = pd.read_excel("./c.xlsx")
```

结果显示为：

```
   NO       SCORE
0  2021011  35006189
1  2021012  27470972
2  2021013  24280516
3  2021014  21869204
4  2021015  21757953
5  2021016  21044433
6  2021017  19453625
7  2021018  18696042
8  2021019  17870206
9  2021011  16741421
```

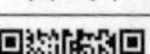

视频讲解

4.2.2 导出外部数据

导出外部数据的函数一般有以下几种。

(1) to_excel 函数：导出为 Excel 文件。

(2) to_csv 函数：导出为 CSV 文件。

(3) to_json 函数：导出为 JSON 文件。

(4) to_sql 函数：导出为数据库文件。

1. 导出为 Excel 文件格式的数据

使用 DataFrame 的 to_excel 函数来导出 Excel 文件格式的数据。

to_excel 函数的格式如下：

```
DataFrame.to_excel(self,excel_writer,sheet_name = 'Sheet1',na_rep = '',float_format = None,
columns = None,header = True,index = True,index_label = None,startrow = 0, startcol = 0, engine =
None, merge_cells = True, encoding = None,inf_rep = 'inf', verbose = True, freeze_panes = None)
```

常见参数的说明如下。

(1) excel_writer：文件路径，不存在会自动生成。

(2) sheet_name：指定写的表。

(3) float_format：浮点数保存的格式，默认保存为字符串。

(4) columns：指定输出某些列。

(5) header：是否保存行列名。

(6) index：是否保存索引列。

(7) startcol：起始行。

(8) merge_cells：是否合并单元格。

(9) encoding：指定编码，常用 utf-8。

2. 导出为 CSV 文件格式的数据

使用 DataFrame 的 to_csv 函数来导出 CSV 文件格式的数据。

to_csv 函数的格式如下：

```
DataFrame.to_csv(path_or_buf = None, sep = ',', na_rep = '', float_format = None, columns = None,
header = True, index = True, index_label = None, mode = 'w', encoding = None, compression = 'infer',
quoting = None, quotechar = '"', line_terminator = None, chunksize = None, date_format = None,
doublequote = True, escapechar = None, decimal = '.', errors = 'strict')
```

常见参数的说明如下。

(1) path_or_buf：字符串或文件目录。

(2) sep：输出文件的字段分隔符。

(3) float_format：小数点保留几位。

(4) columns：要写入的字段。

(5) header：列名的别名。

(6) index：写行名(索引)。

(7) index_label：索引列的列标签。

(8) mode：写入模式，默认为 w。

(9) encoding：表示输出文件中使用的编码的字符串，默认为 utf-8。

3. 导出为 JSON 文件格式的数据

使用 DataFrame 的 to_json 函数来导出 JSON 文件格式的数据。

to_json 函数的格式如下：

```
DataFrame.to_json(path_or_buf = None, orient = None, date_format = None, double_precision = 10,
force_ascii = True, date_unit = 'ms', default_handler = None, lines = False, compression = 'infer',
index = True, indent = None)
```

常见参数的说明如下。

(1) path_or_buf：字符串或文件目录。

(2) orient：预期的JSON字符串格式。

(3) date_format：日期转换的类型。

(4) double_precision：在对浮点值进行编码时要使用的小数位数。

(5) force_ascii：强制将字符串编码为ASCII。

(6) date_unit：要编码的时间单位，控制时间戳和ISO8601精度。

(7) default_handler：如果对象不能转换为适合JSON的格式，则调用。

(8) compression：表示要在输出文件中使用的压缩的字符串，仅在第一个参数是文件名时使用。在默认情况下，压缩是从文件名推断出来的。

4. 导出为数据库文件格式的数据

使用DataFrame的to_sql函数来导出数据库文件格式的数据。

to_sql函数的格式如下：

```
DataFrame.to_sql(self, name, con, schema = None, if_exists = 'fail', index = True, index_label =
None, chunksize = None, dtype = None, method = None)
```

常见参数的说明如下。

(1) name：指定的是将输入的数据表。

(2) con：与数据库链接的方式。

(3) schema：相应数据库的引擎，不设置则使用数据库的默认引擎。

(4) if_exists：当数据库中已经存在数据表时对数据表的操作，例如replace(替换)、append(追加)，如果为fail，则当表存在时提示ValueError。

(5) index：对DataFrame的index索引的处理，当为True时索引也将作为数据写入数据表中。

(6) index_label：当上一个参数index为True时，设置写入数据表时index的列名称。

(7) chunksize：设置整数，例如20000，表示一次写入数据时的数据行数量，当数据量很大时需要设置，否则会链接超时，写入失败。

(8) dtype：在写入数据表时可以设置列的名称。

4.3 numpy及其数据结构

扫一扫

视频讲解

numpy是Python的一种开源的进行科学计算的第三方基础软件包，它包括功能强大的n维数组对象、精密的广播功能函数，并集成了C/C++和FORTRAN代码工具，还具有强大的线性代数、傅里叶变换和随机数功能，用于处理多维数组运算。

numpy和其他第三方库一样，需要先下载和安装，然后再引入。

扫一扫

视频讲解

4.3.1 使用 numpy 创建数组对象

使用 numpy 可以创建不同的数组对象,常用的函数如下。

- array 函数:创建 ndarray 数组。
- arange 函数:创建等差数列的一维数组。
- linspace 函数:创建等间隔的一维数组。
- logspace 函数:创建等比一维数组。
- zeros 函数:创建全 0 数组。
- ones 函数:创建全 1 数组。
- diag 函数:创建一个对角线元素矩阵。

1. 使用 array 函数创建 ndarray 数组

ndarray 是一个多维数组对象,由两部分构成,即实际的数据和描述这些数据的元数据(数据维度、数据类型等)。ndarray 数组一般要求所有元素的类型相同,数组的下标从 0 开始。

array 函数的格式如下:

```
numpy.array(object,dtype = None,copy = True,order = 'K',subok = False,ndmin = 0)
```

常见参数的说明如下。

(1) object:必选参数,类型为 array_like,可以有 4 种类型,即数组、公开数组接口的任何对象、__ array __方法返回的数组对象、任何(嵌套)序列。

(2) dtype:可选参数,用来表示数组元素的类型。如果没有给出,那么类型将被确定为保持序列中对象所需的占用存储空间最少的类型。

(3) copy:可选参数,类型为 bool 值,如果为 True(默认值),则复制对象。

(4) order:指定阵列的内存布局。

(5) subok:可选参数,类型为 bool 值,True 表示使用 object 的内部数据类型,False 表示使用 object 数组的数据类型。

(6) ndmin:可选参数,类型为 int 型,指定结果数组应具有的最小维数。

【例 4.9】 使用 array 函数,分别用列表、元组、列表和元组混合 3 种方式创建 ndarray 数组。

第一种情况,用列表来创建 ndarray 数组。

```
import numpy as np
data1 = [2,3,4,5]                    #列表
np1 = np.array(data1)
```

结果显示为:

```
array([2, 3, 4, 5])
```

第二种情况,用元组来创建 ndarray 数组。

```
import numpy as np
data2 = (6,7,8,9)               #元组
np2 = np.array(data2)
```

结果显示为：

```
array([6, 7, 8, 9])
```

第三种情况，用元组和列表混合来创建 ndarray 数组。

```
import numpy as np
#元组和列表混合
np3 = np.array([(6,8,9) ,(5,6,7) ,[1,2,3]])
```

结果显示为：

```
array([[6, 8, 9],
       [5, 6, 7],
       [1, 2, 3]])
```

2. 使用 arange 函数创建等差一维数组

arange 函数的格式如下：

```
numpy.arange([start, ]stop, [step, ]dtype)
```

常见参数说明如下：

arange 函数有 4 个参数，其中 start、step、dtype 是可选项，分别为起始点、步长、返回类型，只有 stop 是必选项。

【例 4.10】 使用 arange 函数创建一个起始点为 1、步长为 2、终点为 10 的等差一维数组。

```
import numpy as np
np4 = np.arange(1,10,2)
```

结果显示为：

```
array([1, 3, 5, 7, 9])
```

3. 使用 linspace 函数创建等差一维数组

linspace 函数的格式如下：

```
numpy.linspace(start, stop, num, endpoint, retstep = False, dtype = None,axis = 0)
```

常见参数的说明如下。

(1) start：序列的起始位置。

(2) stop：序列的终点位置。

(3) num：非负整型，生成样本数，默认是 50。

(4) endpoint：bool 类型，如果为 True，返回[start,stop]，否则返回[start,stop)，默认为 True。

(5) retstep：bool 类型，默认为 False，如果为 True，返回的结果中包含步长。

(6) axis：int 类型，结果中存储样本的轴，仅当开始或停止类似于数组时才有效，默认值为 0。

【例 4.11】 使用 linspace 函数创建等差一维数组,起始点是 1、终点是 5、样本数量是 6。

```
import numpy as np
np5 = np.linspace(1,5,6)
```

结果显示为:

```
array([1. , 1.8, 2.6, 3.4, 4.2, 5. ])
```

4. 使用 logspace 函数创建等比一维数组

logspace 函数的格式如下:

```
numpy.logspace(start, stop, num, endpoint = True,base = 10.0, dtype = None)
```

常见参数的说明如下。

(1) start:序列的起始位置。

(2) stop:序列的终点位置。

(3) num:非负整型,生成样本数,默认为 50。

(4) endpoint:bool 类型,如果为 True,返回[start,stop],否则返回[start,stop),默认为 True。

(5) base:默认为 10 的幂。

【例 4.12】 使用 logspace 函数创建等比一维数组,起始点是 10 的 0 次幂、终点是 10 的 5 次幂、样本数量是 6。

```
import numpy as np
np6 = np.logspace(0,5,6)
```

结果显示为:

```
array([1.e+00, 1.e+01, 1.e+02, 1.e+03, 1.e+04, 1.e+05])
```

如果调整起始点和终点不是 10 的幂次方,需要设定 base 的值。例如,在例 4.12 中可以修改为 2 的幂次方的等比数组,代码如下:

```
import numpy as np
t2 = np.logspace(0,5,6,base = 2)
```

结果显示为:

```
array([ 1.,  2.,  4.,  8., 16., 32.])
```

扫一扫

视频讲解

4.3.2 ndarray 类的常用属性及基本操作

1. ndarray 类的常用属性

ndarray 类的常用属性如表 4.1 所示。

表 4.1 ndarray 类的常用属性

属性	说明
ndim	返回数组的轴的个数
shape	返回数组的维度
size	返回数组中元素的个数
dtype	返回数据类型
itemsize	返回数组中每个元素的字节大小

【例 4.13】 ndarray 类常用属性的使用示例。

```
import numpy as np
np7 = np.array([[1,2,3],[4,5,6],[7,8,9],[0,0,0]])
print('秩为',np7.ndim)
print('数组维度',np7.shape)
print('数组元素个数',np7.size)
```

结果显示为：

```
秩为 2
数组维度 (4, 3)
数组元素个数 12
```

2. ndarray 类的形态操作方法

常用 ndarray 类的形态操作方法如表 4.2 所示。

表 4.2 ndarray 类的形态操作方法

方法名	说明
reshape(n,m)	不改变数组 ndarray,返回一个维度为(n,m)的数组
flatten 或 ravel	对数组进行降维,返回一个折叠后的一维数组
hstack	实现横向合并
vstack	实现纵向合并
hsplit	数组的横向分割
vsplit	数组的纵向分割
split	数组的指定方向的分割
transpose	进行转置

【例 4.14】 数组的重塑。

```
import numpy as np
np8 = np.array([[1,2,3],[4,5,6],[7,8,9],[0,0,0]])
np8 = np8.reshape(2,6)
```

结果显示为：

```
array([[1, 2, 3, 4, 5, 6],
       [7, 8, 9, 0, 0, 0]])
```

另外也可以对数组进行降维,返回一个折叠后的一维数组。

```
import numpy as np
np9 = np.array([[1,2,3],[4,5,6],[7,8,9],[0,0,0]])
np9 = np9.flatten()
```

结果显示为：

```
array([1, 2, 3, 4, 5, 6, 7, 8, 9, 0, 0, 0])
```

【例 4.15】 数组的合并。

```
import numpy as np
arr1 = np.arange(6)
arr2 = np.arange(6)
np10  =  np.hstack((arr1,arr2))
np11 = np.vstack((arr1,arr2))
print('横向合并结果',np10)
print('纵向合并结果',np11)
```

结果显示为：

```
横向合并结果 [0 1 2 3 4 5 0 1 2 3 4 5]
纵向合并结果 [[0 1 2 3 4 5]
[0 1 2 3 4 5]]
```

【例 4.16】 数组的水平分割。

```
import numpy as np
arr1 = np.arange(6)
np12 = np.hsplit((arr1) ,3)
```

结果显示为：

```
[array([0, 1]) , array([2, 3]) , array([4, 5])]
```

【例 4.17】 数组的垂直分割。

```
import numpy as np
arr1 = np.arange(15) .reshape(3,5)
np13 = np.vsplit((arr1) ,3)
```

结果显示为：

```
[array([[0, 1, 2, 3, 4]]) ,
 array([[5, 6, 7, 8, 9]]) ,
 array([[10, 11, 12, 13, 14]])]
```

【例 4.18】 数组的转置。

```
import numpy as np
arr1 = np.arange(15) .reshape(3,5)
np14 = np.transpose(arr1)
print('原数组\n',arr1)
print('转置后\n',np14)
```

结果显示为：

```
原数组
[[ 0  1  2  3  4]
[ 5  6  7  8  9]
[10 11 12 13 14]]
转置后
[[ 0  5 10]
[ 1  6 11]
[ 2  7 12]
[ 3  8 13]
[ 4  9 14]]
```

3. ndarray 类的索引和切片

常用 ndarray 类的索引和切片方法如表 4.3 所示。

表 4.3　ndarray 类的索引和切片方法

方 法 名	说 明
x[i]	索引第 i 个元素
x[-i]	从后向前索引第 i 个元素
x[n:m]	默认步长为 1，从前向后索引，包含 n，不包含 m
x[-m:-n]	默认步长为 1，从后向前索引，包含 m，不包含 n
x[n:m:i]	指定步长为 i，从前向后索引，包含 n，不包含 m

【例 4.19】 一维数组的切片。

```
import numpy as np
arr1 = np.arange(15)
arr1[1:4]
```

结果显示为：

```
array([1, 2, 3])
```

【例 4.20】 多维数组的切片。

```
import numpy as np
arr1 = np.arange(15) .reshape(3,5)
print('原多维数组\n',arr1)
print('多维数组切片\n',arr1[0:2,3:5])
```

结果显示为：

```
原多维数组
[[ 0  1  2  3  4]
[ 5  6  7  8  9]
[10 11 12 13 14]]
多维数组切片
[[3 4]
[8 9]]
```

本章小结

本章以 pandas 和 numpy 两个第三方库为核心,介绍了 pandas 及其数据结构、使用 pandas 导入/导出数据、numpy 及其数据结构等 3 个方面的内容,通过一系列示例讲解了一些基本的应用。

习题 4

扫一扫

习题

扫一扫

自测题

第5章 Python数据表分析

在读者具备了 pandas 库和 numpy 库的基础知识以后，本章学习如何使用它们对数据表(即结构化数据)进行分析。5.1 节介绍如何使用 pandas 库实现数据概览及预处理，5.2 节在讲解数据排序后介绍 pandas 库和 numpy 库中常用的数据计算函数和方法，以便于进行数据的描述性统计分析，5.3 节介绍如何实现数据的分组统计分析，5.4 节以豆瓣读书排行榜的数据为例进行对应任务的实战分析。

5.1 数据概览及预处理

扫一扫

视频讲解

5.1.1 数据概览分析

数据概览是在数据分析之前对数据的规模、数据的类型及数据的质量等进行概览性的分析。使用 pandas 库中 DataFrame 对象的常用属性和方法可以进行数据概览。表 5.1 中列出 DataFrame 的常用属性，用于查看数据的基本信息以及数据的规模。

表 5.1 DataFrame 的常用属性

属　性	作　用	类　别
index	行名(索引)	数据的基本信息
columns	列名	
dtypes	数据的类型	
values	数据值	
shape	数据的形状	数据的规模
ndim	数据的维度	
size	数据中元素的个数	
Index. size	行数	
columns. size	列数	

下面以存储在 cj. xlsx 文件中的“成绩表”数据集为例进行数据的概览性分析，部分数据的示例如图 5.1 所示。

首先引入 pandas 库，读取 cj. xlsx 文件中的数据集，将其存储在 DataFrame 对象 df 中。

```
import pandas as pd
#读取数据
df = pd.read_excel("tdata/cj.xlsx")
```

注意：这里的 cj. xlsx 文件存储在当前路径下的 tdata 文件夹中。

学号	姓名	性别	专业	英语	数学	Python	选修	管理学
2020802045	魏天	男	信息管理与信息系统	67.12	90.8	93.0	95	106.0
2020844001	郭夏	男	国际贸易	91.05	83.4	86.0	100	99.0
2020844002	王晓加	男		54.20	83.4	74.0		90.0
2020844003	黄婷婷	女	国际贸易	87.80	91.4	79.7	95	92.7
2020844004	赵小瑜		国际贸易	61.15	82.2	84.7	100	97.7
2020844005	辛禧	男	国际贸易	65.13	88.6	68.0	80	81.0
2020844007	王晨	男	国际贸易	62.40	80.0	65.0	90	78.0
2020844008	韩天	男	国际贸易	96.25	91.0	85.0	97	98.0
2020844009	刘玉	女	国际贸易	89.05	91.4	80.3	100	93.3

图 5.1 数据集示例

【例 5.1】 使用基础属性查看 df 数据集的基本信息。

```
print("索引:",df.index)
print("列名:",df.columns)
print("数据元素:",df.values[:5])
print("数据类型:\n",df.dtypes)
```

显示结果如下：

```
索引: RangeIndex(start = 0, stop = 57, step = 1)
列名: Index(['学号', '姓名', '性别', '专业', '英语', '数学', 'Python', '选修',
      '管理学'], dtype = 'object')
数据元素: [[2020802045 '魏天' '男' '信息管理与信息系统' 67.12 90.80
  93.0 95.0 106.0]
[2020844001 '郭夏' '男' '国际贸易' 91.05 83.4 86.0 100.0 99.0]
[2020844002 '王晓加' '男' nan 54.2 83.4 74.0 nan 90.0]
[2020844003 '黄婷婷' '女' '国际贸易' 87.8 91.4 79.66 95.0 92.66]
[2020844004 '赵小瑜' nan '国际贸易' 61.15 82.2 84.66 100.0 97.66]]
数据类型:
学号        int64
姓名        object
性别        object
专业        object
英语        float64
数学        float64
Python      float64
选修        float64
管理学      float64
dtype: object
```

【例 5.2】 使用基础属性查看 df 数据集的规模。

```
print("元素个数:",df.size)
print("维度数:",df.ndim)
print("形状:",df.shape)
print("行数:",df.index.size)
print("列数:",df.columns.size)
```

显示结果如下：

```
元素个数: 513
维度数: 2
形状: (57, 9)
```

```
行数：57
列数：9
```

使用 DataFrame 的一些方法可以查看数据、查看数据的总体信息、查看数据的缺失情况以及判断是否有重复的数据，如表 5.2 所示。

表 5.2 使用 DataFrame 进行概览分析的常用方法

方 法	作 用
head(n)	查看前 n 行数据，不指定 n，默认为 5 行
tail(n)	查看后 n 行数据，不指定 n，默认为 5 行
info()	查看数据的总体信息，包括数据类型、行/列名、行/列数、每列的数据类型、所占内存等
isnull()/isna() notnull()/notna()	查看数据的缺失情况
duplicated()	判断是否有重复的数据

【例 5.3】 查看 df 数据集的样本数据。

```
#查看数据集的前两条样本
df.head(2)
```

结果如图 5.2 所示。

	学号	姓名	性别	专业	英语	数学	Python	选修	管理学
0	2020802045	魏天	男	信息管理与信息系统	67.116667	90.8	93.0	95.0	106.0
1	2020844001	郭夏	男	国际贸易	91.050000	83.4	86.0	100.0	99.0

图 5.2 数据集的前两条样本

【例 5.4】 查看数据集 df 中各个特征的缺失情况。

```
print("df 中每个特征的缺失情况:\n", df.isna() .sum())
```

显示结果如下：

```
df 中每个特征的缺失情况:
学号        0
姓名        0
性别        3
专业        3
英语        0
数学        0
Python      0
选修        4
管理学      0
dtype: int64
```

isna 方法判断每个样本值是否缺失，如果缺失，返回 True。在进行概览性分析时直接使用 isna 方法不利于掌握数据集样本缺失的整体情况，因此通常在 isna 方法后要再使用 sum 方法汇总每列样本值缺失的总个数。

【例 5.5】 查看数据集 df 的完整信息摘要。

```
df.info()
```

显示结果如下：

```
<class 'pandas.core.frame.DataFrame'>
RangeIndex: 57 entries, 0 to 56
Data columns (total 9 columns) :
学号         57 non - null int64
姓名         57 non - null object
性别         54 non - null object
专业         54 non - null object
英语         57 non - null float64
数学         57 non - null float64
Python       57 non - null float64
选修         53 non - null float64
管理学       57 non - null float64
dtypes: float64(5) , int64(1) , object(3)
memory usage: 4.1 +  KB
```

从输出结果可以看出，完整的数据集摘要信息包括数据集的数据类型，行/列索引信息，各个列的名称、非空值的数量以及该列的数据类型，所有列的数据类别的信息汇总以及DataFrame元素的内存使用情况。

5.1.2 数据清洗

数据缺失会导致样本数据信息减少，增加数据分析的难度，也会导致数据分析的结果产生偏差；数据重复会导致数据之间的差异变小，数据的分布发生较大变化；数据集中有异常值会产生“伪回归”，因此需要在数据概览后对这些数据进行适当的处理。

数据清洗是通过预处理去除数据中的噪声，恢复数据的完整性和一致性。数据清洗通常包括缺失值处理、重复值处理以及异常值处理。

(1) 在处理缺失值时，可以采用删除缺失值法或者用其他值替换缺失值的方法。

(2) 在处理重复值时，一般采用删除的方法。

(3) 异常值的处理方法和缺失值相同，可以采用删除或替换的方式，只是对于如何判定异常值(也就是异常值检测)，需要根据数据的具体情况采用不同的方法。

本节以5.1.1节中存储到DataFrame对象df中的数据集为例进行数据清洗的相关操作的介绍。

```
import pandas as pd
#解决数据输出时列名不对齐的问题
pd.set_option('display.unicode.east_asian_width', True)
#读取数据
df = pd.read_excel("tdata/cj.xlsx")
```

1. 缺失值处理

在pandas中专门提供了删除缺失值的dropna方法和替换缺失值的fillna方法。

dropna方法的语法格式如下：

```
DataFrame.dropna(axis = 0, how = "any", subset = None, inplace = False)
```

常见参数的说明如下。

(1) axis：表示轴向，其中 0 为删除行、1 为删除列，默认为 0。

(2) how：表示删除形式，其中"any"表示只要有缺失值就删除，"all"表示全部为缺失值时才删除，默认为"any"。

(3) subset：表示进行去重的列/行，接收 array，默认为 None。

(4) inplace：表示是否在原表上进行操作，接收 boolean，默认为 False。

dropna 方法由 DataFrame 直接调用。

注意：为了有效地保护原始数据，pandas 提供了一种策略，即涉及删除、修改等操作时，默认都会在备份数据上进行，所以在涉及 DataFrame 数据修改和删除的方法中都有 inplace 参数，其作用是相同的。

【例 5.6】 数据集 df 的缺失值的删除处理示例。

```
#存在任一缺失值即删除
df1 = df.dropna()
print("删除前:",df.shape)
print("删除后:",df1.shape)
#所有列均为缺失值即删除
df1 = df.dropna(how = "all")
print("删除前:",df.shape)
print("删除后:",df1.shape)
#指定列均为缺失值即删除
df1 = df.dropna(how = "all",subset = ["专业","选修"])
print("删除前:",df.shape)
print("删除后:",df1.shape)
```

显示结果如下：

```
删除前: (57, 9)
删除后: (48, 9)

删除前: (57, 9)
删除后: (57, 9)

删除前: (57, 9)
删除后: (56, 9)
```

fillna 方法的语法格式如下：

```
DataFrame.fillna(value, method = None,axis = 1, inplace = False,limit = None)
```

常见参数的说明如下。

(1) value：接收替换缺失值的值。

(2) method：表示缺失值的填充方法，默认为 None。其中，"backfill"或"bfill"表示用下一个非缺失值来填充；"pad"或"ffill"为使用上一个非缺失值来填充。

(3) axis：表示轴向，其中 0 为行、1 为列，默认为 0。

(4) inplace：表示是否在原表上进行操作，接收 boolean，默认为 False。

(5) limit：表示填补缺失值个数的上限，接收 int，默认为 None。

fillna 方法由 DataFrame 直接调用,其中在进行缺失值替换的时候会根据数据集的特点采取相应策略,如果想用数据集中缺失值之前或之后的值进行替换,则可以设置 method 填充方法。

【例 5.7】 数据集 df 的缺失值的填充处理示例。

```
#将缺失值 NaN 填充为 0
df['选修'].fillna(0)
#将缺失值 NaN 填充为后面的值
df['选修'].fillna(method = "bfill")
#将缺失值 NaN 填充为选修课的平均分
df['选修'].fillna(np.mean(df["选修"]))
```

2. 重复值处理

处理重复值可以使用 drop_duplicates 方法。

drop_duplicates 方法的语法格式如下:

```
DataFrame.drop_duplicates(subset = None,keep = "first",inplace = False)
```

常见参数的说明如下。

(1) subset: 表示进行去重的列,默认为 None,表示全部列。

(2) keep: 表示重复时保留第几个数据,默认为"first"。其中,"first"为保留第一个,"last"为保留最后一个,False 为均不保留重复值。

(3) inplace: 表示是否在原表上进行操作,接收 boolean,默认为 False。

调用 drop_duplicates 方法,如果直接使用无参数的方法,表示要去除全部的重复数据;如果设置 subset 参数,则去除指定列的重复数据,keep 参数表示去重时保留值的方法。

【例 5.8】 数据集 df 的重复值的处理示例。

```
#去除全部重复数据
df1 = df.drop_duplicates()
print("去重前:",df.shape)
print("去重后:",df1.shape)
#去除指定列中的重复数据
df1 = df.drop_duplicates(["专业"])
print("去重前:",df.shape)
print("去重后:",df1.shape)
#去除指定列中的重复数据,设置 keep 参数
df1 = df.drop_duplicates(["专业"],keep = "last")
print("去重前:",df.shape)
print("去重后:",df1.shape)
#去除指定若干列中的重复数据
df1 = df.drop_duplicates(["学号","姓名"])
print("去重前:",df.shape)
print("去重后:",df1.shape)
```

显示结果如下:

```
去重前: (57, 9)
```

```
去重后: (54, 9)

去重前: (57, 9)
去重后: (6, 9)

去重前: (57, 9)
去重后: (6, 9)

去重前: (57, 9)
去重后: (54, 9)
```

3. 异常值处理

在数据分析中,异常值是指超出或低于正常范围的值,比如成绩高于100分、身高超过3米、商品价格为负值等。一般可以简单地根据给定的数据范围进行判断,将不在范围内的数据视为异常值。另外,也可以使用统计学均方差检查数据是不是在标准差范围内,如图5.3所示,这个方法的局限性在于需要数据具有正态分布特征。后续在可视化分析中学习箱形图的绘制后,也可以使用箱形图识别异常值,如图5.4所示。

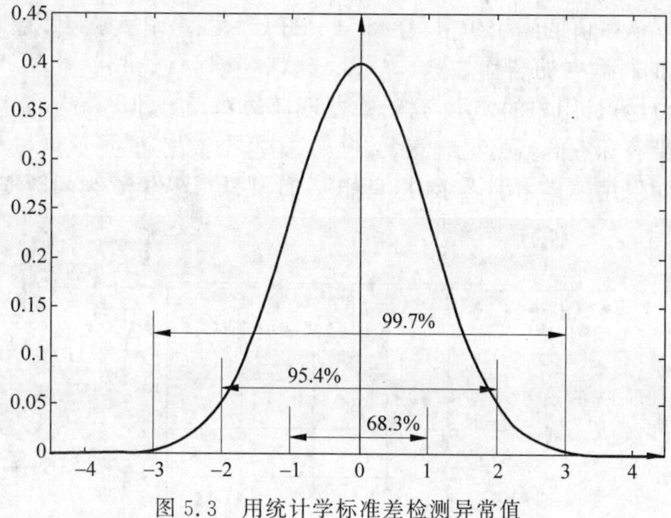

图5.3 用统计学标准差检测异常值

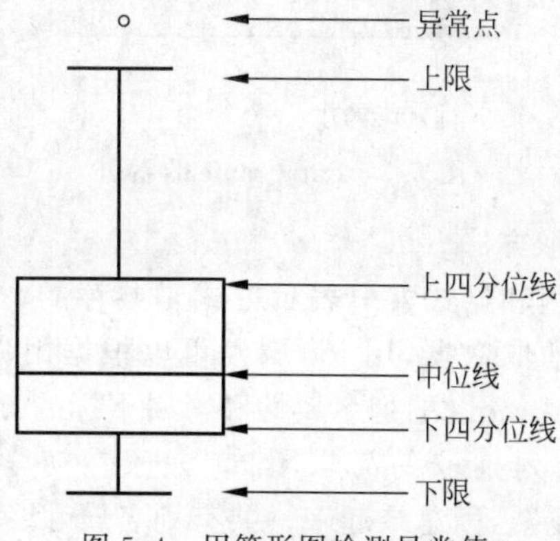

图5.4 用箱形图检测异常值

当然,针对不同的情形还有更多异常值的检测方法,这里不再介绍。

在异常值检测出来以后,最常见的处理方式是删除,也可以把它们当作缺失值进行替换填充处理。另外在一些场景中,比如针对信用卡使用记录的分析,还会专门把异常值当成特殊情况进行分析,研究其出现的原因。

5.1.3 数据的抽取与合并

在进行数据分析时,并不是所有数据集中的数据都是必需的,此时可以进行数据抽取;有时要分析的数据来源于不同的数据表,例如想对排行榜上的书籍信息进行分析,而所需要的数据在两张表中,这时就要进行数据合并。数据抽取和数据合并是进行结构化数据分析预处理中常见的操作,pandas 库对这两项操作提供了灵活、便利的实现方法。

1. 数据抽取

对数据集进行抽取,既可以抽取所需要的列,也就是数据集的特征,也可以抽取所需要的行,也就是数据集的样本。

1) DataFrame 的索引

DataFrame 数据结构有行和列两种索引,DataFrame 的行、列索引都有两种表示方法:一是隐式索引,系统默认赋值的索引编号,下标从 0 开始;二是显式索引,是用户通过 index 和 columns 属性设置的行和列的名称。

隐式索引符合计算机用户的使用习惯,数据下标从 0 开始,但是显式索引更符合数据分析用户的习惯,因为带有标签的数据更有意义,比如 34 这个数据通过行、列显式索引可以看出是小张的语文成绩,而仅用隐式索引表示时,只能说 34 是第 0 行第 0 列的数据,如图 5.5 所示。

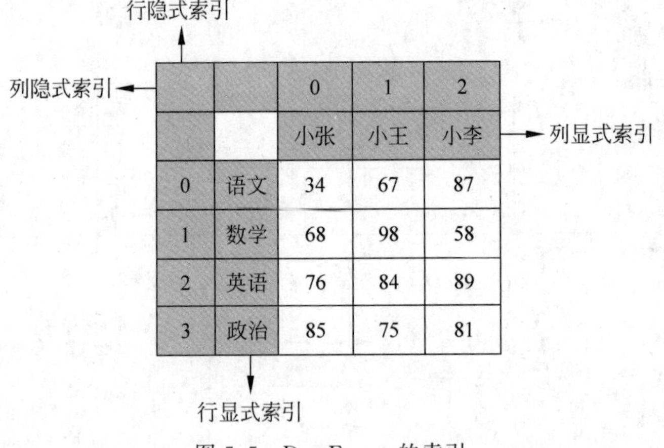

图 5.5 DataFrame 的索引

2) DataFrame 的数据抽取方法

在 DataFrame 中隐式索引和显式索引表示方式是共存的,在抽取数据时,用 iloc 属性可以按照系统默认的隐式索引抽取数据,用 loc 属性可以根据用户定义的显式索引抽取数据。此外,抽取数据还可以用 DataFrame 的列名属性和索引下标的方法。

在实际应用中,因为行、列抽取的需求不同,大家在初学时可能会觉得 pandas 中对 DataFrame 的数据抽取相对复杂,但总结起来一共有列名属性、索引下标、iloc 属性、loc 属性 4 种方法,具体如表 5.3 所示。

表 5.3 数据抽取方法

方法	用法	作用	示　例	说　明
列名属性	.列名	抽取单列	df.学号	抽取学号列，返回 Series 类型
索引下标	[]	抽取单列或多列	df["学号"] df[["学号"]] df[["学号","姓名"]]	抽取学号列，返回 Series 类型 抽取学号列，返回 DataFrame 类型 抽取学号、姓名两列
iloc 属性	.iloc[]	抽取任意列、任意行或指定行/列	df.iloc[:,[0]] df.iloc[1:20,] df.iloc[1:10,2:5]	抽取第 0 列 抽取第 1 到第 19 行 抽取第 1 到第 9 行，第 2 到第 4 列
loc 属性	.loc[]	抽取任意列、任意行或指定行/列或根据条件进行抽取	df.loc[:,["学号"]] df.loc[1:20,] df.loc[1:10,["学号"]] df.loc[df.英语>90,]	抽取“学号”列 抽取第 1 到第 20 行 抽取第 1 到第 10 行的学号列 抽取英语成绩超过 90 的所有行

3）数据抽取示例

下面仍以 cj.xlsx 中的数据集为例来看使用这些方法抽取列、抽取行以及抽取行和列的示例。首先将数据集读取到 Dataframe 对象 df 中。

```
import pandas as pd
pd.set_option('display.unicode.east_asian_width', True)
df = pd.read_excel("tdata/cj.xlsx")
```

（1）抽取列的示例。

```
>>> df.学号
```

结果显示为：

```
0      2020802045
1      2020844001
2      2020844002
…
```

使用 DataFrame 属性的方法可以抽取一列，其返回的数据是 Series 类型，这和使用[]索引下标引用单列的方法的作用相同，此时[]索引下标中的列名以字符串形式给出。

```
>>> df["学号"]
```

结果显示为：

```
0      2020802045
1      2020844001
2      2020844002
…
```

在[]索引下标中也可以放置要抽取列名构成的列表，其中列名同样以字符串形式给出，用这种方式抽取的结果是 DataFrame 类型。

在列表中可以是单个列名：

```
>>> df[["学号"]]
```

结果显示为：

```
        学号
--------------------------------
0  2020802045
1  2020844001
2  2020844002
     …
```

在列表中也可以是多个列名：

```
>>> df[["学号","姓名","专业"]]
```

结果显示为：

```
        学号          姓名          专业
--------------------------------------------------
0  2020802045      魏天   信息管理与信息系统
1  2020844001      郭夏       国际贸易
2  2020844002    王晓加        NaN
     …
```

用 iloc 属性和 loc 属性进行数据抽取时，需要在属性后跟[ ]索引下标，[ ]里面是先行后列，用逗号","分隔。行和列的表示形式可以是单行、单列、切片(切片表示连续区域或列表)。

注意：iloc 属性和 loc 属性的区别如下。

- iloc 属性中行列是隐式索引，使用整数的位置访问 DataFrame 元素。
- loc 属性中行列是显式索引，使用标签的索引访问 DataFrame 元素。
- 使用切片表示连续区域时，loc 属性抽取到包括切片结束点本身数据，而 iloc 属性抽取到结束点－1 的数据。

下面的代码同样可以分别实现对学号、姓名和专业列的数据抽取。

```
>>> df.iloc[:,[0,1,3]]
>>> df.loc[:,["学号","姓名","专业"]]
```

(2) 抽取行的示例。

抽取连续行数据可以使用 iloc 属性或 loc 属性。

```
>>> df.loc[1:5,]
```

结果如图 5.6 所示。

	学号	姓名	性别	专业	英语	数学	Python	选修	管理学
1	2020844001	郭夏	男	国际贸易	91.050	83.4	86.00	100.0	99.00
2	2020844002	王晓加	男	NaN	54.200	83.4	74.00	NaN	90.00
3	2020844003	黄婷婷	女	国际贸易	87.800	91.4	79.66	95.0	92.66
4	2020844004	赵小瑜	NaN	国际贸易	61.150	82.2	84.66	100.0	97.66
5	2020844005	辛禧	男	国际贸易	65.125	88.6	68.00	80.0	81.00

图 5.6 loc 属性切片抽取结果

注意：使用 loc 属性时，此处[ ]中的 1 和 5 被看作行标签，切片数据包括标签 5 所在行；使用 iloc 属性时，1 和 5 则被看作位置，切片数据不包括数字 5 所在的行。读者可以自行尝试

df.iloc[1:5,],体会二者的区别。

在抽取行时,除了可以使用切片抽取连续行,还可以抽取用列表表示的不连续的行。

```
>>> df.iloc[[1,2, 6,7],]
```

结果如图 5.7 所示。

	学号	姓名	性别	专业	英语	数学	Python	选修	管理学
1	2020844001	郭夏	男	国际贸易	91.05	83.4	86.0	100.0	99.0
2	2020844002	王晓加	男	NaN	54.20	83.4	74.0	NaN	90.0
6	2020844007	王晨	男	国际贸易	62.40	80.0	65.0	90.0	78.0
7	2020844008	韩天	男	国际贸易	96.25	91.0	85.0	97.0	98.0

图 5.7 iloc 属性列表抽取结果

另外,如果将 DataFrame 类型数据看作序列,可以使用切片的方法来抽取指定的连续行。

```
>>> df[5:7]
```

结果如图 5.8 所示。

	学号	姓名	性别	专业	英语	数学	Python	选修	管理学
5	2020844005	辛禧	男	国际贸易	65.125	88.6	68.0	80.0	81.0
6	2020844007	王晨	男	国际贸易	62.400	80.0	65.0	90.0	78.0

图 5.8 序列切片抽取结果

注意:这种方法实际上较少使用,而且它不能抽取单行或不连续的行。

在根据用户自定义的条件对行数据进行抽取时只能使用 loc 属性,例如下面的代码抽取了英语列大于 90 的行数据。

```
>>> df.loc[df.英语> 90,]
```

结果如图 5.9 所示。

	学号	姓名	性别	专业	英语	数学	Python	选修	管理学
1	2020844001	郭夏	男	国际贸易	91.05	83.4	86.00	100.0	99.00
7	2020844008	韩天	男	国际贸易	96.25	91.0	85.00	97.0	98.00
17	2020844019	陈雨涵	男	市场营销	95.20	95.0	88.00	100.0	101.00
18	2020844020	张家齐	男	市场营销	95.45	91.0	96.00	100.0	109.00
33	2020848003	张淳	女	会计学	91.30	92.2	81.32	100.0	94.32
37	2020848007	苏远	女	信息管理与信息系统	90.25	89.2	79.32	68.0	92.32
38	2020848008	方雨桃	女	信息管理与信息系统	93.10	86.2	83.00	100.0	96.00
40	2020848011	张田田	女	信息管理与信息系统	91.20	89.6	96.32	77.0	109.32
44	2020848016	杨帆	男	信息管理与信息系统	98.70	87.6	95.00	NaN	108.00
53	2020848027	热孜耶·买买提	女	金融学	92.70	93.2	86.32	100.0	99.32

图 5.9 loc 属性条件抽取结果

(3) 抽取行和列的示例。

抽取指定行和列可以采用以下两种方法。

方法一:用 DataFrame 数据框类型的索引下标法先抽取指定的列,再使用切片法抽取指定连续行的方法。

方法二：用 iloc 或 loc 属性的方法在[ ]中同时指定要抽取的行、列索引。

其中 iloc 和 loc 属性的方法比较常用。

使用方法一进行抽取的示例如下。

这里先抽取指定的学号、姓名、专业列，再用切片法抽取前两行：

```
>>> df[["学号","姓名","专业"]][:2]          #用切片法抽取连续行
```

结果显示为：

	学号	姓名	专业
0	2020802045	魏天	信息管理与信息系统
1	2020844001	郭夏	国际贸易

注意：这种方法不适用于抽取单行或不连续的行，但可以在抽取列后通过自定义条件来抽取行，例如抽取学号、姓名、专业列，且数学成绩大于 90 分的样本记录。

```
>>> df[["学号","姓名","专业"]][df.数学> 90]
```

结果显示为：

	学号	姓名	专业
0	2020802045	魏天	信息管理与信息系统
3	2020844003	黄婷婷	国际贸易
7	2020844008	韩天	国际贸易
		…	

在方法二中可以用 iloc 属性或 loc 属性同时指定行、列索引进行抽取。在抽取指定行和列的时候常用这两个属性，并且这两个属性在指定行时比较灵活，可以是单行、切片表示的连续行、列表表示的不连续行。其中 iloc 属性在指定行、列时均使用隐式索引，loc 属性在抽取列时使用显式索引。

首先来看 iloc 属性进行行、列抽取的示例。

```
>>> df.iloc[3,2:5]                    #抽取单行
```

结果显示为：

```
性别          女
专业     国际贸易
英语         87.8
Name: 3, dtype: object
```

这里返回的是 Series 序列类型的数据。

```
>>> df.iloc[[3],2:5]                  #抽取单行
```

结果显示为：

	性别	专业	英语
3	女	国际贸易	87.8

这里返回的是 DataFrame 数据框类型的数据。

```
>>> df.iloc[:3,2:5]                    #抽取连续行
```

结果显示为：

```
     性别         专业             英语
0     男    信息管理与信息系统   67.116667
1     男        国际贸易         91.050000
2     男          NaN            54.200000
```

另外还可以指定不连续的行和不连续的列，例如：

```
>>> df.iloc[[3,13],[0,2]]                #抽取不连续的行
```

结果显示为：

```
     学号      性别
3     男        女
13    男        男
```

用 loc 属性方法则可以显式指定要抽取的列索引，例如：

```
>>> df.loc[:2,["学号","姓名","专业"]]
```

结果显示为：

```
       学号         姓名          专业
0  2020802045      魏天    信息管理与信息系统
1  2020844001      郭夏         国际贸易
2  2020844002     王晓加          NaN
```

用 loc 属性方法也可以自定义条件抽取指定的行，例如：

```
>>> df.loc[df.数学>90,["学号","姓名","专业"]]
```

结果显示为：

```
       学号         姓名          专业
0  2020802045      魏天    信息管理与信息系统
3  2020844003     黄婷婷        国际贸易
7  2020844008      韩天         国际贸易
                    …
```

2. 数据合并

在进行数据分析时需要的数据可能来源于不同的表，为了便于分析，通常会对这些数据进行合并。数据合并涉及按列合并特征还是按行合并样本。表 5.4～表 5.7 所示的是 4 个数据

集,其中 df1 可以分别和 df2、df3 按列合并形成特征更丰富的数据集,这里 df1 和 df2 有重叠的隐式行索引,df1 和 df3 有重叠的"学号"列。df1 和 df4 可以按行合并,增加样本量。

表 5.4 数据集 df1

序　号	学　号	姓　名	专　业
0	2020802045	魏天	信息管理与信息系统
1	2020844001	郭夏	国际贸易
2	2020844002	王晓加	NaN
3	2020844003	黄婷婷	国际贸易
4	2020844004	赵小瑜	国际贸易

表 5.5 数据集 df2

序　号	数　学	选　修
0	90.8	95.0
1	83.4	100.0
2	83.4	NaN
3	91.4	95.0
4	82.2	100.0

表 5.6 数据集 df3

序　号	学　号	Python
0	2020802045	93.00
1	2020844001	86.00
2	2020844002	74.00
3	2020844003	79.66
4	2020844004	84.66

表 5.7 数据集 df4

序　号	学　号	姓　名	专　业
20	2020844022	关帅	会计学
21	2020844023	刘嘉雯	会计学
22	2020844024	刘浩天	会计学
23	2020844025	刘宇	NaN
24	2020844026	胡童	会计学
25	2020844027	丁灿	会计学

上述 4 个 DataFrame 数据集由"成绩表"数据集抽取而成,具体生成程序的代码如下:

```
import pandas as pd
pd.set_option('display.unicode.east_asian_width', True)
df = pd.read_excel("tdata/cj.xlsx")                      #读取数据
df1 = df[["学号","姓名","专业"]][:5]                     #生成 df1
df2 = df[["学号","Python"]][:5]                          #生成 df2
df3 = df[["数学","选修"]][:5]                            #生成 df3
df4 = df.loc[20:25,["学号","姓名","专业"]]               #生成 df4
```

在 pandas 库中主要有 4 个方法用于特征和样本,即列和行的合并。

- 按列合并特征,可以采用 DataFrame 的 join 方法,或 pandas 中的 merge 和 concat 方法。
- 按行合并样本,可以采用 DataFrame 的 append 方法,或 pandas 中的 concat 方法。

1）合并列

合并列常用的方法是 join 和 merge 方法，其中 join 方法默认是按照 DataFrame 的行索引、merge 方法默认是按照 DataFrame 中同名的列来实现列的合并功能。

下面是 join 方法的语法格式：

```
DataFrame.join(other, on = None, how = 'inner', lsuffix = '', rsuffix = '', sort = False)
```

主要参数的说明如下。

(1) other：接收 DataFrame、Series 或者包含了多个 DataFrame 的 list，表示参与连接的其他 DataFrame，无默认值。

(2) on：接收列名或者包含列名的 list 或 tuple，表示用于连接的列名，默认为 None。

(3) how：接收特定 string。inner 代表内连接，outer 代表外连接，left 和 right 分别代表左连接和右连接，默认为 inner。

(4) lsuffix：接收 string，表示用于追加到左侧重叠列名的末尾，无默认值。

(5) rsuffix：接收 string，表示用于追加到右侧重叠列名的末尾，无默认值。

(6) sort：根据连接主键对合并后的数据进行排序，默认为 True。

join 方法在合并数据集的列时，默认是按照 DataFrame 的行索引来实现按列合并的功能，因此不允许待合并的数据集中有重叠（同名）列，如果数据集中有同名列，在进行合并时需要指明 lsuffix 或 rsuffix 参数，即给同名列起一个别名。

【例 5.9】 使用 join 方法按列合并数据集。

按列合并 df1 和 df3：

```
df1.join(df3)
```

df1 和 df3 默认以 index 为连接主键合并列，结果如图 5.10 所示。

	学号	姓名	专业	数学	选修
0	2020802045	魏天	信息管理与信息系统	90.8	95.0
1	2020844001	郭夏	国际贸易	83.4	100.0
2	2020844002	王晓加	NaN	83.4	NaN
3	2020844003	黄婷婷	国际贸易	91.4	95.0
4	2020844004	赵小瑜	国际贸易	82.2	100.0

图 5.10 df1 和 df3 使用 join 方法合并结果

在默认情况下，如果待合并的数据集中有同名的列，用 join 方法合并会报错，例如：

```
df1.join(df2)                        #有同名列,无法区分报错
```

报错信息为：

```
C:\ProgramData\Anaconda3\lib\site-packages\pandas\core\reshape\merge.py in _items_overlap_
with_suffix(left, right, suffixes)
   2176
   2177      if not lsuffix and not rsuffix:
-> 2178          raise ValueError(f"columns overlap but no suffix specified: {to_rename}")
   2179
   2180      def renamer(x, suffix):

ValueError: columns overlap but no suffix specified: Index(['学号'], dtype = 'object')
```

此时,为了合并成功,可以在 join 方法中使用 lsuffix 或 rsuffix 参数,例如:

```
df1.join(df2,lsuffix = "x")                              #给同名列起别名
```

结果如图 5.11 所示。

	学号x	姓名	专业	学号	Python
0	2020802045	魏天	信息管理与信息系统	2020802045	93.00
1	2020844001	郭夏	国际贸易	2020844001	86.00
2	2020844002	王晓加	NaN	2020844002	74.00
3	2020844003	黄婷婷	国际贸易	2020844003	79.66
4	2020844004	赵小瑜	国际贸易	2020844004	84.66

图 5.11　df1 和 df2 使用 join 方法合并结果

从结果可以看出,df1 作为待合并的左侧数据集,在其原"学号"列后增加了指定的字符"x"作为后缀,避免了在合并后的数据集中出现相同的"学号"列。

merge 方法是按照两个 DataFrame 对象的同名列连接合并。和 join 方法不同,它默认要求待合并的两个 DataFrame 必须有相同的列,如果没有同名列,在合并时要设置 left_index 和 right_index 参数的值为 True。下面是 merge 方法的语法格式:

```
pandas.merge(left, right, how = 'inner', on = None, left_on = None, right_on = None, left_index =
False, right_index = False, sort = False, suffixes = ('_x', '_y'))
```

主要参数的说明如下。

(1) left: 接收 DataFrame 或 Series,表示要添加的新数据,无默认值。

(2) right: 接收 DataFrame 或 Series,表示要添加的新数据,无默认值。

(3) how: 接收 inner、outer、left、right,表示数据的连接方式,默认为 inner。

(4) on: 接收 string 或 sequence,表示两个数据合并的主键(必须一致),默认为 None。

(5) left_on: 接收 string 或 sequence,表示 left 参数接收数据用于合并的主键,默认为 None。

(6) right_on: 接收 string 或 sequence,表示 right 参数接收数据用于合并的主键,默认为 None。

(7) left_index: 接收 boolean,表示是否将 left 参数接收数据的 index 作为连接主键,默认为 False。

(8) right_index: 接收 boolean,表示是否将 right 参数接收数据的 index 作为连接主键,默认为 False。

(9) sort: 接收 boolean,表示是否根据连接主键对合并后的数据进行排序,默认为 False。

(10) suffixes: 接收 tuple,表示用于追加到 left 和 right 参数接收数据重叠列名的尾缀默认为('_x', '_y')。

【例 5.10】 用 merge 方法按列合并数据集。

按列合并 df1 和 df2:

```
df1.merge(df2)
```

df1 和 df2 按照同名列进行连接,自动删除同名列,结果如图 5.12 所示。

在默认情况下,如果待合并的数据集中没有同名的列,用 merge 方法合并会报错,例如:

```
df1.merge(df3)
```

报错信息如下：

```
...
-> 1035      lidx = self.left_index, ridx = self.right_index))
   1036     if not common_cols.is_unique:
   1037     raise MergeError("Data columns not unique: {common!r}"
MergeError: No common columns to perform merge on. Merge options: left_on = None, right_on = None,
left_index = False, right_index = False
```

如果要解决这个问题，可以设置 left_index 和 right_index 参数的值为 True，例如：

```
df1.merge(df3,left_index = True,right_index = True)
```

结果如图 5.13 所示。

	学号	姓名	专业	Python
0	2020802045	魏天	信息管理与信息系统	93.00
1	2020844001	郭夏	国际贸易	86.00
2	2020844002	王晓加	NaN	74.00
3	2020844003	黄婷婷	国际贸易	79.66
4	2020844004	赵小瑜	国际贸易	84.66

图 5.12　df1 和 df2 使用 merge 方法合并结果

	学号	姓名	专业	数学	选修
0	2020802045	魏天	信息管理与信息系统	90.8	95.0
1	2020844001	郭夏	国际贸易	83.4	100.0
2	2020844002	王晓加	NaN	83.4	NaN
3	2020844003	黄婷婷	国际贸易	91.4	95.0
4	2020844004	赵小瑜	国际贸易	82.2	100.0

图 5.13　df1 和 df3 使用 merge 方法合并结果

2）合并行

两个数据集按行合并，可以用 DataFrame 的 append 方法，下面是 append 方法的语法格式：

```
DataFrame.append(self, other, ignore_index = False, verify_integrity = False)
```

主要参数的说明如下。

（1）other：接收 DataFrame 或 Series，表示要添加的新数据，无默认值。

（2）ignore_index：接收 boolean，如果输入 True，会对新生成的 DataFrame 使用新的索引（自动产生）而忽略原来数据的索引。其默认为 False。

（3）verify_integrity：接收 boolean，如果输入 True，那么当 ignore_index 为 False 时会检查添加的数据索引是否冲突，如果冲突，则会添加失败。其默认为 False。

【例 5.11】　用 append 方法合并行。

按行合并 df1 和 df4：

```
df1.append(df4)
```

df1 和 df4 有相同列，合并结果如图 5.14 所示。

当待合并的两个数据集的列不相同时，使用 append 方法实现的是行、列并集的拼接，例如合并 df1 和 df3：

```
df1.append(df3)                        #列不相同,实现并集拼接
```

合并结果如图 5.15 所示。

	学号	姓名	专业
0	2020802045	魏天	信息管理与信息系统
1	2020844001	郭夏	国际贸易
2	2020844002	王晓加	NaN
3	2020844003	黄婷婷	国际贸易
4	2020844004	赵小瑜	国际贸易
20	2020844022	关帅	会计学
21	2020844023	刘嘉雯	会计学
22	2020844024	刘浩天	会计学
23	2020844025	刘宇	NaN
24	2020844026	胡董	会计学
25	2020844027	丁灿	会计学

图 5.14 df1 和 df4 使用 append 方法合并结果

	学号	姓名	专业	数学	选修
0	2.020802e+09	魏天	信息管理与信息系统	NaN	NaN
1	2.020844e+09	郭夏	国际贸易	NaN	NaN
2	2.020844e+09	王晓加	NaN	NaN	NaN
3	2.020844e+09	黄婷婷	国际贸易	NaN	NaN
4	2.020844e+09	赵小瑜	国际贸易	NaN	NaN
0	NaN	NaN	NaN	90.8	95.0
1	NaN	NaN	NaN	83.4	100.0
2	NaN	NaN	NaN	83.4	NaN
3	NaN	NaN	NaN	91.4	95.0
4	NaN	NaN	NaN	82.2	100.0

图 5.15 df1 和 df3 使用 append 方法合并结果

3) 拼接合并数据

如果不考虑待合并的数据集是否有相同的行或列索引,也就是实现数据集的拼接,可以使用 concat 方法。concat 方法的使用非常灵活,可以按行或按列合并。concat 方法的语法格式如下:

```
pandas.concat(objs, axis = 0, join = 'outer', join_axes = None, ignore_index = False, keys = None,
levels = None, names = None, verify_integrity = False, copy = True)
```

主要参数的说明如下。

(1) objs: 接收多个 Series、DataFrame 的组合,表示参与拼接的 pandas 对象的列表组合,无默认值。

(2) axis: 接收 0 或 1,表示连接的轴向,默认为 0,当 axis 为 0 时表示按行拼接,当 axis 为 1 时表示按列拼接。

(3) join: 接收 inner 或 outer,表示其他轴向上的索引是按交集(inner)还是按并集(outer)进行合并,其默认为 outer。

(4) join_axes: 接收 Index 对象,表示用于其他 n−1 条轴的索引,不执行并集/交集运算。

(5) ignore_index: 接收 boolean,表示是否不保留连接轴上的索引,产生一组新索引。其默认为 False。

(6) keys: 接收 sequence,表示与连接对象有关的值,用于形成连接轴向上的层次化索引。其默认为 None。

(7) levels: 接收包含多个 sequence 的 list,表示在指定 keys 参数后,指定用作层次化索引各级别上的索引。其默认为 None。

(8) names: 接收 list,表示在设置了 keys 和 levels 参数后用于创建分层级别的名称。其默认为 None。

(9) verify_integrity: 接收 boolean,表示是否检查结果对象新轴上的重复情况,如果发现则引发异常。其默认为 False。

【例 5.12】 用 concat 方法实现数据集的拼接。

df1 和 df2 按列拼接:

```
pd.concat([df1,df2],axis = 1)                    #按列拼接
```

拼接结果如图 5.16 所示。

	学号	姓名	专业	学号	Python
0	2020802045	魏天	信息管理与信息系统	2020802045	93.00
1	2020844001	郭夏	国际贸易	2020844001	86.00
2	2020844002	王晓加	NaN	2020844002	74.00
3	2020844003	黄婷婷	国际贸易	2020844003	79.66
4	2020844004	赵小瑜	国际贸易	2020844004	84.66

图 5.16 df1 和 df2 使用 concat 方法按列拼接结果

在 concat 方法中将要拼接的数据集以列表形式呈现，可以同时拼接两个以上的数据集，例如同时按行拼接 df1、df2、df3 数据集：

```
pd.concat([df1,df2,df3],axis = 0)                    #按行拼接
```

拼接以后部分结果如图 5.17 所示。

	学号	姓名	专业	Python	数学	选修
0	2.020802e+09	魏天	信息管理与信息系统	NaN	NaN	NaN
1	2.020844e+09	郭夏	国际贸易	NaN	NaN	NaN
2	2.020844e+09	王晓加	NaN	NaN	NaN	NaN
3	2.020844e+09	黄婷婷	国际贸易	NaN	NaN	NaN
4	2.020844e+09	赵小瑜	国际贸易	NaN	NaN	NaN
0	2.020802e+09	NaN	NaN	93.00	NaN	NaN
1	2.020844e+09	NaN	NaN	86.00	NaN	NaN
2	2.020844e+09	NaN	NaN	74.00	NaN	NaN
3	2.020844e+09	NaN	NaN	79.66	NaN	NaN
4	2.020844e+09	NaN	NaN	84.66	NaN	NaN
0	NaN	NaN	NaN	NaN	90.8	95.0

图 5.17 df1、df2 和 df3 使用 concat 方法按行拼接结果

扫一扫

视频讲解

5.1.4 数据的增、删、改

对数据进行预处理时经常会涉及数据的增、删、改操作。

1. 数据增加

数据增加就是在原始表中增加不存在的列或者行。

1）增加列

增加列常用的方法有新建的列索引赋值方法和 insert 方法。

新建的列索引赋值方法是通过为 DataFrame 对象新建一个列索引，并对该列索引下的数据进行赋值操作，使用该方法可以实现在 DataFrame 的末尾新增一列。

【例 5.13】 在成绩表中增加“团员否”列，将其值设为 True。

```
import pandas as pd
df = pd.read_excel("tdata/cj.xlsx")
df["团员否"] = True
df.head()
```

结果如图 5.18 所示。

	学号	姓名	性别	专业	英语	数学	Python	选修	管理学	团员否
0	2020802045	魏天	男	信息管理与信息系统	67.116667	90.8	93.00	95.0	106.00	True
1	2020844001	郭夏	男	国际贸易	91.050000	83.4	86.00	100.0	99.00	True
2	2020844002	王晓加	男	NaN	54.200000	83.4	74.00	NaN	90.00	True
3	2020844003	黄婷婷	女	国际贸易	87.800000	91.4	79.66	95.0	92.66	True
4	2020844004	赵小瑜	NaN	国际贸易	61.150000	82.2	84.66	100.0	97.66	True

图 5.18 增加"团员否"列后的结果

如果要在指定位置增加列,可以使用 insert 方法,该方法的语法格式如下:

```
DataFrame.insert(loc,column,value,allow_duplicates = False)
```

常见参数的说明如下。

(1) loc:接收 int,表示第几列,如果在第一列插入数据,则 loc=0。

(2) column:接收 string,插入列的名称。

(3) value:接收 boolean、string、array、Series 等类型数据,插入列的值。

(4) allow_duplicates:接收 boolean,表示是否允许列名重复,若设为 True,则允许新插入的列名和已存在的列名重复。

【例 5.14】 在成绩表的第 3 列增加"年龄"列,将其值设为 18。

```
import pandas as pd
df = pd.read_excel("tdata/cj.xlsx")
df.insert(2,"年龄",18)
df.head()
```

结果如图 5.19 所示。

	学号	姓名	年龄	性别	专业	英语	数学	Python	选修	管理学
0	2020802045	魏天	18	男	信息管理与信息系统	67.116667	90.8	93.00	95.0	106.00
1	2020844001	郭夏	18	男	国际贸易	91.050000	83.4	86.00	100.0	99.00
2	2020844002	王晓加	18	男	NaN	54.200000	83.4	74.00	NaN	90.00
3	2020844003	黄婷婷	18	女	国际贸易	87.800000	91.4	79.66	95.0	92.66
4	2020844004	赵小瑜	18	NaN	国际贸易	61.150000	82.2	84.66	100.0	97.66

图 5.19 在指定位置增加"年龄"列后的结果

2) 增加行

用 loc 属性可以为 DataFrame 对象新建一个行索引,并对其赋值;增加多行可以使用 append 方法。

【例 5.15】 为成绩表新增一行数据。

```
import pandas as pd
df = pd.read_excel("tdata/cj.xlsx")
df.loc[57] = ["20200848045","王芳",10,"女","金融学",55,66,77,90]
df.tail()
```

结果如图 5.20 所示。

	学号	姓名	性别	专业	英语	数学	Python	选修	管理学
53	2020848027	热孜耶·买买提	女	金融学	92.700	93.2	86.32	100.0	99.32
54	2020848028	奴热艾力·雪艾力	女	金融学	15.000	75.0	63.32	100.0	76.32
55	2020848029	林可新	女	金融学	89.300	87.4	95.00	100.0	108.00
56	2020848031	任旭	女	金融学	83.425	85.4	71.66	100.0	84.66
57	20200848045	王芳	女	金融学	55.000	66.0	77.00	90.0	95.00

图 5.20 新增一行数据后的结果

【例 5.16】 为成绩表新增 3 行数据。

```
import pandas as pd
df = pd.read_excel("tdata/cj.xlsx")
#提取前 3 行数据的学号、姓名和专业列作为数据集 df1
df1 = df[["学号","姓名","专业"]][:3]
#将 df1 添加到 df 中并查看后 5 行数据
df.append(df1).tail()
```

结果如图 5.21 所示。

	学号	姓名	性别	专业	英语	数学	Python	选修	管理学
55	2020848029	林可新	女	金融学	89.300	87.4	95.00	100.0	108.00
56	2020848031	任旭	女	金融学	83.425	85.4	71.66	100.0	84.66
0	2020802045	魏天	NaN	信息管理与信息系统	NaN	NaN	NaN	NaN	NaN
1	2020844001	郭夏	NaN	国际贸易	NaN	NaN	NaN	NaN	NaN
2	2020844002	王晓加	NaN	NaN	NaN	NaN	NaN	NaN	NaN

图 5.21 新增 3 行数据后的结果

注意：使用 append 方法不会直接在原数据集 df 中增加新列，如果需要使用新增后的数据集，建议将其保存为新的 DataFrame 对象。

2. 数据修改

数据修改通过抽取 DataFrame 要修改的列或行直接赋新值。

【例 5.17】 修改成绩表的数据。

```
import pandas as pd
df = pd.read_excel("tdata/cj.xlsx")
#修改年龄列
df["年龄"] = 25
#修改第 57 行
df.loc[57] = ["20200848043","刘云","女","金融学",75,86,87,96,95]
#修改前 10 行的年龄列为 20
df["年龄"][:10] = 20
```

另外，如果要修改 DataFrame 的列名，可以用给 columns 属性直接赋新列名的方法，也可以用 rename 方法修改指定列名。rename 方法的语法格式如下：

```
DataFrame.rename(index = None, columns = None)
```

主要参数的说明如下。

(1) index：行标签参数,用于修改行名,需要传入一个字典或函数。

(2) columns：列标签参数,用于修改列名,需要传入一个字典或函数。

【例 5.18】 修改成绩表的列名。

```
import pandas as pd
df = pd.read_excel("tdata/cj.xlsx")
#修改 columns 属性
df.columns = ['id', '姓名', 'age', '性别', '专业', '英语', '数学', 'Python', '选修', '团员否']
#使用 rename 方法修改指定列名
df1 = df.rename(columns = {"id":"我的学号"})
```

注意：在修改列名时用 columns 属性赋值的方法需要给出全部列名,包括要修改的列名和未修改的列名；用 rename 方法可以修改部分列名,也可以修改部分行名。

3. 数据删除

删除数据可以使用 drop 方法,其语法格式如下：

```
DataFrame.drop (labels = None,axis = 0,index = None,columns = None,inplace = False)
```

常见参数的说明如下。

(1) labels：表示行标签或列标签。

(2) axis：表示轴向,0 为按行删除,1 为按列删除,默认值为 0。

(3) index：表示删除行,默认值为 None。

(4) columns：表示删除列,默认值为 None。

(5) inplace：表示是否在原表上进行操作,接收 boolean,默认值为 False。

注意：指定 index 是按行删除,指定 columns 是按列删除,通过同时指定 labels 和 axis 参数也可以删除行或列。

【例 5.19】 删除成绩表中的数据。

```
import pandas as pd
pd.set_option('display.unicode.east_asian_width', True)
df = pd.read_excel("tdata/cj.xlsx")                    #读取数据
#增加"团员否"列
df["团员否"] = True
#删除第 1、3、5 行数据
df.drop(index = [1,3,5])
#删除"团员否"列
df.drop(columns = ["团员否"])
#使用 labels 参数删除第 1 到第 19 行,axis 参数默认为 0
df.drop(labels = range(1,20))
```

注意：上述数据删除都是在 df 的副本上进行的,并未删除 df 本身的数据。如果要在 df 上进行删除操作,需要指定 inplace 参数值为 True,例如：

```
#使用 labels 参数,设置 axis 参数为 1,就地删除"选修"列
df.drop(labels = "选修",axis = 1,inplace = True)
```

5.1.5 数据转换

处理数据有时会遇到数据转换的问题，例如转换指定列的数据类型、将整个 DataFrame 或 Series 序列转换成列表或字典等类型。

1. 转换指定列的数据类型

转换 DataFrame 中某列的数据类型可以用 astype 方法，其语法格式如下：

```
DataFrame.astype(dtype, copy = True)
```

常见参数的说明如下。

(1) dtype：用一个 numpy.dtype 或 Python 类型将整个 pandas 对象转换为相同类型；或使用{col:dtype,...}将 DataFrame 的一个或多个列转换为 dtype 类型，其中 col 是列标签，而 dtype 是 numpy.dtype 或 Python 类型。

(2) copy：为 True 时返回一个副本，为 False 时在原始数据集上修改。

【例 5.20】 修改成绩表中指定列的数据类型。

```
import pandas as pd
df = pd.read_excel("tdata/cj.xlsx")
#查看学号列的数据类型
print("学号列转换前:\n",df["学号"].dtypes)
#转换为 object 类型,并赋值给学号列
df["学号"] = df["学号"].astype(object)
print("学号列转换后:\n",df["学号"].dtypes)
#修改 df 中英语、数学列的数据类型为 int 类型
df = df.astype({"英语":int,"数学":int})
print("转换后 df 各列的数据类型:")
df.dtypes
```

结果显示为：

```
学号列转换前:
 int64
学号列转换后:
 object
转换后 df 各列的数据类型:
学号        object
姓名        object
性别        object
专业        object
英语        int32
数学        int32
Python      float64
选修        float64
管理学      float64
dtype: object
```

2. 将 DataFrame 转换成其他数据类型

DataFrame 可以整体转换成列表或字典。

(1) 转换成列表：使用 DataFrame 的 values 属性的 tolist 方法。

(2) 转换成字典：使用 DataFrame 的 to_dict 方法。

【例 5.21】 将 DataFrame 转换成列表和字典。

```
import pandas as pd
df = pd.read_excel("tdata/cj.xlsx")
#将 df 转换成列表
list = df.values.tolist()
#查看转换后列表中第 5 到第 9 个元素
list[5:10]
```

显示结果如下：

```
[[2020844005, '辛禧', '男', '国际贸易', 65.125, 88.6, 68.0, 80.0, 81.0],
[2020844007, '王晨', '男', '国际贸易', 62.4, 80.0, 65.0, 90.0, 78.0],
[2020844008, '韩天', '男', '国际贸易', 96.25, 91.0, 85.0, 97.0, 98.0],
[2020844009, '刘玉', '女', '国际贸易', 89.05, 91.4, 80.32, 100.0, 93.32],
[2020844010, '谢亚鹏', '男', '市场营销', 70.5, 85.2, 60.0, 90.0, 73.0]]
```

将 df 转换成字典类型。

```
df.to_dict()
```

显示结果如下：

```
{'学号': {0: 2020802045,
  1: 2020844001,
  2: 2020844002,
...}
```

将 df 中的姓名和 Python 列转换为字典类型。

```
df[["姓名","Python"]].to_dict()
```

显示结果如下：

```
{'姓名': {0: '魏天',
  1: '郭夏',
  2: '王晓加',
...},
'Python': {0: 93.0,
  1: 86.0,
...}}
```

5.2 数据的描述性统计分析

数据的描述性统计分析是采用一些统计计算方法来概括事物的整体状况以及事物间的关联和类属关系。在对数据进行描述性统计分析之前按照某种依据对数据进行排序或排名，有助于从有序的角度把握数据的整体状况。

5.2.1 数据排序和排名

1. 数据排序

DataFrame 数据排序时主要采用的方法是 sort_values 方法，可以按照指定的行/列进行排序，语法格式如下：

```
DataFrame.sort_values(by,axis = 0,ascending = True, inplace = False, na_position = 'last')
```

主要参数的说明如下。

(1) by：接收 list、string，要排序的依据，无默认值。

(2) axis：接收 int，表示轴向，其中 0 表示行、1 表示列，默认为 0，即按行进行操作。

(3) ascending：接收 boolean 值或其列表，指定升序或降序，当指定多个排序时可以使用布尔值列表，默认为降序。

(4) inplace：接收 boolean，默认为 False，如果设置为 True 表示就地排序。

(5) na_position：空值 NaN 的位置，值为 first 表明空值显示在数据的开头，值为 last 表明空值显示在数据的最后。

【例 5.22】 对成绩表进行排序。

```
import pandas as pd
df = pd.read_excel("tdata/cj.xlsx")
```

按照选修课的成绩升序排序：

```
df.sort_values(by = "选修")
```

结果显示为：

```
    学号          姓名     性别    专业                    英语     数学      Python     选修
37  2020848007   苏远     女      信息管理与信息系统       90.25  89.2      79.32      68.0
40  2020848011   张田田   女      信息管理与信息系统       91.20  89.6      96.32      77.0
                 …
```

按照选修课的成绩降序排序：

```
df.sort_values(by = "选修",ascending = False)
```

结果显示为：

```
    学号          姓名     性别   专业     英语     数学      Python   选修
29  2020848001   王春杨   女     会计学   88.10    89.8      84.00    100.0
27  2020844029   金耀     男     会计学   79.45    87.2      68.00    100.0
                 …
```

按照选修课和 Python 的成绩升序排序：

```
df.sort_values(by = ["选修","Python"])
```

结果显示为：

```
    学号         姓名    性别  专业              英语     数学    Python   选修
37  2020848007  苏远    女   信息管理与信息系统   90.25   89.2   79.32    68.0
40  2020848011  张田田  女   信息管理与信息系统   91.20   89.6   96.32    77.0
5   2020844005  辛禧    男   国际贸易            65.125  88.6   68.00    80.0
13  2020844014  刘欣语  男   市场营销            48.718  83.8   86.00    80.0
                …
```

按照选修升序排序,如该列中有空值,显示在开头:

```
df.sort_values(by = "选修",na_position = "first")
```

结果显示为:

```
    学号            姓名    性别   专业       英语    数学   Python   选修
2   2020844002     王晓加  男     NaN       54.20   83.4   74.00    NaN
10  2020844011     娄天楠  男     市场营销   58.80   84.6   60.00    NaN
                   …
```

按行进行排序,则列之间应该是可比较的,这里提取 df 中的英语、数学、Python 和选修 4 列,按行进行排序:

```
dfs = df[["英语","数学","Python","选修"]]
dfs.sort_values(by = 1,axis = 1)
```

结果显示为:

```
    数学    Python   英语         选修
0   90.8    93.00    67.116667    95.0
1   83.4    86.00    91.050000    100.0
2   83.4    74.00    54.200000    NaN
            …
```

2. 数据排名

DataFrame 的 rank 方法可以实现按照 DataFrame 对象中的某些列进行排名,语法格式如下:

```
DataFrame.rank(axis = 0,method = 'average', numeric_only = None, ascending = True)
```

主要参数的说明。

(1) axis: 接收 int,表示轴向,其中 0 表示行、1 表示列,默认为 0,即按行进行操作。

(2) method: 在相同值情况下采用的排名方法,默认是 average(平均值),也可以是 max(最大值)、min(最小值)、first(原始顺序)、dense(密集)。

(3) numeric_only: 接收 boolean,若设为 True,表示只对数字列进行排名。

(4) ascending: 接收 boolean 值或其列表,指定升序或降序,若指定多个排序可以使用布尔值列表,默认为降序。

【例 5.23】 对成绩表进行排名操作。

```
import pandas as pd
df = pd.read_excel("tdata/cj.xlsx")
```

按选修列进行排名：

```
df[["选修"]].rank()
```

结果显示为：

```
   选修
0  12.0
1  34.0
2  NaN
3  12.0
4  34.0
…
```

按选修和 Python 列进行排名：

```
df[["选修","Python"]].rank()
```

结果显示为：

```
    选修    Python
0   12.0    52.5
1   34.0    37.0
2   NaN     13.5
3   12.0    21.0
4   34.0    32.0
…
```

rank 排名方法在相同值的情况下默认按照平均值进行排名，通过设置 method 参数可以选择不同的排名方法：

```
df["选修 Average 排名"] = df["选修"].rank()
df["选修 First 排名"] = df["选修"].rank(method = "first")
df["选修 Max 排名"] = df["选修"].rank(method = "max")
df["选修 Min 排名"] = df["选修"].rank(method = "min")
df[["学号","选修 Average 排名","选修 First 排名","选修 Max 排名","选修 Min 排名"]]
```

结果显示为：

```
    学号          选修 Average 排名   选修 First 排名   选修 Max 排名   选修 Min 排名
0  2020802045         12.0             11.0             13.0            11.0
1  2020844001         34.0             15.0             53.0            15.0
2  2020844002         NaN              NaN              NaN             NaN
3  2020844003         12.0             12.0             13.0            11.0
4  2020844004         34.0             16.0             53.0            15.0
…
```

3. 设置索引

设置索引能够快速地查询数据，实现数据的快速排序，也能在合并数据时实现数据的自动对齐。在 pandas 中提供了一系列方法设置和修改 DataFrame 数据对象的索引。

- reindex 方法：重设索引。
- set_index 方法：将某列设置为索引。
- reset_index 方法：重新设置连续索引。

1）reindex 方法

reindex 方法通过修改索引操作完成对现有数据的重新排序。

【例 5.24】 按选修列排序后修改 DataFrame 索引为 0～4 或 10～14。

```
import pandas as pd
df = pd.read_excel("tdata/cj.xlsx")
dfs = df.sort_values(by = "选修")
dfs.head()
```

按照选修列排序后结果如图 5.22 所示。

	学号	姓名	性别	专业	英语	数学	Python	选修	管理学
37	2020848007	苏远	女	信息管理与信息系统	90.250000	89.2	79.32	68.0	92.32
40	2020848011	张田田	女	信息管理与信息系统	91.200000	89.6	96.32	77.0	109.32
5	2020844005	辛禧	男	国际贸易	65.125000	88.6	68.00	80.0	81.00
13	2020844014	刘欣语	男	市场营销	48.718333	83.8	86.00	80.0	99.00
19	2020844021	李赫桐	男	会计学	88.276667	86.8	83.00	87.0	96.00

图 5.22　排序后的结果

修改行索引为 0～4：

```
dfs.reindex(range(0,5))
```

显示结果如图 5.23 所示。

	学号	姓名	性别	专业	英语	数学	Python	选修	管理学
0	2020802045	魏天	男	信息管理与信息系统	67.116667	90.8	93.00	95.0	106.00
1	2020844001	郭夏	男	国际贸易	91.050000	83.4	86.00	100.0	99.00
2	2020844002	王晓加	男	NaN	54.200000	83.4	74.00	NaN	90.00
3	2020844003	黄婷婷	女	国际贸易	87.800000	91.4	79.66	95.0	92.66
4	2020844004	赵小瑜	NaN	国际贸易	61.150000	82.2	84.66	100.0	97.66

图 5.23　修改行索引为 0～4 后的结果

修改索引为 10～14：

```
dfs.reindex(range(10,15))
```

显示结果如图 5.24 所示。

	学号	姓名	性别	专业	英语	数学	Python	选修	管理学
10	2020844011	娄天楠	男	市场营销	58.800000	84.6	60.00	NaN	73.00
11	2020844012	唐喆	男	市场营销	80.233333	87.4	64.00	100.0	77.00
12	2020844013	史昀	男	市场营销	82.733333	82.2	73.32	100.0	86.32
13	2020844014	刘欣语	男	市场营销	48.718333	83.8	86.00	80.0	99.00
14	2020844015	王同	男	市场营销	74.200000	92.2	92.00	100.0	115.00

图 5.24　修改行索引为 10～14 后的结果

2）set_index 方法

set_index 方法用于将 DataFrame 中的列转化为行索引，在转换之后，默认方法中的 drop 参数为 True，即原有的列会被删除，可以通过设置 drop 参数为 False 保留原来的列。

【例 5.25】 将姓名列设置为 DataFrame 的索引。

```
dfs.set_index("姓名",drop = False)
```

部分结果如图 5.25 所示。

姓名	学号	姓名	性别	专业	英语	数学	Python	选修
苏远	2020848007	苏远	女	信息管理与信息系统	90.250000	89.2	79.32	68.0
张田田	2020848011	张田田	女	信息管理与信息系统	91.200000	89.6	96.32	77.0
辛禧	2020844005	辛禧	男	国际贸易	65.125000	88.6	68.00	80.0
刘欣语	2020844014	刘欣语	男	市场营销	48.718333	83.8	86.00	80.0
李赫桐	2020844021	李赫桐	男	会计学	88.276667	86.8	83.00	87.0

图 5.25　将姓名列设置为行索引后的结果

3）reset_index 方法

reset_index 方法用于重新设置 DataFrame 索引。在对数据表进行清洗操作之后，例如去重或删除了空值所在的行，行索引本身是不会发生变化的，会出现不连续情形；在对数据进行排序后，原始行索引也不会变化，会出现乱序情形，此时可以用 reset_index 方法重新设置索引。

【例 5.26】 在按选修列排序后重新设置 DataFrame 索引。

```
dfs = df.sort_values(by = "选修")
dfs.reset_index() .head()
```

结果如图 5.26 所示。

	index	学号	姓名	性别	专业	英语	数学	Python	选修
0	37	2020848007	苏远	女	信息管理与信息系统	90.250000	89.2	79.32	68.0
1	40	2020848011	张田田	女	信息管理与信息系统	91.200000	89.6	96.32	77.0
2	5	2020844005	辛禧	男	国际贸易	65.125000	88.6	68.00	80.0
3	13	2020844014	刘欣语	男	市场营销	48.718333	83.8	86.00	80.0
4	19	2020844021	李赫桐	男	会计学	88.276667	86.8	83.00	87.0

图 5.26　重新设置索引后的结果

5.2.2 常见的数据计算方法

本节介绍描述性统计分析中常用的数据计算方法。描述性统计分析是采用一些统计计算方法来概括事物的整体状况以及事物间的关联和类属关系。

从分析的角度而言，数据可以分为数值型数据和类别型数据两种。

- 数值型数据：比如表示成绩、年龄的数据，对其的描述统计主要包括了计算数值型数据的最小值、均值、中位数、最大值、方差、标准差等。
- 类别型数据：比如表示性别、年级的数据，对其的描述统计主要是分布情况，可以使用频数统计。

1. 数值型数据的描述统计

进行数值型数据的描述性统计分析既可以采用表 5.8 所示 numpy 库中的数值计算方法，也可以采用表 5.9 所示的 pandas 提供的数值计算方法。

表 5.8 numpy 库中常用的数值计算方法

方　法	说　明	方　法	说　明
np.min()	计算最小值	np.max()	计算最大值
np.mean()	计算均值	np.ptp()	计算极差
np.median()	计算中位数	np.std()	计算标准差
np.var()	计算方法	np.cov()	计算协方差

表 5.9 pandas 库中常用的数值计算方法

方　法	说　明	方　法	说　明
min()	计算最小值	max()	计算最大值
mean()	计算均值	quantile()	计算四分位数
median()	计算中位数	std()	计算标准差
var()	计算方差	cov()	计算协方差
count()	计算非空值数量	mode()	计算众数
skew()	计算样本偏度	kurt()	计算样本峰度

【例 5.27】 对成绩表中的数值列进行计算。

```
import pandas as pd
df = pd.read_excel("tdata/cj.xlsx")
dfs = df[["英语","数学","Python","选修"]]
```

计算各列的均值：

```
print("按列求均值\n",dfs.mean())
```

结果显示为：

```
按列求均值
英语        80.440877
数学        87.845614
Python      81.625965
选修        96.679245
dtype: float64
```

计算各行的均值，显示前 5 条记录：

```
print("按行求均值\n",dfs.mean(axis = 1) [:5])
```

结果显示为：

```
按行求均值
0    86.479167
1    90.112500
2    70.533333
```

```
3    88.465000
4    82.002500
dtype: float64
```

计算各列的中位数：

```
print("中位数:\n",dfs.median())
```

结果显示为：

```
中位数:
英语        83.75
数学        87.40
Python      83.00
选修        100.00
dtype: float64
```

计算各列的四分位数：

```
print("四分位数:\n",dfs.quantile(0.75))
```

结果显示为：

```
四分位数:
英语        89.55
数学        91.40
Python      89.00
选修        100.00
Name: 0.75, dtype: float64
```

计算各列及单独某数据列的众数：

```
print("四科成绩的众数\n",dfs.mode())
print("数学成绩的众数\n",dfs["数学"].mode())
```

结果显示为：

```
四科成绩的众数
     英语     数学     Python    选修
0    83.75    87.4     83.0      100.0
1    NaN      NaN      85.0      NaN
2    NaN      NaN      86.0      NaN
3    NaN      NaN      89.0      NaN
4    NaN      NaN      92.0      NaN
数学成绩的众数
0    87.4
dtype: float64
```

计算各列的方差：

```
print("方差:\n",dfs.var())
```

结果显示为：

```
方差:
英语        211.639194
数学        17.961454
Python      90.198842
选修        48.491292
dtype: float64
```

计算各列的标准差:

```
print("标准差:\n",dfs.std())
```

结果显示为:

```
标准差:
英语        14.547824
数学        4.238096
Python      9.497307
选修        6.963569
dtype: float64
```

计算各列的偏度和峰度:

```
print("样本偏度:\n",dfs.skew())                #计算各列的偏度
print("样本峰度:\n",dfs.kurt())                #计算各列的峰度
```

结果显示为:

```
样本偏度:
英语        -2.200623
数学        -0.393805
Python      -0.599544
选修        -2.454543
dtype: float64
样本峰度:
英语        6.655603
数学        0.103636
Python      -0.371648
选修        6.041652
dtype: float64
```

2. 类别型数据的描述统计

在 pandas 中,表示类别的特征可以用 object 字符串类型,比如性别是"男"还是"女",专业是"市场营销"还是"金融"等,此时描述类别型数据的分布情况可以使用 pandas 库中的 value_counts 方法。

【例 5.28】 统计各个专业的人数。

```
import pandas as pd
df = pd.read_excel("tdata/cj.xlsx")
df["专业"].value_counts()
```

结果显示为：

```
信息管理与信息系统    14
会计学              14
市场营销            10
金融学               9
国际贸易             7
Name: 专业, dtype: int64
```

另外，pandas 专门提供了一种特殊的类别类型——category 类型，以便于进行统计分类。可以用 astype 方法将 object 类型的数据转换为 category 类型，例如：

```
df["专业"].astype("category")
```

3. describe 方法

pandas 还提供了对数据进行描述性统计分析的 describe 方法，既适用于 Series 对象，也适用于 DataFrame 对象。

describe 方法是以列为单位进行统计分析，如果列是数值类型，进行的统计运算包括 count(求列元素的个数)、mean(求列数据均值)、std(求标准差)、min(求列数据的最小值)、max(求列数据的最大值)，以及求前 25%的数据均值、前 50%的数据均值、前 75%的数据均值；如果列是 object 类型或 category 类型，进行的统计运算包括 count(求列数据的元素个数)、unique(求列数据中元素的种类)、top(求列元素中出现频率最高的元素)、freq(求列元素中出现频率最高的元素的个数)。

【例 5.29】 对成绩表中的所有数值列进行描述性统计分析。

```
import pandas as pd
df = pd.read_excel("tdata/cj.xlsx")
df.describe()
```

显示结果如图 5.27 所示。

	学号	英语	数学	Python	选修	管理学
count	5.700000e+01	57.000000	57.000000	57.000000	53.000000	57.000000
mean	2.020845e+09	80.440877	87.845614	81.625965	96.679245	95.117193
std	6.157525e+03	14.547824	4.238096	9.497307	6.963569	10.189566
min	2.020802e+09	15.000000	75.000000	60.000000	68.000000	73.000000
25%	2.020844e+09	75.625000	85.200000	75.000000	97.000000	89.000000
50%	2.020844e+09	83.750000	87.400000	83.000000	100.000000	96.000000
75%	2.020848e+09	89.550000	91.400000	89.000000	100.000000	102.000000
max	2.020848e+09	98.700000	95.000000	96.320000	100.000000	119.000000

图 5.27 成绩表中数值列的描述性统计结果

DataFrame 的 describe 方法默认只对数值型列进行统计分析，如果想对 object 类型或 category 类型进行统计分析，可以设置 describe 方法中的 include 参数，或者使用 Series 列调用 describe 方法。

【例 5.30】 对成绩表中所有的列进行描述性统计分析。

```
import pandas as pd
```

```
df = pd.read_excel("tdata/cj.xlsx")
df.describe(include = "all")
```

显示结果如图 5.28 所示。

	学号	姓名	性别	专业	英语	数学	Python	选修	管理学
count	5.700000e+01	57	54	54	57.000000	57.000000	57.000000	53.000000	57.000000
unique	NaN	54	2	5	NaN	NaN	NaN	NaN	NaN
top	NaN	陈小恬	男	信息管理与信息系统	NaN	NaN	NaN	NaN	NaN
freq	NaN	3	32	14	NaN	NaN	NaN	NaN	NaN
mean	2.020845e+09	NaN	NaN	NaN	80.440877	87.845614	81.625965	96.679245	95.117193
std	6.157525e+03	NaN	NaN	NaN	14.547824	4.238096	9.497307	6.963569	10.189566
min	2.020802e+09	NaN	NaN	NaN	15.000000	75.000000	60.000000	68.000000	73.000000
25%	2.020844e+09	NaN	NaN	NaN	75.625000	85.200000	75.000000	97.000000	89.000000
50%	2.020844e+09	NaN	NaN	NaN	83.750000	87.400000	83.000000	100.000000	96.000000
75%	2.020848e+09	NaN	NaN	NaN	89.550000	91.400000	89.000000	100.000000	102.000000
max	2.020848e+09	NaN	NaN	NaN	98.700000	95.000000	96.320000	100.000000	119.000000

图 5.28　成绩表中所有列的描述性统计结果

设置 include 参数为"all",可以对 DataFrame 的全部列数据进行分析,也可以通过设置 include 参数为 number、category 或 np. object 指定对 DataFrame 中的数值类别列、类别类型列或字符串类型列的数据进行分析。

【例 5.31】 对成绩表中的 object 类型列数据进行描述性分析。

```
import numpy as np
import pandas as pd
df = pd.read_excel("tdata/cj.xlsx")
df.describe(include = np.object)
```

结果显示为:

```
        姓名     性别
count   57      54
unique  54      2
top     陈小恬   男
freq    3       32
```

对指定列的描述性统计分析可以先抽取列,再调用 Series 的 describe 方法。

【例 5.32】 对成绩表中的专业列进行描述性统计分析。

```
import pandas as pd
df = pd.read_excel("tdata/cj.xlsx")
df["专业"].describe()
```

结果显示为:

```
count                54
unique                5
top       信息管理与信息系统
freq                 14
Name: 专业, dtype: object
```

5.3 分组统计

数据的分组统计也叫分组聚合，是根据某个或某几个字段先对数据集进行分组，然后对各组应用一个函数进行聚合计算，是数据分析中的常见操作。pandas 提供了一个灵活、高效的 groupby 方法进行分组，配合 agg 或者 apply 方法，能够实现分组统计。图 5.29 显示了分组统计操作的实现原理，具体包括拆分、应用和合并 3 个步骤。

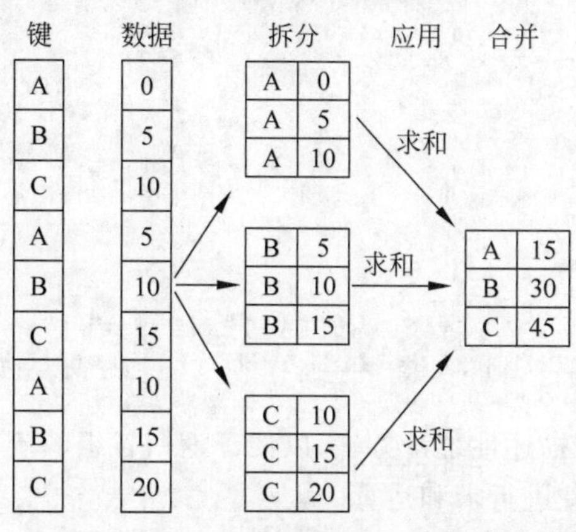

图 5.29 分组统计操作的实现原理

① 拆分：根据分组原则对某个或某几个字段进行拆分，将相同属性值的字段分成一组，例如按照 3 个属性值 A、B、C 拆分成 3 组。

② 应用：对拆分后的各组应用函数进行相应的转换操作，例如应用 sum 函数进行各组内的求和操作。

③ 合并：将结果合并成一个数据结构，例如汇总各组求和后的结果。

5.3.1 数据分组

按照一列或多列对数据进行分组(即拆分功能)是由 groupby 方法实现的，该方法的语法格式如下：

```
DataFrame.groupby(by, axis = 0, level = None, as_index = True, sort = True, group_keys = True,
squeeze = False, ** kwargs)
```

主要参数的说明如下。

(1) by：接收 list、string、mapping 或 generator，用于确定进行分组的依据，无默认值。

(2) axis：接收 int，表示操作的轴向，默认为 0，对列进行操作。

(3) level：接收 int 或者索引名，代表标签所在的级别，默认为 None。

(4) as_index：接收 boolean，表示聚合后的聚合标签是否以 DataFrame 索引形式输出，默认为 True。

(5) sort：接收 boolean，表示是否对分组依据的分组标签进行排序，默认为 True。

(6) group_keys：接收 boolean，表示是否显示分组标签的名称，默认为 True。

(7) squeeze：接收 boolean，表示是否在允许的情况下对返回的数据进行降维，默认为 False。

by 表示分组依据,是必填参数,常用的是给出列名表示的单个字符串或字符串列表。

分组后的结果是 groupby 对象,该对象存在于内存中,无法直接查看,如果输出,显示的是 groupby 对象的内存地址。

【例 5.33】 对成绩表进行分组操作,并查看分组对象。

```
import pandas as pd
df = pd.read_excel("tdata/cj.xlsx")
#按照性别列进行分组
g1 = df.groupby("性别")
print(g1)
#按照性别和专业列进行分组
g2 = df.groupby(["性别","专业"])
print(g2)
```

结果显示为:

```
<pandas.core.groupby.groupby.DataFrameGroupBy object at 0x118cf65c0>
<pandas.core.groupby.groupby.DataFrameGroupBy object at 0x1091fe748>
```

groupby 对象可以调用描述性统计方法,以便于返回各组的统计值。

【例 5.34】 对分组对象进行求和运算。

```
import pandas as pd
df = pd.read_excel("tdata/cj.xlsx")
g1 = df.groupby("性别")
g2 = df.groupby(["性别","专业"])
```

对按性别分组后的对象 g1 做求和运算:

```
g1.sum()
```

显示结果如图 5.30 所示。

对按性别和专业分组后的对象 g2 做求和运算:

```
g2.sum()
```

显示结果如图 5.31 所示。

性别	英语	数学	Python	选修	管理学
女	1830.675	1974.8	1835.88	2130.0	2121.88
男	2521.055	2770.2	2583.14	2694.0	3027.14

图 5.30 按性别分组求和后的结果

性别	专业	英语	数学	Python	选修	管理学
女	会计学	430.650000	466.4	432.32	500.0	497.32
	信息管理与信息系统	363.450000	355.0	336.64	345.0	388.64
	国际贸易	176.850000	182.8	159.98	195.0	185.98
	市场营销	82.750000	92.0	92.00	100.0	105.00
	金融学	692.525000	785.6	732.28	890.0	849.28
男	会计学	694.451667	694.8	666.00	687.0	785.00
	信息管理与信息系统	703.326667	778.8	764.82	775.0	881.82
	国际贸易	314.825000	343.0	304.00	367.0	356.00
	市场营销	679.051667	784.6	698.32	765.0	825.32

图 5.31 按性别和专业分组求和后的结果

5.3.2 分组聚合

agg 方法和 apply 方法是两个常见的聚合方法，它们既可以作用于整个 DataFrame 对象，也可以作用于 groupby 分组对象。当作用于 groupby 分组对象时具有分组聚合的功能。

1. agg 方法

agg 方法是 aggregate 方法的简写形式，支持对每个分组应用某个函数，不同的分组可以应用不同的函数，该方法的语法格式如下：

```
DataFrame.agg(func, axis = 0, * args, ** kwargs)
```

主要参数的说明如下。

(1) func：接收 list、dict、function，表示应用于每行/每列的函数，无默认值。

(2) axis：接收 0 或 1，代表操作的轴向，默认为 0，对列进行操作。

agg 方法中接收的分组聚合函数可以是以下之一：

- Python 内置的数学函数；
- numpy 库中提供的数学运算函数；
- 用户自定义函数。

下面以成绩表的性别分组对象 g1 为例了解 agg 方法的具体用法。

【例 5.35】 使用 agg 方法实现分组聚合运算。

```
import pandas as pd
df = pd.read_excel("tdata/cj.xlsx")
g1 = df.groupby("性别")
```

对分组对象进行聚合运算，将聚合函数名以字符串形式作为 agg 方法的参数：

```
g1.agg("sum")                  #求男、女分组各科成绩的总和
```

显示结果如图 5.32 所示。

	英语	数学	Python	选修	管理学
性别					
女	1830.675	1974.8	1835.88	2130.0	2121.88
男	2521.055	2770.2	2583.14	2694.0	3027.14

图 5.32 男、女分组各科成绩的求和结果

对分组对象进行多个聚合运算，将多个聚合函数名以列表元素的形式作为 agg 方法的参数，如果使用的是内置的函数，则函数名以字符串形式给出，例如：

```
g1.agg(["sum","mean","max"])            #求男、女分组各科成绩的总和、均值和最大值
```

如果使用的是 numpy 库中的数据运算函数，则函数名直接给出，例如：

```
g1.agg([np.sum,np.mean,np.max])
```

上述显示结果均如图 5.33 所示。

对分组对象的不同列进行不同运算，例如对某个列求均值，对另一列求最大值，可以使用字典的方法，将两个列名分别作为 key，把聚合函数分别作为 value，例如：

```
funcDict = {"英语":np.mean ,"数学":max}
g1.agg(funcDict)
```

	英语			数学			Python			选修			管理学		
	sum	mean	max	sum	mean	max	sum	mean	max	sum	mean	max	sum	mean	max
性别															
女	1830.675	83.212500	93.1	1974.8	89.763636	94.8	1835.88	83.449091	96.32	2130.0	96.818182	100.0	2121.88	96.449091	109.32
男	2521.055	78.782969	98.7	2770.2	86.568750	95.0	2583.14	80.723125	96.00	2694.0	96.214286	100.0	3027.14	94.598125	119.00

图 5.33 男、女分组各科成绩求总和、均值和最大值的结果

显示结果如图 5.34 所示。

如果对分组对象的某个列求多个统计值,对另一列求一个统计值,此时只需要将字典对应 key 的 value 变为列表,列表元素为多个目标的聚合函数即可,例如:

```
funcDict = {"英语":[np.mean,max],"数学":max}
g1.agg(funcDict)
```

结果如图 5.35 所示。

	英语	数学
性别		
女	83.212500	94.8
男	78.782969	95.0

图 5.34 男、女分组对英语求均值、对数学求最大值的结果

	英语		数学
	mean	max	max
性别			
女	83.212500	93.1	94.8
男	78.782969	98.7	95.0

图 5.35 男、女分组对英语求均值和最大值、对数学求最大值的结果

agg 方法可传入自定义的函数,例如:

```
def doubleSum(data) :                         #求和的两倍
    return data.sum() * 2
g1.agg(doubleSum)
```

结果如图 5.36 所示。

	学号	姓名	英语	数学	Python	选修	管理学
性别							
女	88917288614	黄婷婷刘玉张析王春杨陈小恬陈小恬陈小恬张淳郑彤苏远方雨桃张田田贾晶晶张雨桐孟德坤王少祖黄金雨...	3661.35	3949.0	3671.76	4260.0	4243.76
男	129333997064	魏天郭夏王晓加辛禧王晨韩天谢亚鹏娄天楠唐喆史昀刘欣语王同武天一陈雨涵张家齐李赫桐刘嘉雯刘浩天...	5042.11	5540.4	5166.28	5388.0	6054.28

图 5.36 男、女分组各字段两倍求和的结果

2. apply 方法

apply 方法支持对每个分组应用某个函数,该方法的语法格式如下:

```
DataFrame.apply(func, axis = 0, broadcast = False, raw = False, reduce = None, ** kwds)
```

主要参数的说明如下。

(1) func: 接收 functions,表示应用于每行/列的函数,无默认值。

(2) axis: 接收 0 或 1,代表操作的轴向,默认为 0,对列进行操作。

(3) broadcast: 接收 boolean,表示是否进行广播,默认为 False。

(4) raw: 接收 boolean,表示是否直接将 ndarray 对象传递给函数,默认为 False。

(5) reduce: 接收 boolean 或者 None,表示返回值的格式,默认为 None。

apply 方法将当前分组后的数据一起传入,可以返回多维数据。下面仍以成绩表的性别分组对象 g1 为例了解 apply 方法的具体用法。

【例 5.36】 使用 apply 方法实现分组聚合运算。

```
import pandas as pd
df = pd.read_excel("tdata/cj.xlsx")
g1.apply(sum)
```

结果如图 5.37 所示。

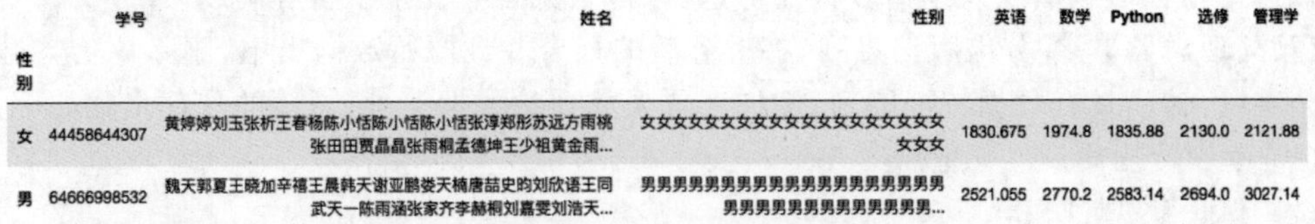

性别	学号	姓名	性别	英语	数学	Python	选修	管理学
女	44458644307	黄婷婷刘玉张析王春杨陈小恬陈小恬陈小恬张淳郑彤苏远方雨桃张田田贾晶晶张雨桐孟德坤王少祖黄金雨...	女女女女女女女女女女女女女女女女女女女女女	1830.675	1974.8	1835.88	2130.0	2121.88
男	64666998532	魏天郭夏王晓加辛禧王晨韩天谢亚鹏娄天楠唐喆史昀刘欣语王同武天一陈雨涵张家齐李赫桐刘嘉雯刘浩天...	男男男男男男男男男男男男男男男男男男男男男男男男男男男男男男男男...	2521.055	2770.2	2583.14	2694.0	3027.14

图 5.37 使用 apply 方法进行 sum 聚合后的结果

从上述结果可以看出,apply 将 sum 聚合函数作用在分组后的每一列,对于数值型的数据,计算每个元素的累计和;对于字符串类型的数据,则将每个元素进行连接。

如果只想显示数值类型列,例如英语、数学、Python 列的聚合结果,可以针对 g1 对象做抽取,也可以在应用 apply 方法进行聚合以后做抽取,例如:

```
g1[["英语","数学","Python"]].apply(sum)            #先抽取再聚合
g1.apply(sum) [["英语","数学","Python"]]           #先聚合再抽取
```

上述结果显示如图 5.38 所示。

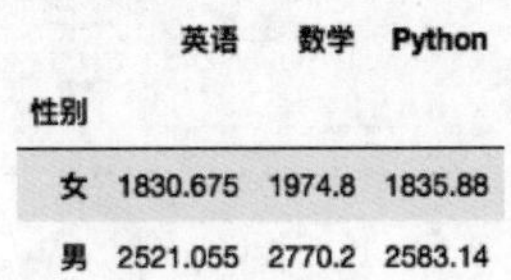

性别	英语	数学	Python
女	1830.675	1974.8	1835.88
男	2521.055	2770.2	2583.14

图 5.38 抽取数值型数据用 apply 方法聚合后的结果

另外,apply 方法同样可以使用自定义函数进行聚合运算,其用法和 agg 方法相同。

5.4 实战:豆瓣读书 Top250 的数据表分析

本节以从互联网上爬取并存储在 CSV 文件中的豆瓣读书排行榜 Top250 的数据为例进行数据表的分析实战,图 5.39 所示为数据集的示例。

A	B	C	D	E	F	G	H	I	J	K	L	M
	书名	封面	出版信息	评分	评价人数	书籍详情	备注	作者	译作者	出版社	出版时间	定价
0	红楼梦	https://img	[清] 曹雪	9.6	344508人评价	https://boo	都云作者痴	[清] 曹雪芹 著		人民文学出版社	1996-12	59.7
1	活着	https://img	余华 / 作	9.4	616965人评价	https://boo	生的苦难与	余华		作家出版社	2012-8-1	20
2	百年孤独	https://img	[哥伦比亚	9.3	345801人评价	https://boo	魔幻现实主	[哥伦比亚	范晔	南海出版公司	2011-6	39.5
3	1984	https://img	[英] 乔治	9.4	189562人评价	https://boo	栗树荫下,	[英] 乔治	刘绍铭	北京十月文艺出版社	2010-4-1	28
4	飘	https://img	[美国] 玛	9.3	181850人评价	https://boo	革命时期的	[美国] 玛	李美华	译林出版社	2000-9	40
5	三体全集	https://img	刘慈欣 /	9.4	103274人评价	https://boo	地球往事三	刘慈欣		重庆出版社	2012-1-1	168
6	三国演义	https://img	[明] 罗贯	9.3	140077人评价	https://boo	是非成败转	[明] 罗贯中		人民文学出版社	1998-05	39.5
7	白夜行	https://img	[日] 东野	9.1	360187人评价	https://boo	一宗离奇命	[日] 东野	刘姿君	南海出版公司	2013-1-1	39.5
8	房思琪的初	https://img	林奕含 /	9.2	263416人评价	https://boo	向死而生的	林奕含		北京联合出版公司	2018-2	45
9	福尔摩斯探	https://img	[英] 阿·	9.3	108607人评价	https://boo	名侦探的代	[英] 阿·	丁钟华 等	群众出版社		
10	小王子	https://img	[法] 圣埃	9.0	649580人评价	https://boo	献给长成了	[法] 圣埃	马振聘	人民文学出版社	2003-8	22

图 5.39 豆瓣读书排行榜 Top250 数据集

针对豆瓣读书排行榜的数据,大家会有一些分析需求,例如想了解排行榜上图书的平均评分、想查看最受关注的图书信息或者想了解各个出版社各有多少上榜图书等。由于数据是从互联网上爬取而来的,数据往往含有噪声,也存在不一致的情况,一般不能直接用来进行数据分析,在分析前通常需要对数据进行预处理。

扫一扫

视频讲解

5.4.1 数据预处理

对爬取下来的豆瓣读书排行榜的数据集进行预处理操作,包括数据清洗、合并、拆分等。目前该数据存在出版信息列包括多特征信息、评价人数含有冗余字符等问题。

【预处理思路】:拆分出版信息列,将拆分后的列合并到原始数据集中,删除评价人数列中的冗余字符,转换具有数据特征的列,例如评价人数列的数据类型,具体的处理步骤如下。

(1) 读取数据集。

(2) 数据概览性分析。

(3) 拆分列。

(4) 合并列。

(5) 删除冗余列。

(6) 删除冗余字符。

(7) 数据类型转换。

1. 读取数据集

首先使用 pandas 库读取数据集,将其保存在 DataFrame 的对象 df 中,具体代码如下:

```
import pandas as pd
df = pd.read_excel("豆瓣.xlsx")                              #读取数据
```

2. 数据概览性分析

在进行数据预处理前,使用 DataFrame 的 info 和 head 方法对数据集 df 进行概览性分析,明确需要对数据集进行哪些预处理操作。

```
df.info()
df.head()
```

上述代码的显示结果如图 5.40 和图 5.41 所示。

```
<class 'pandas.core.frame.DataFrame'>
RangeIndex: 250 entries, 0 to 249
Data columns (total 8 columns):
 #   Column      Non-Null Count  Dtype
---  ------      --------------  -----
 0   Unnamed: 0  250 non-null    int64
 1   书名        250 non-null    object
 2   封面        250 non-null    object
 3   出版信息    250 non-null    object
 4   评分        250 non-null    float64
 5   评价人数    250 non-null    object
 6   书籍详情    250 non-null    object
 7   备注        229 non-null    object
dtypes: float64(1), int64(1), object(6)
memory usage: 15.8+ KB
```

图 5.40 数据集的概览信息

通过概览性分析的显示结果可以看出,该数据集共有 250 个样本、8 列特征,其中 Unnamed 列为自动保存下来的数据集的行索引列,为 int64 类型,评分列为 float64 类型,其余列为 object 类型,除备注列以外,其他列不存在缺失值。通过观察数据,发现需要针对该数据集进行拆分列、合并列、删除列元素的冗余字符、转换数据类型以及删除冗余列等操作。

3. 拆分列

出版信息列包括有关图书的多种信息,一般包括作者、译作者、出版社、出版时间和定价,这些信息之间多用“/”分隔,但具体图书的信息并不一致,大概能够覆盖 3 种情形,即包括 5 种

	Unnamed: 0	书名	封面	出版信息	评分	评价人数	书籍详情	备注
0	0	红楼梦	https://img1.doubanio.com/view/subject/s/publi...	[清] 曹雪芹 著 / 人民文学出版社 / 1996-12 / 59.70元...	9.6	344508人评价	https://book.douban.com/subject/1007305/	都云作者痴，谁解其中味?
1	1	活着	https://img9.doubanio.com/view/subject/s/publi...	余华 / 作家出版社 / 2012-8-1 / 20.00元	9.4	616965人评价	https://book.douban.com/subject/4913064/	生的苦难与伟大
2	2	百年孤独	https://img3.doubanio.com/view/subject/s/publi...	[哥伦比亚] 加西亚·马尔克斯 / 范晔 / 南海出版公司 / 2011-6 / 39.50...	9.3	345801人评价	https://book.douban.com/subject/6082808/	魔幻现实主义文学代表作
3	3	1984	https://img1.doubanio.com/view/subject/s/publi...	[英] 乔治·奥威尔 / 刘绍铭 / 北京十月文艺出版社 / 2010-4-1 / 28.0...	9.4	189562人评价	https://book.douban.com/subject/4820710/	栗树荫下，我出卖你，你出卖我
4	4	飘	https://img1.doubanio.com/view/subject/s/publi...	[美国] 玛格丽特·米切尔 / 李美华 / 译林出版社 / 2000-9 / 40.00元...	9.3	181850人评价	https://book.douban.com/subject/1068920/	革命时期的爱情，随风而逝

图 5.41　数据集的前 5 条数据

信息的、4 种信息的和 3 种信息的，因此需要对这些不同的情形进行分别处理。从通用性出发，将出版信息拆分为 5 列，如果有的图书信息缺失，则将其内容设置为空。其具体实现代码如下：

```
items = []                                  #存放每本图书的列表
for str in df["出版信息"]:
    item = []                               #存放一本图书信息的列表
    infos = str.split("/")                  #以"/"为分隔符进行拆分
    if len(infos) == 5:                     #具备 5 种信息
        item.append(infos[0])
        item.append(infos[1])
        item.append(infos[2])
        item.append(infos[3])
        item.append(infos[4])
    elif(len(infos) == 4) :                 #具备 4 种信息,缺失译作者
        item.append(infos[0])
        item.append("")
        item.append(infos[1])
        item.append(infos[2])
        item.append(infos[3])
    else:                                   #具备 3 种信息,缺失作者、译作者
        item.append("")
        item.append("")
        item.append(infos[0])
        item.append(infos[1])
        item.append(infos[2])
    items.append(item)
```

提取列表的前 5 条信息：

```
items[:5]
```

可以看到拆分后的结果为：

```
[['[清] 曹雪芹 著 ', '', ' 人民文学出版社 ', '1996-12 ', '59.70 元'],
['余华 ', '', ' 作家出版社 ', '2012-8-1 ', '20.00 元'],
['[哥伦比亚] 加西亚·马尔克斯 ', ' 范晔 ', ' 南海出版公司 ', '2011-6 ', '39.50 元'],
['[英] 乔治·奥威尔 ', ' 刘绍铭 ', ' 北京十月文艺出版社 ', '2010-4-1 ', '28.00'],
['[美国] 玛格丽特·米切尔 ', ' 李美华 ', ' 译林出版社 ', '2000-9 ', '40.00 元']]
```

4. 合并列

将拆分出来的信息合并到原始数据集中，先将二维列表 items 转换成带有列标题的 DataFrame 数据结构：

```
infoT = ["作者","译作者","出版社","出版时间","定价"]
dfinfo = pd.DataFrame(items,columns = infoT)
```

查看 dfinfo 的前 5 条数据：

```
dfinfo.head()
```

结果如图 5.42 所示。

	作者	译作者	出版社	出版时间	定价
0	[清] 曹雪芹 著		人民文学出版社	1996-12	59.70元
1	余华		作家出版社	2012-8-1	20.00元
2	[哥伦比亚] 加西亚·马尔克斯	范晔	南海出版公司	2011-6	39.50元
3	[英] 乔治·奥威尔	刘绍铭	北京十月文艺出版社	2010-4-1	28.00
4	[美国] 玛格丽特·米切尔	李美华	译林出版社	2000-9	40.00元

图 5.42　拆分后数据的结果

因为拆分后的 dfinfo 和 df 具有相同的行索引，所以可以使用 join 方法将 dfinfo 合并到 df 中，并查看合并结果：

```
df = df.join(dfinfo)
df.head(2)
```

查看前两条记录，合并后的结果如图 5.43 所示。

	书名	封面	出版信息	评分	评价人数	书籍详情	备注	作者	译作者	出版社	出版时间	定价
0	红楼梦	https://img1.doubanio.com/view/subject/s/publi...	[清] 曹雪芹 著 / 人民文学出版社 / 1996-12 / 59.70 元...	9.6	344508 人评价	https://book.douban.com/subject/1007305/	都云作者痴，谁解其中味?	[清] 曹雪芹 著		人民文学出版社	1996-12	59.70 元
1	活着	https://img9.doubanio.com/view/subject/s/publi...	余华 / 作家出版社 / 2012-8-1 / 20.00元	9.4	616965 人评价	https://book.douban.com/subject/4913064/	生的苦难与伟大	余华		作家出版社	2012-8-1	20.00 元

图 5.43　合并列后的结果

5. 删除冗余列

在合并列后，数据集中原始的出版信息列成为冗余列，另外读取数据集时自动生成的Unnamed:0 列也是冗余列，都可以使用 drop 方法删除。

```
df.drop(labels = "出版信息",axis = 1,inplace = True)
df.drop(labels = "Unnamed: 0",axis = 1,inplace = True)
```

注意：在 drop 方法中设置了 inplace 参数为 True，表明在 df 数据集中直接删除。

6. 删除冗余字符

为便于后续的数据分析，需要修改一些列，包括去掉“评价人数”列中的“人评价”3 个字、去掉“定价”列中的非数字和小数点的其他字符。

(1) “评价人数”列中所有的数据元素都统一成以“人评价”结尾，可以直接使用字符串的 replace 方法将冗余字符串替换为空。

(2) “定价”列中有些数据元素的后面带有“元”字符，有些没有，还有些数据元素的前面带有“CNY”字符，为便于统一操作，使用字符串的 extract 方法书写正则表达式提取数字和小数点字符。

其具体代码如下：

```
df["评价人数"] = df["评价人数"].str.replace("人评价"," ")
df["定价"] = df["定价"].str.extract(r"(\d+.\d+) ")
df.head(2)
```

查看前两条记录，结果如图 5.44 所示。

	书名	封面	出版信息	评分	评价人数	书籍详情	备注	作者	译作者	出版社	出版时间	定价
0	红楼梦	https://img1.doubanio.com/view/subject/s/publi...	[清] 曹雪芹 著 / 人民文学出版社 / 1996-12 / 59.70 元...	9.6	344508	https://book.douban.com/subject/1007305/	都云作者痴，谁解其中味?	[清] 曹雪芹 著		人民文学出版社	1996-12	59.70
1	活着	https://img9.doubanio.com/view/subject/s/publi...	余华 / 作家出版社 / 2012-8-1 / 20.00元	9.4	616965	https://book.douban.com/subject/4913064/	生的苦难与伟大	余华		作家出版社	2012-8-1	20.00

图 5.44 删除冗余字符后的结果

7. 数据类型转换

在完成上述处理操作后，再次调用 df 的 info 方法对数据进行概览性分析。

```
df.info()
```

显示结果如图 5.45 所示。

可以看出评价人数列和定价列均为 object 类型，根据分析需求，应将这两列的数据类型转换为数值类型，这里转换为 float64 类型。

```
<class 'pandas.core.frame.DataFrame'>
RangeIndex: 250 entries, 0 to 249
Data columns (total 11 columns):
 #   Column  Non-Null Count  Dtype
---  ------  --------------  -----
 0   书名      250 non-null    object
 1   封面      250 non-null    object
 2   评分      250 non-null    float64
 3   评价人数    250 non-null    object
 4   书籍详情    250 non-null    object
 5   备注      229 non-null    object
 6   作者      250 non-null    object
 7   译作者     250 non-null    object
 8   出版社     250 non-null    object
 9   出版时间    250 non-null    object
 10  定价      246 non-null    object
dtypes: float64(1), object(10)
memory usage: 21.6+ KB
```

图 5.45 处理后的数据集概览

```
df["评价人数"] = df["评价人数"].astype("float64")
df["定价"] = df["定价"].astype("float64")
```

至此完成了数据集的清洗和转换工作,为方便今后分析使用,可以将预处理后的数据保存下来,例如将其保存为 douban250.xlsx 文件。

```
df.to_excel("douban250.xlsx")
```

【实战案例代码 5.1】 豆瓣读书数据集的预处理。

```
import pandas as pd
#读取数据
df = pd.read_excel("豆瓣.xlsx")
#概览性分析
df.info()
df.head()
#拆分列
items = []
for str in df["出版信息"]:
    item = []
    infos = str.split("/")
    if len(infos) == 5:
        item.append(infos[0])
        item.append(infos[1])
        item.append(infos[2])
        item.append(infos[3])
        item.append(infos[4])
    elif(len(infos) == 4):
        item.append(infos[0])
        item.append("")
        item.append(infos[1])
        item.append(infos[2])
        item.append(infos[3])
    else:
        item.append("")
        item.append("")
        item.append(infos[0])
```

```
        item.append(infos[1])
        item.append(infos[2])
    items.append(item)
items[:5]
#合并列
infoT = ["作者","译作者","出版社","出版时间","定价"]
dfinfo = pd.DataFrame(items,columns = infoT)
df = df.join(dfinfo)
df.head()
#删除冗余列
df.drop(labels = "出版信息",axis = 1,inplace = True)
df.drop(labels = "Unnamed: 0",axis = 1,inplace = True)
#删除冗余字符
df["评价人数"] = df["评价人数"].str.replace("人评价"," ")
df["定价"] = df["定价"].str.extract(r"(\d+.\d+)")
df.head()
#数据类型转换
df.info()
df["评价人数"] = df["评价人数"].astype("float64")
df["定价"] = df["定价"].astype("float64")
#存储预处理后的数据
df.to_excel("douban250.xlsx")
```

扫一扫

视频讲解

5.4.2 数据分析

数据预处理后,如果用户想更深入地掌握排行榜上榜图书的信息,可以进行相关分析。

【分析思路】 数据分析往往要围绕用户需求。针对豆瓣读书排行榜的数据,读者可能会关心评分高的图书的信息,例如用户评分最高的图书;出版社可能会关心同行的相关信息,例如各个出版社上榜图书的平均单价等。此处模拟一些用户需求进行相关分析,具体步骤如下:

(1) 抽取数据。

(2) 根据评分进行图书信息分析。

(3) 根据出版社进行分组分析。

1. 抽取数据

考虑满足用户需求并不需要数据集的全部列,在进行数据分析之前首先进行特征抽取,将抽取后的数据保存在数据集 dfs 中。

```
df = pd.read_excel("douban250.xlsx")
dfs = df[["书名","评分","评价人数","作者","译作者","出版社","出版时间","定价"]]
```

2. 根据评分进行图书信息分析

针对 dfs 数据集,围绕评分列进行分析处理,匹配读者的需求,例如进行以下分析:

(1) 查看排行榜上榜图书的用户平均评分;

(2) 查看所有高于平均分的图书的信息;

(3) 查看用户评分最高的图书的信息;

(4) 按照评分和评价人数降序查看排行榜上的数据。

查看排行榜图书的平均评分即为计算评分列的平均值。

```
print("排行榜平均评分",dfs["评分"].mean())
```

结果显示为:

```
排行榜平均评分 8.918799999999996
```

查看所有高于平均分的图书的信息即为筛选出大于平均分评分的所有行。

```
dfs.loc[dfs["评分"]> dfs["评分"].mean() ,]
```

结果如图 5.46 所示。

	书名	评分	评价人数	作者	译作者	出版社	出版时间	定价
0	红楼梦	9.6	344508	[清] 曹雪芹 著	NaN	人民文学出版社	1996-12	59.7
1	活着	9.4	616965	余华	NaN	作家出版社	2012-8-1	20.0
2	百年孤独	9.3	345801	[哥伦比亚] 加西亚·马尔克斯	范晔	南海出版公司	2011-6	39.5
3	1984	9.4	189562	[英] 乔治·奥威尔	刘绍铭	北京十月文艺出版社	2010-4-1	28.0
4	飘	9.3	181850	[美国] 玛格丽特·米切尔	李美华	译林出版社	2000-9	40.0
...	...	...	...	...	...	...	...	...
221	众病之王	9.1	10420	[美] 悉达多·穆克吉	李虎	中信出版社	2013-2	42.0
222	象棋的故事	9.1	10464	[奥] 斯蒂芬·茨威格	张玉书	上海译文出版社	2007-7	23.0
233	毛姆短篇小说精选集	9.1	10428	[英] 威廉·萨默塞特·毛姆	冯亦代	译林出版社	2012-11	36.0
234	长袜子皮皮	9.0	11202	[瑞典] 阿斯特丽德·林格伦	李之义	中国少年儿童出版社	1999-3	17.8
237	牡丹亭	9.0	11549	汤显祖	NaN	人民文学出版社	1963-4-1	14.5

115 rows × 8 columns

图 5.46 高于平均分的图书的信息

查看用户评分最高的图书信息也是根据评分列对行进行筛选。

```
dfs.loc[dfs["评分"]== dfs["评分"].max() ,]
```

结果如图 5.47 所示。

	书名	评分	评价人数	作者	译作者	出版社	出版时间	定价
21	哈利·波特	9.7	53570	J.K.罗琳 (J.K.Rowling)	苏农	人民文学出版社	2008-12-1	498.0

图 5.47 用户评分最高的图书信息

按照评分和评价人数降序查看排行榜上的图书数据,同时为了让排序后的数据索引有序,使用 reset_index 方法重新设置索引。

```
dfs.sort_values(by = ["评分","评价人数"],ascending = False) .reset_index()
```

结果如图 5.48 所示。

3. 根据出版社进行分组分析

针对 dfs 数据集,按出版社进行分组后进行分析处理,匹配出版社的需求,例如进行以下分析:

	index	书名	评分	评价人数	作者	译作者	出版社	出版时间	定价
0	21	哈利·波特	9.7	53570	J.K.罗琳 (J.K.Rowling)	苏农	人民文学出版社	2008-12-1	498.0
1	0	红楼梦	9.6	344508	[清] 曹雪芹 著	NaN	人民文学出版社	1996-12	59.7
2	63	艺术的故事	9.6	19358	[英] 贡布里希 (Sir E.H.Gombrich)	范景中	广西美术出版社	2008-04	280.0
3	57	史记（全十册）	9.5	20046	司马迁	（索隐）司马贞，（正义）张守节	中华书局	1982-11	125.0
4	1	活着	9.4	616965	余华	NaN	作家出版社	2012-8-1	20.0
...	...	...	...	...	...	...	...	...	...
245	241	心是孤独的猎手	8.5	29655	[美] 卡森·麦卡勒斯	陈笑黎	上海三联书店	2005-8	25.0
246	230	告白	8.5	13584	[日]凑佳苗	丁世佳	哈尔滨出版社	2010-7	26.0
247	218	骆驼祥子	8.4	173428	老舍	NaN	人民文学出版社	2000-3-1	12.0
248	201	老人与海	8.4	171474	海明威	吴劳	上海译文出版社	1999-10	8.2
249	236	呼啸山庄	8.4	108578	艾米莉·勃朗特	张扬	人民文学出版社	1999-01-01	27.3

250 rows × 9 columns

图 5.48　排序后的图书信息

(1) 查看各个出版社上榜图书的情况；

(2) 了解各个出版社出版图书的平均单价；

(3) 总体查看各个出版社上榜图书的数量和平均单价。

查看各个出版社各有多少上榜图书，可以在分组后使用 count 方法统计每组中图书的数量，这里显示上榜图书数量最多的前十个出版社的信息。

```
dfs.groupby("出版社")["书名"].count().sort_values(ascending = False)[:10]
```

结果如图 5.49 所示。

了解各出版社上榜图书的平均单价，先按照出版社分组，再抽取定价列，对分组后的定价求均值，为便于查看，此处对分组聚合后的结果进行降序排序。

```
dfs.groupby("出版社")["定价"].mean().sort_values(ascending = False)
```

结果如图 5.50 所示。

```
出版社
人民文学出版社          39
上海译文出版社          27
生活·读书·新知三联书店    19
译林出版社             15
南海出版公司            14
北京十月文艺出版社       11
广西师范大学出版社       10
上海人民出版社           6
哈尔滨出版社             6
作家出版社               5
Name: 书名, dtype: int64
```

图 5.49　上榜图书数量最多的前十个出版社的信息

```
出版社
中国海关出版社          358.20
广西美术出版社          280.00
浙江教育出版社          168.00
重庆出版社             118.00
广州出版社 花城出版社    108.00
                        ...
漓江出版社               3.95
安徽文艺出版社            NaN
湖南文艺出版社            NaN
S.A.阿列克谢耶维奇        NaN
[英] 阿·柯南道尔          NaN
Name: 定价, Length: 81, dtype: float64
```

图 5.50　各出版社上榜图书的平均单价

查看各个出版社上榜图书的数量和平均单价，采用分组后对书名和定价做聚合运算的方法来实现。

```
dfs.groupby("出版社").agg({"书名":"count","定价":"mean"}).sort_values(by = "书名",
ascending = False)
```

显示结果如图 5.51 所示。

	书名	定价
出版社		
人民文学出版社	39	37.972821
上海译文出版社	27	23.315926
生活·读书·新知三联书店	19	39.105263
译林出版社	15	27.320000
南海出版公司	14	30.307143
...	...	...
广州出版社 花城出版社	1	108.000000
广西美术出版社	1	280.000000
当代世界出版社	1	20.000000
文汇出版社	1	25.000000
少年儿童出版社	1	30.000000

81 rows × 2 columns

图 5.51 查看各个出版社上榜图书的数量和平均单价

【实战案例代码 5.2】 豆瓣读书排行榜的数据分析。

```
import pandas as pd
df = pd.read_excel("douban250.xlsx")
#抽取列
dfs = df[["书名","评分","评价人数","作者","译作者","出版社","出版时间","定价"]]
#了解排行榜图书的平均评分
print("排行榜平均评分",df["评分"].mean())
#查看所有高于平均分的图书的信息
df.loc[df["评分"]> df["评分"].mean(),]
#查看最受关注的图书的信息
df.loc[df["评分"] == df["评分"].max(),]
#根据评分和评价人数对排行榜的数据进行重新排序
df.sort_values(by = ["评分","评价人数"],ascending = False).reset_index()
#查看各个出版社各有多少上榜图书
df.groupby("出版社")["书名"].count().sort_values(ascending = False)[:10]
#查看各个出版社所出版图书的平均单价
df.groupby("出版社")["定价"].mean().sort_values(ascending = False)
#查看各个出版社的图书的数量和平均单价
df.groupby("出版社").agg({"书名":"count","定价":"mean"}).sort_values(by = "书名",ascending =
False)
```

本章小结

本章首先介绍了如何使用 pandas 库进行数据概览及预处理,包括数据概览分析的属性和方法、数据清洗的方法、抽取与合并的方法、数据的增/删/改和数据类型转换的方法；然后介绍了数据描述性统计分析的方法,包括如何进行数据的排序和排名、常用的数据计算方法；在介绍完数据的分组统计(包括数据分组和分组聚合运算)后,以豆瓣读书 Top250 的数据集为例进行了数据表分析,包括数据预处理和模拟用户需求进行的相关数据分析。

习题 5

扫一扫

习题

扫一扫

自测题

扫一扫

视频讲解

第6章 可视化分析

在学会使用 pandas 库进行数据表分析以后，可以通过对数据进行可视化展示加强对数据的理解、解释与决策。matplotlib 库是 Python 中使用最为广泛的数据可视化库，它的功能虽然强大，但是制作优美的图表还需要取决于数据、展示媒介和受众。本章进行 Python 可视化分析的学习，6.1 节主要学习常用图表的类型及选择与图表的基本组成；6.2 节主要学习图表的常用属性及类型设置；6.3 节主要进行常用图表的绘制；6.4 节以豆瓣读书排行榜 Top250 的数据为例进行具体的可视化分析实践。

6.1 可视化分析概述

所谓数据可视化，就是关于数据视觉表现形式的科学技术研究，这种数据的视觉表现形式被定义为一种以某种概要形式抽取出来的信息，包括相应信息单位的各种属性和变量。数据可视化的主要作用是真实、准确、全面地展示数据；揭示数据的本质、关系、规律。

数据可视化的经典案例是“南丁格尔玫瑰图”，如图 6.1 所示，由英国著名的护士、统计学家——南丁格尔绘制。

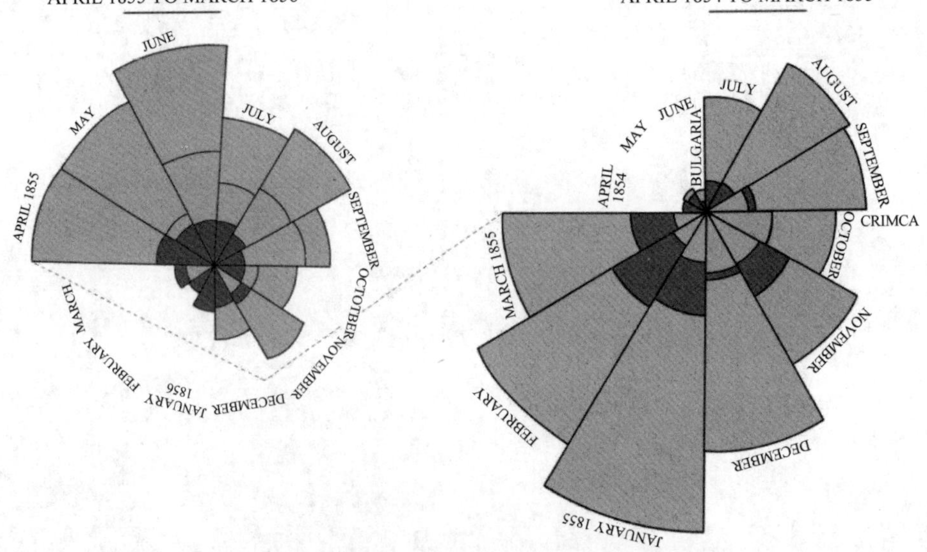

图 6.1　南丁格尔玫瑰图

数据来源：数据可视之美——南丁格尔玫瑰图-知乎

【案例背景】 在19世纪50年代，英国、法国、土耳其和俄国进行了克里米亚战争。南丁格尔主动申请，自愿担任战地护士。当时的医院卫生条件极差，甚至连干净的水源和厕所都没有，士兵的死亡率高达42%，直到1855年卫生委员会来到医院改善整体的卫生环境后，死亡率才戏剧性地降至2.5%。当时的南丁格尔注意到这件事，认为政府应该改善战地医院的条件，从而拯救更多年轻的生命。由于担心资料统计的结果会不受人重视，她发明了一种色彩缤纷的图表形式，让数据能够更加令人印象深刻。

【图表解读】 从整体来看，这张图用于表达战地医院伤患季节性的死亡率，用来说明和比较战地医院伤患因各种原因死亡的人数，每块扇形代表各个月份中的死亡人数，面积越大代表死亡的人数越多。从局部来看，这张图中有一大、一小两朵玫瑰图，右侧较大的玫瑰图展现的是1854年4月至1855年3月的数据；而左侧的玫瑰图展现的是1855年4月至1856年3月的数据，其中以1855年4月作为分界，将24个月的资料切分为左、右两张图再用黑色线条连接，因为这是卫生委员会来改善环境时的日期，也因此可以比较两个年度的死亡人数与其原因的概略比例。灰色区域的面积明显大于其他颜色的面积，这意味着大多数的伤亡并非直接来自战争，而是来自糟糕医疗环境下的感染。卫生委员会在到达以后改善了整体的卫生环境，死亡人数明显下降。

【产生的效果】 南丁格尔绘制的可视化图表打动了当时的高层，包括军方人士和维多利亚女王，于是医事改良的提案得到支持。因该图的外形酷似一朵绽放的玫瑰，“南丁格尔玫瑰图”也就由此而来。

这个案例真实地诠释了“一图抵千言”(A picture is worth a thousand words)。那么在大数据时代数据无所不在，如何应用数据可视化，起到“一图抵千言”的作用，将是具备信息素养的人的必备技能之一。

6.1.1 图表类型及选择

扫一扫

视频讲解

学习了数据可视化的概念，大家要面对的第一个问题就是选择图表的类型，应该如何选择呢？因为不同类型的图表适用于不同的场景，所以需要明确数据之间的关系，需要明确图表的含义，按使用目的来选择合适的图表类型。

1. 数据之间的关系

数据之间的关系主要包含5类，即构成、趋势、分布、比较和联系。

(1) 构成：主要关注每个部分所占整体的百分比，如果想表达的信息包括“份额”“百分比”以及“预计将达到百分之多少”，这时候可以用饼形图、环形图等。

(2) 趋势：最常见的一种时间序列关系，关心数据如何随着时间的变化而变化，每周、每月、每年的变化趋势是增长、减少、上下波动或基本不变，用折线图可以更好地表现指标随时间呈现的趋势。

(3) 分布：关心各数值范围内包含了多少项目，典型的信息会包含“集中”“频率”与“分布”等，这时候使用柱状图。另外，还可以根据地理位置数据，通过地图展示不同的分布特征。

(4) 比较：可以展示事物的排列顺序，“大于”“小于”以及“大致相当”都是比较相对关系的关键词。

(5) 联系：主要查看两个变量之间是否表达出预期所要证明的模式关系，比如预期销售额可能随着折扣幅度的增长而增长，可以用气泡图来展示，用于表达“与……有关”“随……而增长”“随……而不同”变量之间的关系。

2. 图表的含义

常用的图表包括条形图、柱状图、折线图、饼形图、面积图、雷达图和散点图等，具体如下。

(1) 条形图：表达比较关系，是最通用的一种图表，在所有的图表使用中占到25%。条形图可以按照强调的方式排列任何顺序。

(2) 柱状图：表达比较关系、排名等，柱状图用高度反映数据差异，用来展示有多少项目(频率)会落入一个具有一定特征的数据段中。

(3) 折线图：表达趋势关系，可以用来反映随时间变化而变化的关系。在选择使用柱状图还是折线图的过程中可以考虑数据的本质，柱状图强调的是数量的级别，它更适合表现在一段时间内发生的事件、产生的数据很适合这个领域；折线图强调的是角度的运动及图像的变换，因此在展示数据的发展趋势时选用。柱状图和折线图的使用占到图表使用的50%左右。

(4) 饼形图：表达构成比例关系最好使用饼形图，可以给人一种整体的形象，展示每一部分所占全部的百分比。为了使饼形图尽量发挥作用，在使用时不宜多于6种成分。人的眼睛比较习惯于按顺时针方向进行观察，所以应该将最重要的部分放在紧靠12点钟的位置，如果没有哪一个部分比其他部分更加重要，那么就应该考虑让它们按从大到小的顺序排列。

(5) 面积图：与折线图较为相似，面积图强调变量随时间变化的程度，也可用于引起人们对总趋势的注意。面积图用填充了颜色或图案的面积来显示数据，面积片数不宜超过5片。

(6) 雷达图：可以用来表现一个周期内数值的变化，也可以用来表现特定对象主要参数的相对关系，多用于财务分析中也可用来分析企业的负债能力、运营能力、盈利和发展能力等指标。

(7) 散点图：在回归分析中，数据点在直角坐标系平面上的分布图，散点图表示因变量随自变量变化的大致趋势，据此可以选择合适的函数对数据点进行拟合。

3. 图表的选择

国外专家Nathan Yau总结了在数据可视化中一般要经历的4个过程，即你拥有什么样的数据？你想表达什么样的数据信息？你会什么样的数据可视化方法？你从图表中能获得什么样的数据信息？如果想得到完美的图表，对这4个过程都要反复地进行思索。

选择和确定图表类型，往往需要根据图表展示的目的、选择方向、图表类型的特点等因素，具体可以参考图6.2。例如，如果想展示各个手机品牌的市场占有率，展示的目的是占比分

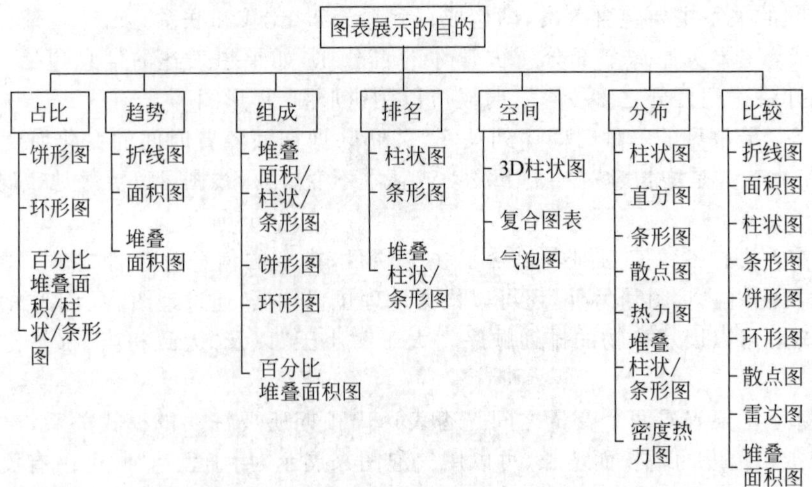

图6.2 图表的类型

析，可以在饼形图、环形图、百分比堆叠面积图中选择一个合适的图形；如果想展示北京一周内气温的变化情况，展示的目的是气温趋势分析，备选的图形有折线图、面积图、堆叠面积图，可以选择折线图直观地展示。

在商业用途的图表中，折线图、面积图、柱形图、条形图和饼形图最为常见；在科学图表中，散点图、折线图、柱状图等图表最为常见。

扫一扫

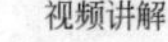

视频讲解

6.1.2 图表的基本组成

数据分析图表有很多种，每种图表的组成元素基本相同，如图 6.3 所示。

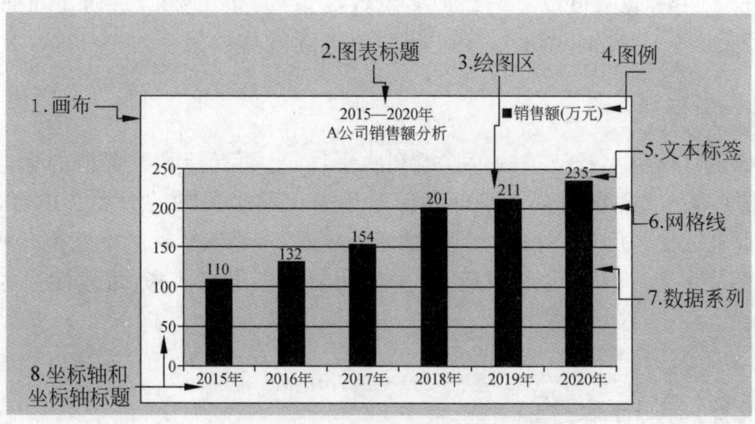

图 6.3 图表的组成元素

1. 画布

画布是图表中最大的区域，是其他图表元素的容器。例如，图 6.3 中最大的白色区域就是画布。

2. 图表标题

图表标题是用来概述图表内容的文字，可以设置字体、字号和颜色等。例如，图 6.3 中显示的“2015—2020 年 A 公司销售额分析”为图表标题。

3. 绘图区

绘图区是指画布中的一部分，即显示图形的矩形区域，可以改变填充颜色、位置，以便为图表展示更好的图形效果。例如，图 6.3 中画布上的中间图形区域为绘图区。

4. 图例

图例是指图表中系列区域的符号、颜色或形状定义数据系列所代表的内容。图例由两部分构成，一部分是图例标识，代表数据系列的图案，即不同颜色的小方块；另一部分是图例项，即与图例标识对应的数据系列名称，一种图例标识只能对应一种图例项。例如，图 6.3 中的“销售额(万元)”为图例项。

5. 文本标签

文本标签用于为数据系列添加说明文字。例如，图 6.3 中柱状图上方的“235”和“211”等为文本标签。

6. 网格线

网格线是指贯穿绘图区的线条,类似标尺,是衡量数据系列数值的标准,可以设置网格线的宽度、样式、颜色、坐标轴等。

7. 数据系列

在数据区域中,同一列(或同一行)数值数据的集合构成一组数据系列,也就是图表中相关数据点的集合。在图表中可以有一组或多组数据系列,多组数据系列之间通常用不同的图案、颜色或符号来区分。例如,图6.3中柱状的销售额就是数据系列。

8. 坐标轴和坐标轴标题

坐标轴是标识数值大小及分类的垂直组和水平线,上面有标了数据值的标志。在一般情况下,水平轴(X轴)表示数据的分类。坐标轴标题用来说明坐标轴的分类及内容,坐标轴分为水平坐标轴和垂直坐标轴。例如,图6.3中X轴的标题是"年份",Y轴的标题是"销售额(万元)"。

在掌握了图表的基本构成元素以后,对于如何绘制出丰富多彩、可读性强的图表就有了更加清晰的思路。

6.2 图表的常用设置

在Python中有很多可视化库,例如matplotlib、seaborn、plotly、pyechart等,它们各有特点,其中matplotlib是最基础、使用最广泛的Python可视化库。学习Python数据可视化,可以先从matplotlib学起,然后再学习其他的可视化库作为扩展。matplotlib非常强大,不仅可以绘制最基础的图表,例如折线图、直方图、饼形图、散点图等,还可以绘制一些高级图表,例如堆叠柱状图、堆叠直方图、直方饼形图、3D曲面图等,熟练掌握matplotlib的函数以及各项参数能够绘制出各种精彩、美观的图表,达到数据分析的需求。

扫一扫

视频讲解

6.2.1 基本plot绘图函数

1. matplotlib库概述

在开始绘图之前要做好准备工作,即确认是否已经安装好matplotlib库和是否调用了matplotlib库。

安装matplotlib库的方法如下:

```
pip install matplotlib
```

调用库的方法有多种,这里推荐调用matplotlib库的方法如下:

```
import matplotlib.[具体库名] as 别名
```

例如:

```
import matplotlib as mpl
import matplotlib.pyplot as plt
```

提示：在第 6 章和第 7 章的实战举例中，导入 matplotlib. pyplot 将使用别名 plt 表示。

matplotlib 实际上是一套面向对象的绘图库，底层是一个 figure 示例，称之为画布，包含一些可见和不可见的元素，称之为 axes 示例（matplotlib 中的专有名词，图形中的组成部分，不是数学中的坐标系）。axes 示例几乎包含了 matplotlib 的组成元素，例如坐标轴、刻度、标签、线和标记等。此外，axes 示例还有 X 轴和 Y 轴属性，可以使用 axes. xaxis 和 axes. yaxis 来控制 X 轴和 Y 轴的相关组成元素，例如刻度线、刻度标签、刻度线定位器和刻度标签格式器。

2. 快速绘图 pyplot

matplotlib. pyplot 是一个有命令风格的函数集合。每一个 pyplot 函数都可以使一幅图像做出一些改变，例如可以创建一幅图，在图中创建一个绘图区域，在绘图区域中添加一条线等。在 matplotlib. pyplot 中，各种状态通过函数调用保存起来，以便于可以随时跟踪当前图像和绘图区域，绘图函数直接作用于当前 axes 示例。

这里以 pyplot 中的 plot 为例来了解具体的绘制过程。plot 函数的功能是绘制折线图，其语法格式如下：

```
plt.plot( ** args, ** Kwargs)
```

常见参数的说明如下。

(1) ** args：表示位置参数，是 arguments 的缩写。其包含具体参数 x、y，x 表示 X 轴数据，为列表或数组，可选（当绘制多条曲线时，各条曲线的 x 不能省略）；y 表示 Y 轴数据，为列表或数组。

(2) ** Kwargs：关键字参数，是 keyword arguments 的缩写，其控制曲线格式，由颜色字符、风格字符和标记字符等组成，可选。例如，color 表示颜色，linestyle 表示线条样式，marker 表示标记风格等。

以下示例应用基本 plot 绘图函数。

【例 6.1】 用固定坐标绘制简单的折线图。

```
#导入库
import matplotlib.pyplot as plt
#读入 X 轴数据和 Y 轴数据
x = [1,2,3,4,5]
y = [1,2,3,4,5]
#折线图
plt.plot(x,y)
#图形展示
plt.show()
```

显示结果如图 6.4 所示。

【例 6.2】 读取文件绘制简单的折线图。

```
#导入库
import pandas as pd
import matplotlib.pyplot as plt
#导入 Excel 文件
df = pd.read_excel('销售数量.xls')
#读入 X 轴数据和 Y 轴数据
```

```
x = df['日期']
y = df['销售数量']
#折线图
plt.plot(x,y)
#图形展示
plt.show()
```

显示结果如图 6.5 所示。

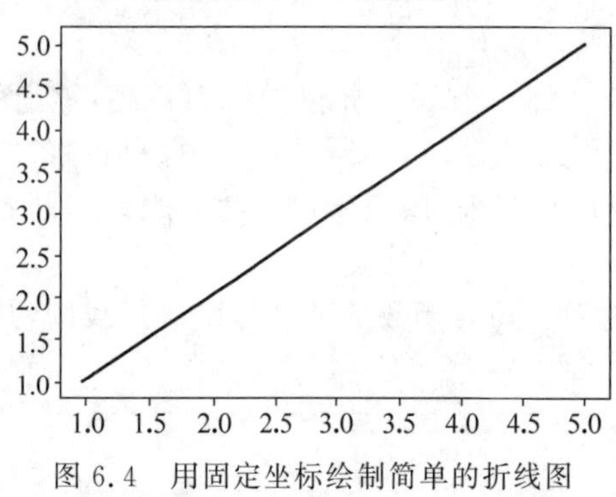

图 6.4　用固定坐标绘制简单的折线图

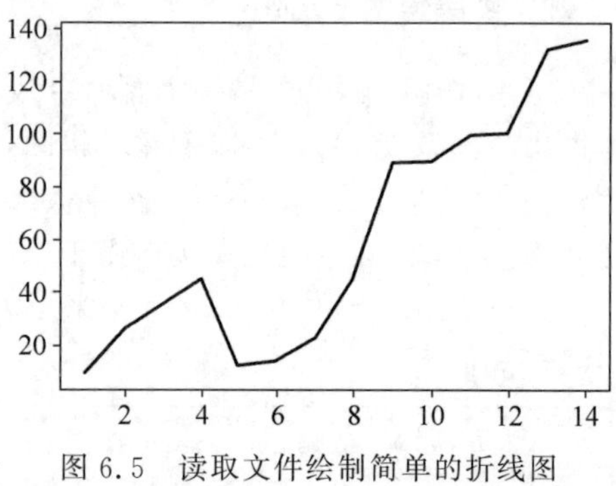

图 6.5　读取文件绘制简单的折线图

通过读取文件的形式获取数据,让数据可视化更加灵活。如果想把折线图绘制得更加美观,应该如何设置?

【例 6.3】 读取文件绘制有简单样式的折线图。

```
#导入库
import pandas as pd
import matplotlib.pyplot as plt
#导入 Excel 文件
df = pd.read_excel('销售数量.xls')
#读入 X 轴数据和 Y 轴数据
x = df['日期']
y = df['销售数量']
#折线图,样式设置
plt.plot(x,y,color = 'm',linestyle = '-',marker = 'o',mfc = 'w')
#图形展示
plt.show()
```

显示结果如图 6.6 所示。

应用 plot 绘图函数,并进行样式的设置。这里有几个样式设置参数: color 表示颜色,linestyle 表示线条样式,marker 表示标记的风格,即图上的小圆圈,mfc 表示标记填充的颜色,这里是白色。

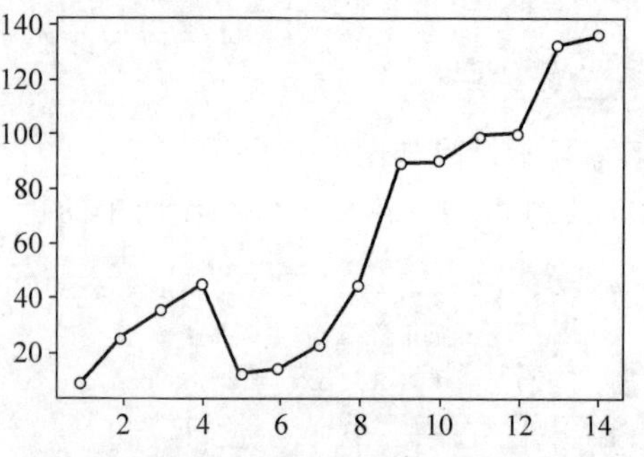

图 6.6　读取文件绘制有简单样式的折线图

上面 3 个示例分别以 plot 函数为例,从固定坐标到读取文件,再到简单样式,展示了折线图的变化过程。

基本绘图的简单流程总结如下。

第一步: 导入库,包括数据处理、绘图等需要用到的库。

第二步：读取数据，包括读取文件、处理数据、选择需要的数据，做好绘图前的准备。

第三步：使用绘图函数进行图形的绘制。

第四步：属性设置，包含绘图函数中的样式属性设置，以及图表中其他样式的属性设置。

第五步：图形显示。

扫一扫

视频讲解

6.2.2 图的属性设置

让图表“穿”上美观、实用的外衣，让它真正实现“一图抵千言”的价值，就需要对图的相关属性进行设置。关于图的属性设置，一共可以分为七部分，即画布、图形（包含颜色、线条样式、标记样式的设置）、坐标轴（包含标题、刻度、范围、网格线的设置）、文本标签、标题和图例、注释、间距，如图 6.7 所示。以上这些属性设置都是可选项，在图表展示中按需选择进行设置。

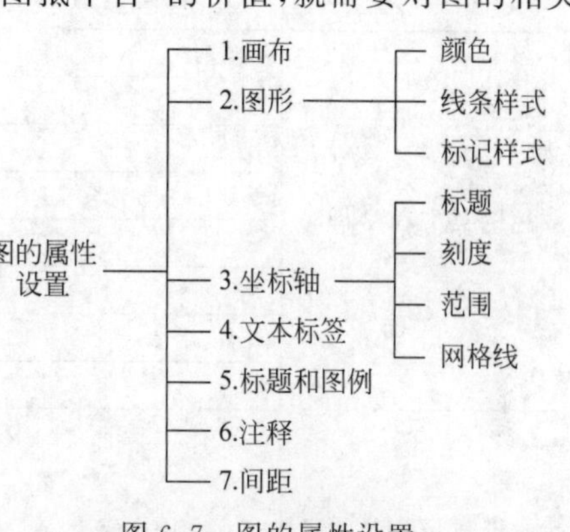

图 6.7 图的属性设置

1. 画布属性设置

画布就是图形的容器，所有的图形及属性都在画布上展示。在 matplotlib 中使用 figure 方法来设置画布的大小、分辨率、颜色和边框等。其语法格式如下：

```
plt.figure(num = None, figsize = None, dpi = None, facecolor = None, edgecolor = None, frameon = True)
```

常见参数的说明如下。

(1) num：编号或名称，数字为编号，字符串为名称，可以通过参数激活不同的画布。

(2) figsize：表示宽和高，单位为英寸。

(3) dpi：表示图像的分辨率，即每英寸包含多少个像素，默认值为 80，像素越大，画布越大。

(4) facecolor：表示背景颜色。

(5) edgecolor：表示边的颜色。

(6) frameon：是否显示边框，默认值为 True，即绘制边框；若值为 False，则不绘制边框。

例如，自定义 600×400 的蓝色画布，需要在 figure 中设置两个参数，一个是 figsize(6,4)，这里的 6 和 4 就表示了 600×400；另一个是 facecolor，赋值为 blue。

```
#自定义 600×400 的蓝色画布
fig = plt.figure(figsize = (6,4) ,facecolor = 'blue')
```

2. 图形属性设置

在 plot 函数中使用 color、linewidth、linestyle、marker 等参数来设置颜色、线条、标记等。例如，设置图形的颜色为蓝色，线的样式为“-”，线条上的标记为“o”，标记填充颜色为白色。其语法格式如下：

```
#折线图,颜色、线条、标记样式设置
plt.plot(x,y,color='b',linestyle='-',marker='o',mfc='w')
```

常见参数的说明如下。

(1) color：线条的颜色，可选参数。常用的颜色设置及说明如表 6.1 所示。

表 6.1 常用的颜色设置及说明

类　别	设置的值	说明	备　注
颜色的英文首字母	r	红色	red
	g	绿色	green
	b	蓝色	blue
	y	黄色	yellow
	w	白色	white
	k	黑色	black
	c	青色	cyan
	m	洋红色	magenta
十六进制 RGB/RGBA 字符串	#0000FF 或 #0000FF00	纯蓝色	6 位的十六进制数值分别表示 red、green、blue 3 种颜色的强度,两位一组。例如,"#FF3300"表示红色分量为 FF、绿色分量为 33、蓝色分量为 00。 RGBA 是 8 位十六进制数值,其中 Alpha 表示的是透明度
[0, 1]的浮点数值表示 RGB/RGBA	(0.1,0.2,0.5) (0.1,0.2,0.5,0.3)		具体每项的含义为(255/255, 255/255, 0/255),其中 Alpha 表示的是透明度
浮点数[0,1]	0.5	灰度值	使用的频率比较低,值越大颜色越深,值越小颜色越浅
使用 X11/CSS4 的颜色名	Pink	粉色	根据 HTML 中的颜色定义,可以使用颜色名称直接作为参数,可以用代码查看具体的颜色表示。 from matplotlib import colors colors.CSS4_COLORS
使用 xkcd 颜色	violet	紫色	根据 xkcd 网站提供的颜色名称,可以相应地作为颜色参数,可以用代码查看具体的颜色表示。 from matplotlib import colors colors.XKCD_COLORS

颜色设置的部分代码如下：

```
#颜色设置
#1 颜色的英文首字母
plt.plot(x,y,color='m')
#2 十六进制 RGB/RGBA 字符串
plt.plot(x,y,color='#0000FF')
#3 [0, 1]的浮点数值表示 RGB/RGBA
plt.plot(x,y,color=(0.1, 0.2,0.5) )
#4 浮点数[0,1]
plt.plot(x,y,color='0.9')
```

```
#5 使用 X11/CSS4 的颜色名
plt.plot(x,y,color = 'Pink')
#6 使用 xkcd 颜色
plt.plot(x,y,color = 'violet')
```

(2) linewidth：线条的宽度，可选参数。

(3) linestyle：线条的样式，可选参数。常用的线条样式标记及说明如表 6.2 所示。

表 6.2 常用线条样式标记及说明

标记	说明	标记	说明
'-'	实线样式，默认	'-.'	点画线样式
'--'	双画线样式	':'	虚线样式

线条宽度与线条样式的部分代码如下，具体效果如图 6.8 所示。

```
#折线图的线条样式
plt.plot([1,2,3,4,5],[1,2,3,4,5],linestyle = '-',linewidth = 5.0)
plt.plot([1,2,3,4,5],[1,3,4,5,6],linestyle = '--',linewidth = 5.0)
plt.plot([1,2,3,4,5],[1,4,5,6,7],linestyle = '-.',linewidth = 5.0)
plt.plot([1,2,3,4,5],[1,5,6,7,8],linestyle = ':',linewidth = 5.0)
```

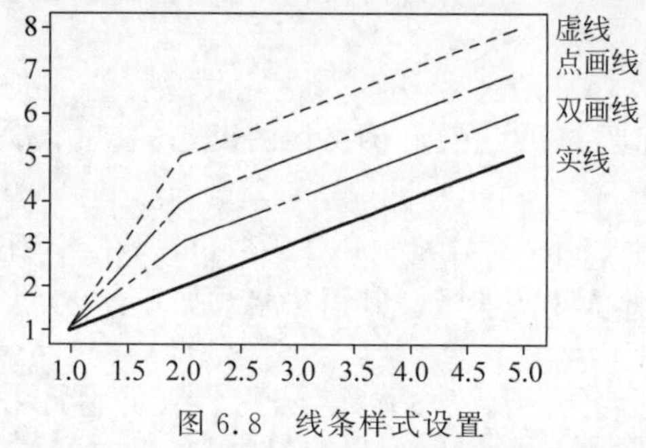

图 6.8 线条样式设置

(4) marker：线条上的标记样式，可选参数。常用的标记样式设置及说明如表 6.3 所示。

表 6.3 常用的标记样式设置及说明

设置值	说明	设置值	说明	设置值	说明
"."	点	"1"	下花三角	"*"	星号
","	像素	"2"	上花三角	"h"	竖六边形
"o"	圆	"3"	左花三角	"H"	横六边形
"v"	下三角	"4"	右花三角	"+"	加号
"^"	上三角	"8"	八角形	"x"	叉号
"<"	左三角	"s"	实心正方形	"D"	大菱形
">"	右三角	"p"	实心五角星	"d"	小菱形

标记样式设置的部分代码如下，具体效果如图 6.9 所示。

```
#折线图的标记样式
plt.plot([1,2,3,4,5],[1,2,3,4,5],marker = '.')
plt.plot([1,2,3,4,5],[1,3,4,5,6],marker = 'D')
plt.plot([1,2,3,4,5],[1,4,5,6,7],marker = 'o')
plt.plot([1,2,3,4,5],[1,5,6,7,8],marker = 'v')
```

(5) markersize：标记的大小,可选参数。

(6) marker face color(mfc)：标记实心颜色,可选参数,参考 color 参数的设置值。

标记的大小和标记实心颜色设置的部分代码如下,具体效果如图 6.10 所示。

```
#折线图标记的大小,标记实心颜色
plt.plot([1,2,3,4,5],[1,2,3,4,5],marker='D',markersize=5,mfc='w')
plt.plot([1,2,3,4,5],[1,3,4,5,6],marker='D',markersize=9,mfc='w')
plt.plot([1,2,3,4,5],[1,4,5,6,7],marker='o',markersize=13,mfc='w')
plt.plot([1,2,3,4,5],[1,5,6,7,8],marker='v',markersize=17,mfc='w')
```

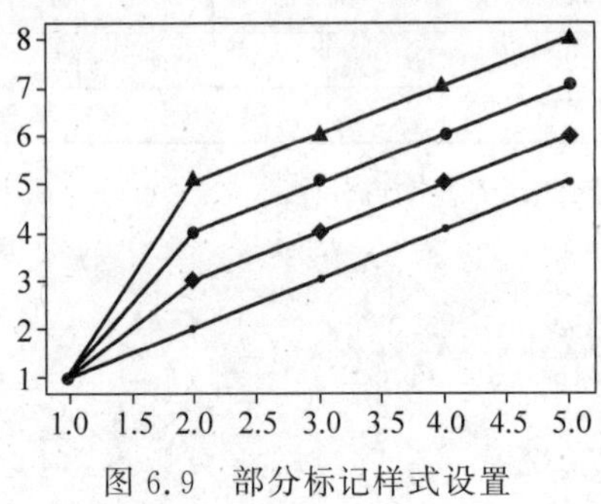

图 6.9　部分标记样式设置

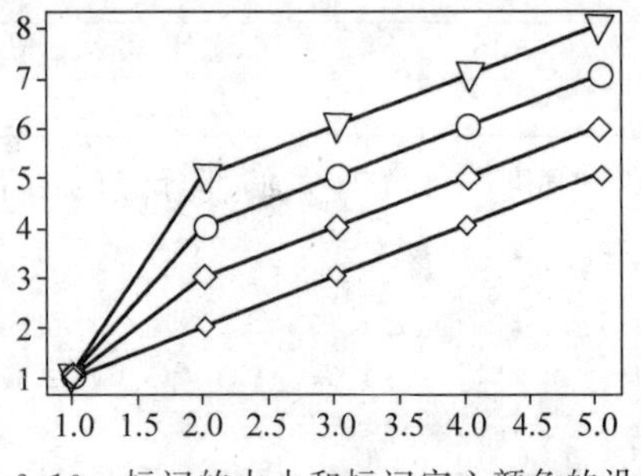

图 6.10　标记的大小和标记实心颜色的设置

3. 坐标轴属性设置

坐标轴属性设置包含标题、刻度、范围、网格线的设置。

1) 坐标轴的标题设置

坐标轴的标题设置使用 xlabel 函数和 ylabel 函数,可以在当前图形中添加 X 轴和 Y 轴名称,可以指定位置、颜色、字体大小等参数。其语法格式如下：

```
plt.xlabel(string)
plt.ylabel(string)
```

参数 string 设置标签文本内容。

坐标轴设置的部分代码如下,具体效果如图 6.11 所示。在图 6.11 中给 X 轴设置了标题“2021 年 8 月第一周”,给 Y 轴设置了标题“销售数量”。

```
#坐标轴的标题
plt.rcParams['font.sans-serif'] = 'SimHei'              #用来正常显示中文标签
plt.rcParams['axes.unicode_minus'] = False              #用来正常显示负号
plt.xlabel('2021 年 8 月第一周')                         #X 轴标题
plt.ylabel('销售数量')                                   #Y 轴标题
```

注意：默认 pyplot 字体不支持中文字符的显示,因此在设置 X 轴和 Y 轴的标题前添加两条 plt.rcParams[]语句,解决中文字符的显示以及负号的问题。

pyplot 使用 rc 配置文件(plt.rcParams[]) 来自定义图形的各种默认属性,称之为 rc 配置或 rc 参数。通过 rc 参数可以修改默认的属性,包括窗体的大小、每英寸的点数、线条的宽度、颜色、样式、坐标轴、坐标和网络属性、文本、字体等。例如,font.sans-serif 参数改变绘图时的字体,使得图形可以正常显示中文；axes.unicode_minus 参数的属性值为 False,解决负号显示问题。其常用设置如下：

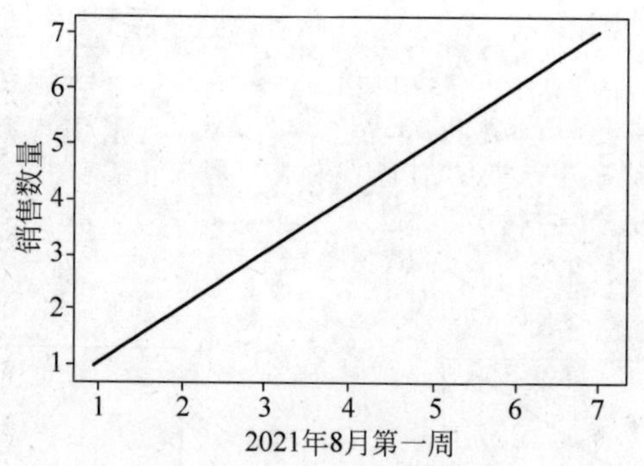

图 6.11　坐标轴的标题设置

```
#常用 rc 参数设置
#设置字体为 SimHei 显示中文
plt.rcParams['font.sans-serif'] = 'SimHei'
#设置正常显示字符
plt.rcParams['axes.unicode_minus'] = False
#设置线条的样式
plt.rcParams['lines.linestyle'] = '-.'
#设置线条的宽度
plt.rcParams['lines.linewidth'] = 3
#设置图片的像素
plt.rcParams['savefig.dpi'] = 300
#设置分辨率
plt.rcParams['figure.dpi'] = 300
#设置图像的显示大小
plt.rcParam s['figure.figsize'] = (10, 10)
#设置使用灰度输出而不是彩色输出
plt.rcParams['image.cmap'] = 'gray'
```

2）坐标轴的刻度设置

坐标轴的刻度设置使用 xticks 函数和 yticks 函数，指定 X 轴、Y 轴刻度的数值和刻度的名称。其语法格式如下：

```
xticks(locs,[labels], ** kwargs)
yticks(locs,[labels], ** kwargs)
```

常见参数的说明如下。

（1）locs：数组，表示 X 轴上的刻度。

（2）labels：数组，其默认值与 locs 相同。locs 表示位置，labels 表示该位置上的标签。

坐标轴刻度的简单设置示例的部分代码如下，具体效果如图 6.12 所示。

```
plt.plot([1,2,3,4,5,6,7],[1,2,3,4,5,6,7])
plt.xticks(range(1,8,1))
```

如图 6.12 所示，X 轴的刻度被设置为 1～7 的连续数字。

坐标轴刻度的复杂设置示例的部分代码如下，具体效果如图 6.13 所示。

```
plt.plot([1,2,3,4,5,6,7],[1,2,3,4,5,6,7])
plt.rcParams['font.sans-serif'] = 'SimHei'                #用来正常显示中文标签
plt.rcParams['axes.unicode_minus'] = False                #用来正常显示负号
weeks = ['周一','周二','周三','周四','周五','周六','周日']
plt.xticks(range(1,8,1) ,weeks)
plt.yticks([2,4,6,8,10])
```

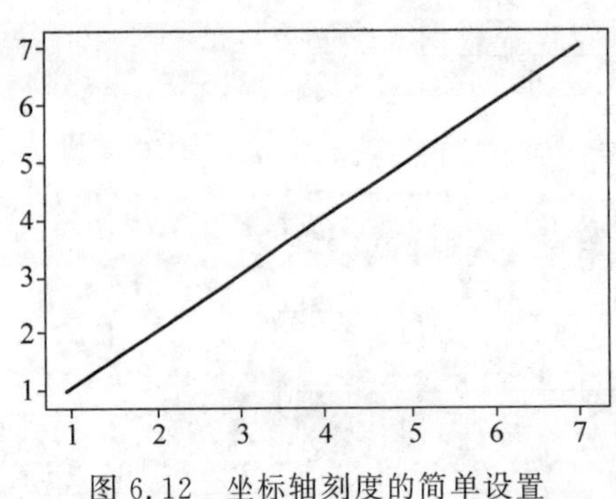

图 6.12　坐标轴刻度的简单设置

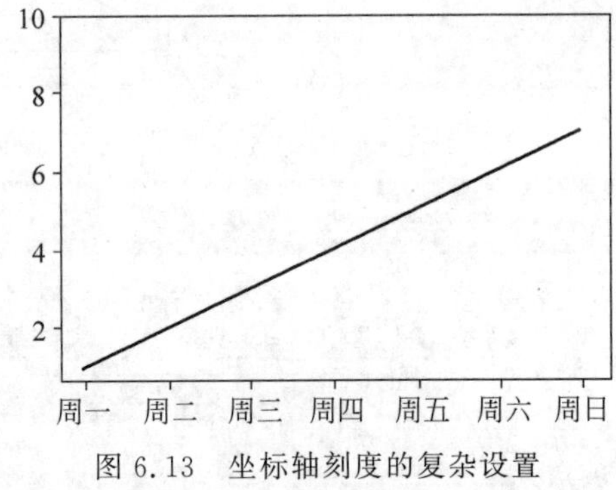

图 6.13　坐标轴刻度的复杂设置

如图 6.13 所示,X 轴从简单的 1～7 被替换为周一～周日,以增强说明性。weeks 中存放了与 1～7 数字对应的标签。yticks 中的列表表示 Y 轴上的刻度。

3）坐标轴的范围设置

坐标轴的范围设置使用 xlim 函数和 ylim 函数,指定当前图形 X 轴和 Y 轴的范围,注意只能确定一个数值区间,无法使用字符串标识。其语法格式如下：

```
plt.xlim(xmin, xmax)
plt.ylim(xmin, xmax)
```

常见参数的说明如下。

(1) xmin：X 轴上的最小值。

(2)xmax：X 轴上的最大值。

坐标轴的范围设置示例的部分代码如下,具体效果如图 6.14 所示。

```
plt.plot([1,2,3,4,5,6,7],[1,2,3,4,5,6,7])
plt.xlim(1,10)
plt.ylim(1,10)
```

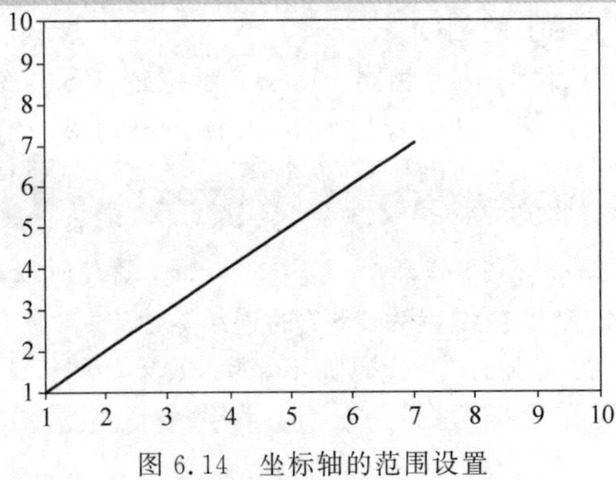

图 6.14　坐标轴的范围设置

如图 6.14 所示，X 轴和 Y 轴的范围分别为 1～10。在具体使用时，可以根据图表的实际取值确定。

4）坐标轴的网格线设置

坐标轴的网格线设置使用 grid 函数，指定当前图形网格线的方向、网格线的样式和网格线的宽度等。其语法格式如下：

```
plt.grid(b = None, which = 'major', axis = 'both', ** kwargs)
```

常见参数的说明如下。

(1) b：是否显示网格线，为布尔值或 None，可选参数。如果没有关键字参数，则 b 为 True，如果 b 为 None 且没有关键字参数，相当于切换网格线的可见性。

(2) which：网格线显示的尺度，为字符串，可选参数，取值范围为{'major', 'minor', 'both'}，默认为'both'。'major'为主刻度，'minor'为次刻度。

(3) axis：选择网格线显示的轴，为字符串，可选参数，取值范围为{'both', 'x', 'y'}，默认为'both'。

(4) ** kwargs：Line2D 线条对象属性，例如 color、linestyle、linewidth 分别代表颜色、网格线的样式和宽度。

在图 6.15(a)中 grid 函数生成网格线，设置了颜色以及网格线的样式和宽度。坐标轴的网格线设置的部分代码如下：

```
plt.plot([1,2,3,4,5,6,7],[1,2,3,4,5,6,7])
plt.grid(color = '0.5',linestyle = '--',linewidth = 1)
```

在图 6.15(b) 中 grid 函数生成网格线，设置了网格线的方向 axis='x'，表示在 X 轴方向上生成纵向的网格刻度。坐标轴的网格线设置的部分代码如下：

```
#在 X 轴方向上生成纵向的网格刻度
plt.grid(color = '0.5',axis = 'x',linestyle = '--',linewidth = 1)
```

在图 6.15(c) 中 grid 函数生成网格线，设置了网格线的方向 axis='y'，表示在 Y 轴方向上生成横向的网格刻度。坐标轴的网格线设置的部分代码如下：

```
#在 Y 轴方向上生成横向的网格刻度
plt.grid(color = '0.5',axis = 'y',linestyle = '--',linewidth = 1)
```

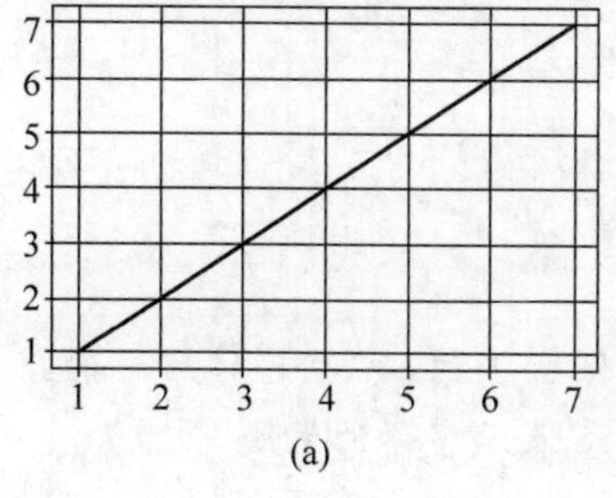

(a)

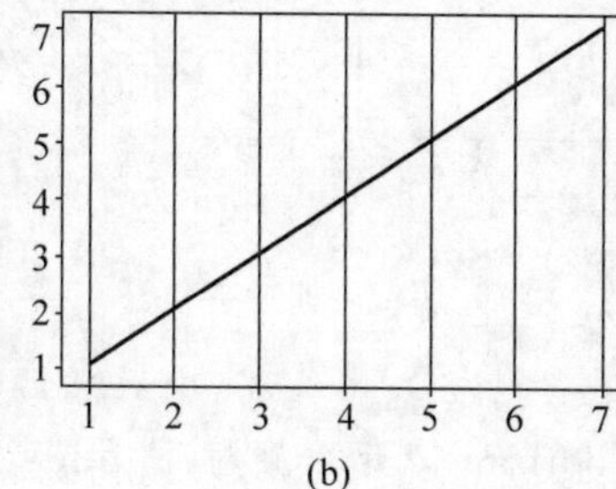

(b)

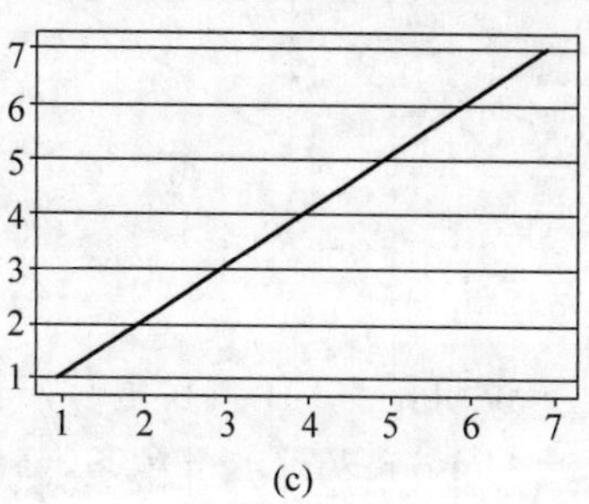

(c)

图 6.15 坐标轴的网格线设置

4. 文本标签属性设置

文本标签的作用是给图表中指定的数据点进行文本注释,使得图表更清晰、直观,使用text 函数。其语法格式如下:

```
plt.text(x, y, s, fontdict = None, withdash = False,  ** kwargs)
```

常见参数的说明如下。

(1) x: X 坐标轴的值。

(2) y: Y 坐标轴的值。

(3) s: 注释字符串。

(4) fontdict: 字典,可选参数,默认值为 None。

(5) withdash: 布尔型,默认值为 False,其创建一个 TextWithDash 示例,而不是 Text 示例。

(6) ** kwargs: 关键字参数,通用的绘图参数,设置字体、垂直/水平对齐等。

在图形中可以标注某个点,部分代码如下,结果如图 6.16(a) 所示。

```
#标注某个点
plt.plot([1,2,3,4,5,6,7],[1,2,3,4,5,6,7])
plt.text(3,3,"3")
```

如果要标注图形中的多个点,可以和 for 循环结合,部分代码如下,结果如图 6.16(b) 所示。

```
#标注多个点
x = [1,2,3,4,5,6,7]
y = [1,2,3,4,5,6,7]
plt.plot(x,y)
for a,b in zip(x,y) :
    plt.text(a,b,'%.1f'% b,ha = 'center',va = 'bottom',fontsize = 9)
```

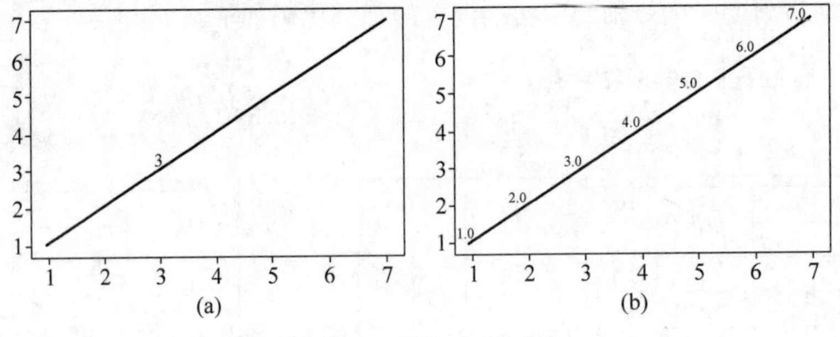

图 6.16　添加文本标签

说明: '%.1f'%b 是对 y 值进行的格式化处理,小数点后保留 1 位,字母 b 对应 y 的值; ha='center'表示水平对齐,va='bottom'表示垂直对齐,fontsize 表示字体的大小。

5. 标题和图例属性设置

设置图表的标题和图例可以增加图表的可读性,传递更多的信息。

1）标题

在图表中使用 title 函数添加标题，可以指定标题的名称、位置、颜色、字体大小等参数。其语法格式如下：

```
plt.title (label, fontdict = None, loc = 'center',pad = None, ** kwargs)
```

常见参数的说明如下。

(1) label：字符串。

(2) fontdict：字典，用来设置标题字体的样式。

(3) loc：字符串，center、left 或 right。

(4) pad：浮点型，标题距离图表顶部的距离。

(5) ** kwargs：关键字参数，可以设置一些其他文本属性。

如图 6.17 所示，设置图表的标题，部分代码如下：

```
#图表的标题
plt.plot([1,2,3,4,5,6,7],[1,2,3,4,5,6,7])
plt.title("图表标题")
```

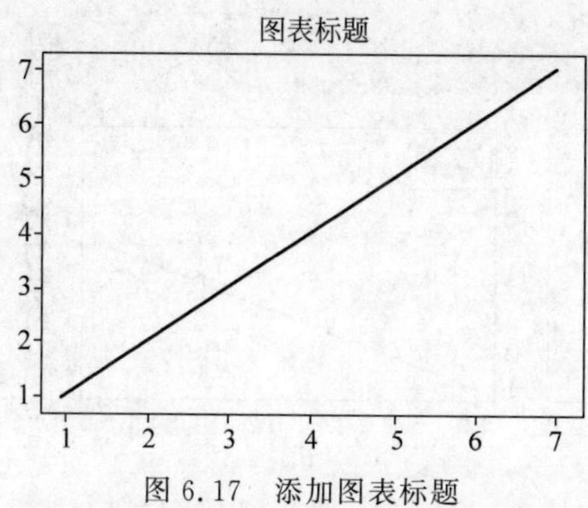

图 6.17　添加图表标题

2）图例

在图表中使用 legend 函数指定当前图形的图例，可以指定图例的标签、位置等。其语法格式如下：

```
plt.legend(labels,loc, ** )
```

常见参数的说明如下。

(1) labels：指线段的标签。

(2) loc：设置图例的位置。

(3) **：其他属性设置，例如字体大小，图例标记与原始标记的相对大小，控制是否应该在图例的周围绘制框架等。

其常见用法如下。

(1) legend()：默认获取各组数据的 label 并展示在图框的左上角。

例如给两组线段添加图例，注意两组线段必须有 label，否则不会显示图例，部分代码如下，结果如图 6.18(a)所示。

```
#图例 1
line1 = plt.plot([1,2,3,4,5],[1,2,3,4,5],label = "line1")
line2 = plt.plot([1,2,3,4,5],[1,5,6,7,8],linestyle = " -- ",label = "line2")
plt.legend()
```

(2) legend(labels)：可以在 labels 中重新定义线段的标签。例如给两组线段添加图例，重新定义线段的标签，部分代码如下，结果如图 6.18(b)所示。

```
#图例 2
line1 = plt.plot([1,2,3,4,5],[1,2,3,4,5],label = "line1")
line2 = plt.plot([1,2,3,4,5],[1,5,6,7,8],linestyle = " -- ",label = "line2")
plt.legend(("A","B") )
```

(3) legend(labels,loc)：labels 指线段的标签，loc 设置图例的位置，如表 6.4 所示。例如给两组线段添加图例，重新定义线段的标签，并且设置显示位置，部分代码如下，结果如图 6.18(c)所示。

```
#图例 3
line1 = plt.plot([1,2,3,4,5],[1,2,3,4,5],label = "line1")
line2 = plt.plot([1,2,3,4,5],[1,5,6,7,8],linestyle = " -- ",label = "line2")
plt.legend(("A","B") , loc = 'upper right')
```

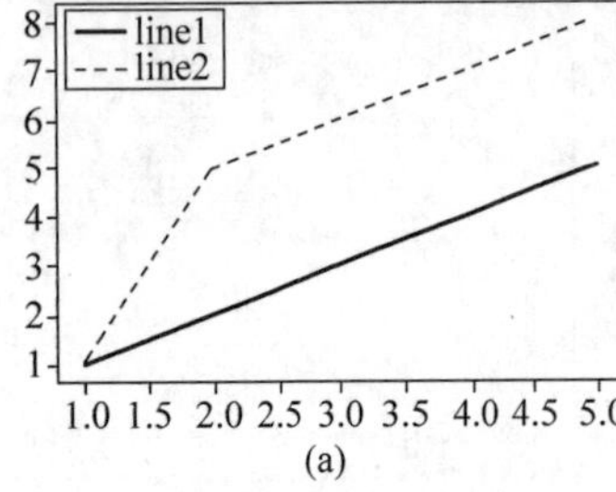

(a)

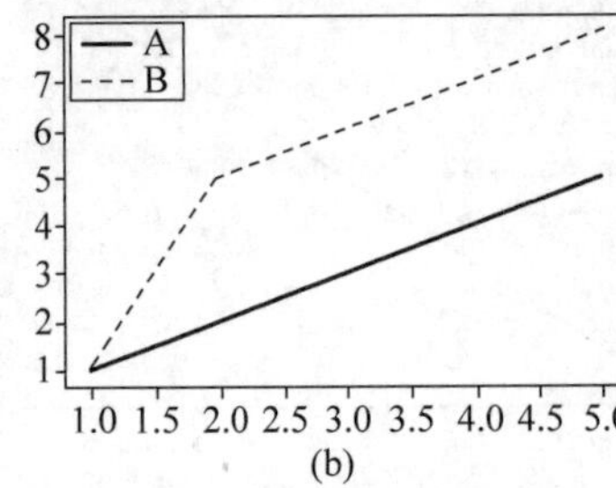

(b)

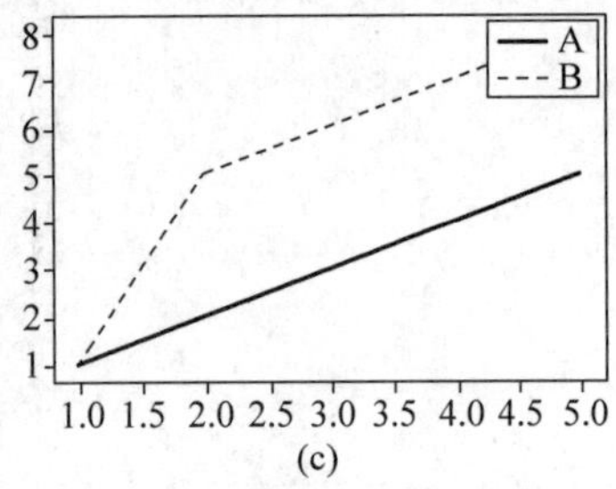

(c)

图 6.18 图表的图例设置

表 6.4 图例位置参数的设置值

Location String	Location Code	说 明
'best'	0 --->表示分配最佳位置	自适应
'upper right'	1	右上方
'upper left'	2	左上方
'lower left'	3	左下方
'lower right'	4	右下方
'right'	5	右侧
'center left'	6	左侧中间位置
'center right'	7	右侧中间位置
'lower center'	8	下方中间位置
'upper center'	9	上方中间位置
'center'	10	正中央

6. 注释属性设置

在图表中除了添加文本标签起到注释的作用以外，还可以添加指示型注释，例如箭头标记等。

在图表中使用 annotate 函数用于在图形上给数据添加文本注释，而且支持带箭头的画线工具。其语法格式如下：

```
annotate(s, xy, *args, **kwargs)
```

常见参数的说明如下。

(1) s：注释文本的内容。

(2) xy：被注释的坐标点，二维元组形如(x,y)。

(3) xytext：注释文本的坐标点，也是二维元组，默认与 xy 相同。

(4) weight：设置字体线型。

(5) color：设置字体颜色。

(6) xycoords：被注释点的坐标系属性，允许输入的值如表 6.5 所示。

(7) arrowprops：箭头参数，参数类型为字典行数据，如果该属性非空，则会在注释文本和被注释点之间画一个箭头，如表 6.6 所示。

(8) textcoords：注释文本的坐标系属性，默认与 xycoords 属性的值相同，也可以设置为不同的值。例如可以输入 xycoords 的属性值，还可以输入'offset points'(相对于被注释点 xy 的偏移量，单位是点)、'offset pixels'(相对于被注释点 xy 的偏移量，单位是像素)。

表 6.5 xycoords 的属性值

属性值	含义
'figure points'	以绘图区的左下角为参考，单位是点数
'figure pixels'	以绘图区的左下角为参考，单位是像素数
'figure fraction'	以绘图区的左下角为参考，单位是百分比
'axes points'	以子绘图区的左下角为参考，单位是点数(一个 figure 可以有多个 axes，默认为 1 个)
'axes pixels'	以子绘图区的左下角为参考，单位是像素数
'axes fraction'	以子绘图区的左下角为参考，单位是百分比
'data'	以被注释的坐标点 xy 为参考（默认值）
'polar'	不使用本地数据坐标系，使用极坐标系

表 6.6 arrowprops 的属性值

关键字	说明	关键字	说明
width	箭头尾部的宽度(单位是点)	headlength	箭头头部的长度(点)
headwidth	箭头头部的宽度(点)	shrink	箭头两端收缩的百分比(占总长)

设置注释属性的案例的部分代码如下，显示结果如图 6.19 所示。

```
plt.plot([1,2,3,4,5,6,7],[1,2,3,4,5,6,7])
plt.rcParams['font.sans-serif'] = 'SimHei'                    #用来正常显示中文标签
plt.annotate('标注点', xy=(3,3) , xytext=(3,4) ,
#标注文本、标注点和箭头位置
            xycoords='data',                                  #坐标系使用被注释对象的坐标系统
#箭头头部的宽度、长度，箭头尾部的宽度、颜色，箭头两端收缩的百分比
arrowprops=dict(headwidth=10,
```

```
        headlength = 10,
        width = 5,
        facecolor = 'r',
        shrink = 0.1) )
plt.show
```

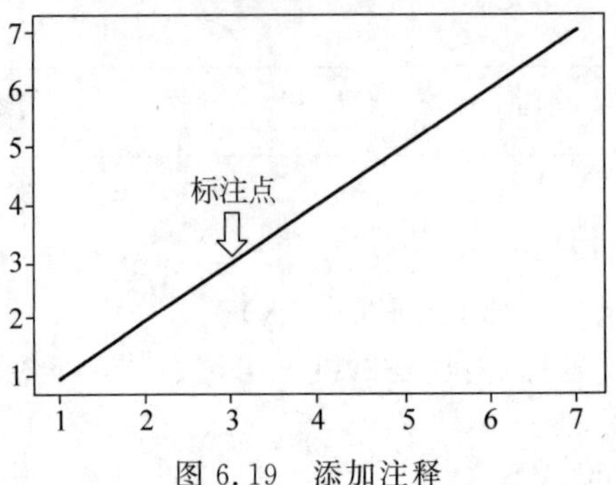

图 6.19 添加注释

7. 间距属性设置

在实际操作中,由于 X 轴和 Y 轴的标题与画布的边缘距离太近,有时候会出现显示不全的情况,需要调整图表与画布的间距。在图表中使用 subplots_adjust 函数来调整图表与画布的间距,或者调整子图表的间距。

其语法格式如下:

```
plt.subplots_adjust(left = None, bottom = None, right = None, top = None, wspace = None, hspace = None)
```

常见参数的说明如下。

(1) left、right、bottom 和 top:表示图所在区域的边界,取值范围均为 0~1。注意,要保证 left<right, bottom<top,否则会报错。left 和 bottom 的值越小,空白越少; right 和 bottom 的值越大,空白越少。

(2) wspace 和 hspace:当有多个子图表时,分别设置图之间的左右间距和上下间距。

设置间距属性的案例的部分代码如下,显示结果如图 6.20 所示。

```
fig = plt.figure(figsize = (6,4) ,facecolor = 'blue')
plt.plot([1,2,3,4,5,6,7],[1,2,3,4,5,6,7])
plt.subplots_adjust(left = 0.2, bottom = 0.2, right = 0.9, top = 0.9)
plt.show()
```

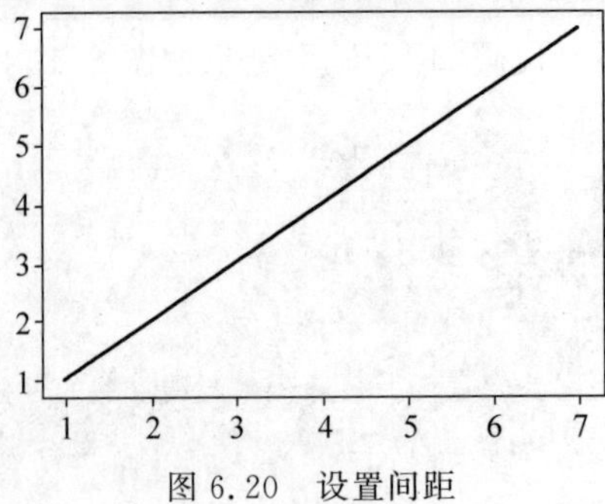

图 6.20 设置间距

8. 综合属性设置案例

前面讲解了图表常用的 7 类属性的设置,下面通过一个示例综合展示属性设置的效果。

【例 6.4】 读取文件绘制有复杂样式的折线图。

```
#导入库函数
import pandas as pd
import matplotlib.pyplot as plt
#导入 Excel 文件
df = pd.read_excel('销售数量.xls')
#读入 X 轴数据和 Y 轴数据
x = df['日期']
y = df['销售数量']
#1 自定义 600×400 的画布
fig = plt.figure(figsize = (6,4) ,facecolor = 'blue')
#2 折线图,颜色、线条、标记样式设置
plt.plot(x,y)
plt.plot(x,y,color = 'b',linestyle = '-',marker = 'o',mfc = 'w')
#3.1 坐标轴标题
plt.rcParams['font.sans-serif'] = 'SimHei'                #用来正常显示中文标签
plt.rcParams['axes.unicode_minus'] = False                #用来正常显示负号
plt.xlabel('2021 年 8 月')
plt.ylabel('销售数量')
#3.2 坐标轴刻度
plt.xticks(range(1,15,1) )
dates = ['1 日','2 日','3 日','4 日','5 日','6 日','7 日','8 日','9 日','10 日','11 日','12 日','13 日','14
日']
plt.xticks(range(1,15,1) ,dates)
plt.yticks([10,20,30,40,50,60,70,80,90,100,110,120,130,140])
#3.3 坐标轴范围
plt.xlim(1,14)
plt.ylim(10,140)
#3.4 网格线
plt.grid()
plt.grid(color = 'r',linestyle = '--',linewidth = 1)
#4 添加文本标签
for a,b in zip(x,y) :
    plt.text(a,b + 3,'%.1f' % b,ha = 'center',va = 'bottom',fontsize = 9)
#5.1 标题
plt.title('1—14 日销售数据',fontsize = '18')
#5.2 图例
plt.legend(('销售数量',) ,loc = 'lower right',fontsize = 10)
#6 注释
plt.annotate('关键点', xy = (12,100) , xytext = (12,100) ,
             xycoords = 'data',
             arrowprops = dict(facecolor = 'r', shrink = 0.01) )
#7 间距
plt.subplots_adjust(left = 0.2, bottom = 0.2, right = 0.9, top = 0.9)
#图形展示
plt.show()
```

显示结果如图 6.21 所示。

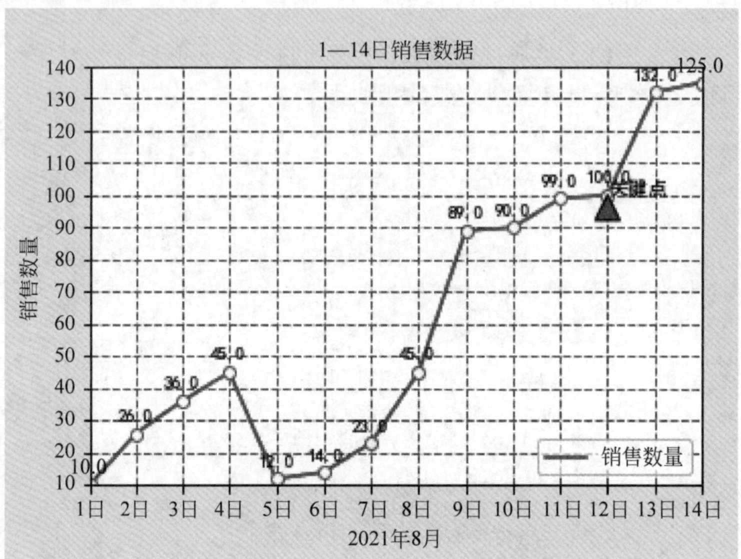

图 6.21 读取文件绘制有复杂样式的折线图

扫一扫

视频讲解

6.2.3 图的类型设置

matplotlib 提供了丰富的图表函数,能够绘制折线图、散点图、柱形图、直方图、饼形图等,具体选择哪一个函数,需要根据图表的展示目的选择。表 6.7 中列出了 16 个常用的基础图表函数。

表 6.7 基础图表函数

图 的 类 型	含 义
plt.plot(x,y,fmt,…)	绘制一个坐标图
plt.bar(left,height,width,bottom)	绘制一个条形图
plt.barh(width,bottom,left,height)	绘制一个横向条形图
plt.hist(x,bins,normed)	绘制直方图
plt.pie(data, explode)	绘制饼形图
plt.scatter(x,y)	绘制散点图,其中 x 和 y 长度相同
plt.polar(theta, r)	绘制极坐标图
plt.boxplot(data,notch,position)	绘制一个箱形图
plt.psd(x,NFFT=256,pad_to,Fs)	绘制功率谱密度图
plt.specgram(x,NFFT=256,pad_to,F)	绘制谱图
plt.cohere(x,y,NFFT=256,Fs)	绘制 X-Y 的相关性函数
plt.step(x,y,where)	绘制步阶图
plt.contour(X,Y,Z,N)	绘制等值图
plt.vlines()	绘制垂直图
plt.stem(x,y,linefmt,markerfmt)	绘制柴火图
plt.plot_date()	绘制数据日期

扫一扫

视频讲解

6.2.4 其他设置

1. 坐标轴相关属性

plt.axis()是获取或设置坐标轴属性的便捷方法。

第一种使用方法的语法格式如下：

```
plt.axis([xmin, xmax, ymin, ymax])
```

常见参数的说明如下。

(1) xmin：X 轴的最小范围值。

(2) xmax：X 轴的最大范围值。

(3) ymin：Y 轴的最小范围值。

(4) ymax：Y 轴的最大范围值。

第二种使用方法的语法格式如下：

```
plt.axis(str)
```

常见参数的说明如下。

(1) on：打开坐标轴轴线和标签。

(2) off：关闭坐标轴轴线和标签。

(3) scaled：调整图框的尺寸，设置相等的缩放比例。

(4) tight：改变 X 轴和 Y 轴的限制，使其大小足以显示所有数据。

(5) auto：自动缩放(带数据的填充框)。

(6) square：绘制正方形，并且 X、Y 轴的范围相同。

(7) equal：使 X、Y 轴的刻度等长。

(8) image：缩放 axis 的范围，等同于对 data 缩放范围。

plt.axis()返回当前 axis 的范围。

例如 plt.axis([0, 6, 0, 20])，表示 X 轴的长度为 0 到 6，Y 轴的长度为 0 到 20。如果在画图时不指定 X 轴的长度和 Y 轴的长度，系统会按照要处理的数据特性自动定义轴的长度。

2. 清除 axes 和 figure 属性

在 matplotlib 中 figure 有数量上限(RuntimeWarning: More than 20 figures have been opened.)，因此若在程序中创建超过 20 个新的 figure 示例，很容易造成内存泄漏。如果能合理地复用，则可以提高运行速度。另外，在某些情况下不清理 figure 将有可能造成第一幅图中 plot 的线再次出现在第二幅图中。用于清理、清除 axes 和 figure 的常用方法如下：

1) 清除 axes

使用 plt.cla()函数清除当前 figure 中活动的 axes，其他 axes 保持不变。

2) 清除当前 figure 的所有 axes

使用 plt.clf()函数清除当前 figure 中的所有 axes，但是不关闭窗口，所以能继续复用于其他的 plot。

3) 关闭窗口

使用 plt.close()函数关闭窗口，如果没有指定，则指当前窗口。

3. 保存图表

plt.savefig()函数用来保存图表，图表的格式可以是 JPEG、TIFF、PNG，需要注意此语句必须放在 plt.show 方法之前，否则无法保存。如果有多张图表需要保存，可以在 plt.savefig()的下一行加上 plt.close()，这样能够解决保存多张图表有重叠的问题。

4. 多个子图的绘制

在 matplotlib 中,一个 figure 对象可以包含多个子图(axes),可以使用 subplot 函数快速绘制,其语法格式如下:

```
plt.subplot(numrows[,] numcols[, ]fignum)
```

常见参数的说明如下。

(1) numrows:行。

(2) numcols:列。

(3) fignum:指定创建的 axes 对象所在的区域。

该函数相当于把原图形窗口分割成 numrows×numcols 个子窗口,目前的子窗口是第 fignum 个子窗口。子窗口从左向右、从上向下顺序编号。例如,subplot(221)等同于 subplot(2, 2, 1),表示子图为两行两列,1 表示 4 个子图的第一个位置。

绘制多个子图,主要代码参考如下,显示效果如图 6.22 所示。注意,每绘制一个子图调用一次 subplot 函数。

```
import matplotlib.pyplot as plt
#分成 2×2,占用第一个,即第一行第一列的子图
plt.subplot(221)
plt.plot([1,2,3,4,5],[1,2,3,4,5])
#分成 2×2,占用第二个,即第一行第二列的子图
plt.subplot(222)
plt.plot([1,2,3,4,5],[5,4,3,2,1])
#分成 2×2,占用第三个,即第二行第一列的子图
plt.subplot(223)
plt.plot([5,4,3,2,1],[1,2,3,4,5])
#分成 2×2,占用第四个,即第二行第二列的子图
plt.subplot(224)
plt.plot([5,4,3,2,1],[5,4,3,2,1])                    #图形展示
plt.show()
```

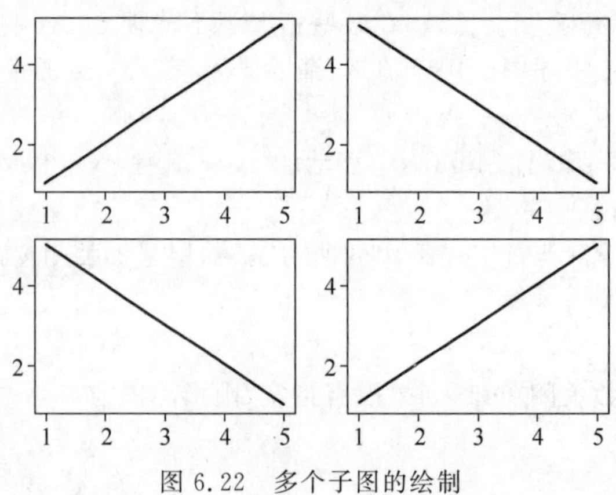

图 6.22 多个子图的绘制

5. 添加子图

使用 add_subplot()函数在图上添加子图。该函数需要先显式定义画布对象,然后用画布

对象调用 add_subplot()。其语法格式如下：

```
plt.add_subplot(numrows[,] numcols[, ]fignum)
```

常见参数的说明如下。

(1) numrows：行。

(2) numcols：列。

(3) fignum：指定创建的 axes 对象所在的区域。

在图上添加子图的案例的主要代码如下，显示效果如图 6.23 所示。

```
fig = plt.figure()                              # 添加画布对象
ax1 = fig.add_subplot(111)                      # 在画布上添加坐标系 ax1
ax1.plot([1,2,3])                               # 以坐标系 ax1 绘制图形
ax2 = fig.add_subplot(221, facecolor = 'c')     # 在画布上添加坐标系 ax2
ax2.plot([3,2,1])                               # 以坐标系 ax2 绘制图形
```

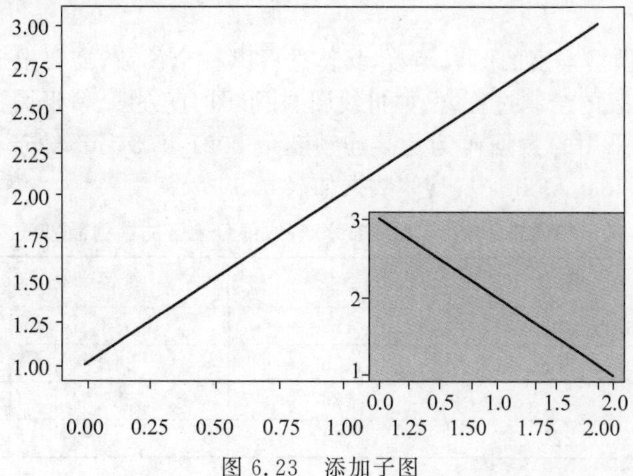

图 6.23 添加子图

6. 共享坐标轴

twinx()函数和 twiny()函数分别表示共享 X 轴和共享 Y 轴，共享表示 X 轴或 Y 轴使用同一刻度线。在具体使用中可以给子图添加坐标轴。其语法格式如下：

```
plt.twinx()                                     # 双 Y 轴
plt.twiny()                                     # 双 X 轴
```

例如，在设置共享 X 轴时可以分别设置对应 Y 轴的标签、刻度等属性，如下代码的显示效果如图 6.24 所示。

```
ax1 = plt.subplot()                             # 在画布上添加坐标系 ax1
ax1.plot([1,2,3])                               # 以坐标系 ax1 绘制图形
plt.ylabel("y1")                                # 坐标系 ax1 的 Y 轴标签设置
ax2 = ax1.twinx()                               # 坐标系 ax2 与坐标系 ax1 共享 X 轴
ax2.plot([5,4,3])                               # 以坐标系 ax2 绘制图形
plt.ylabel("y2")                                # 坐标系 ax2 的 Y 轴标签设置
```

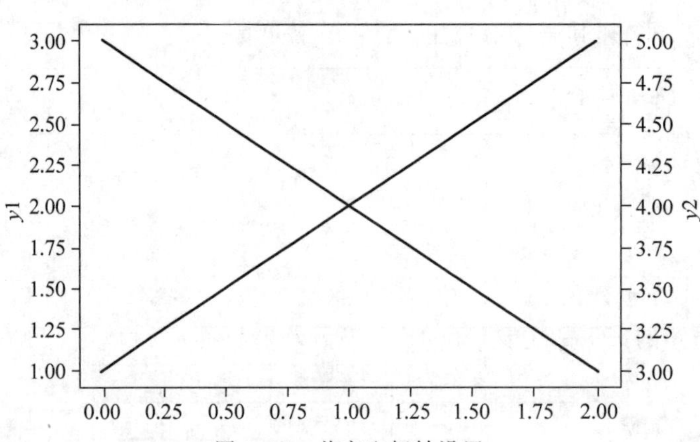

图 6.24 共享坐标轴设置

6.3 图表的绘制

matplotlib 库提供了丰富的图表函数,具体选择哪一个函数,需要根据图表的展示目的选择。本节介绍一些图表的绘制过程,例如折线图、柱形图、直方图、饼形图、散点图、雷达图。

本节的图表绘制采用的数据样例是某连锁超市 2021 年 8 月部分产品、部分地区的销售额,存放在 Excel 文件 datas. xls 中,具体数据如表 6.8 所示。

表 6.8 某连锁超市 2021 年 8 月部分产品、部分地区的销售额(单位:万元)

地区	图书	百货	食品	销售额
北京	300	410	338	1048
天津	258	405	342	1005
上海	420	586	335	1341
广州	220	474	344	1038

扫一扫

视频讲解

6.3.1 折线图的绘制

折线图(Diagram)是一种将数据点按照顺序连接起来的图形。

【主要功能】 查看因变量 y 随着自变量 x 改变的趋势,最适用于显示随时间变化的连续数据,还可以看出数量的差异、增长趋势的变化。

【应用案例】 例如温度变化图、学生成绩走势图、股票月成交量走势图、网站访问统计图等。

【绘制函数】 plot 函数。其语法格式如下:

```
plt.plot(x,y , ** kwargs)
```

常见参数的说明如下。

(1) x 和 y:表示 X 轴和 Y 轴对应的数据,无默认值,需要详细给出。

(2) color:接收特定 string,指定线条的颜色,默认为 None。

(3) ** kwargs:可以设置格式属性。

- linestyle:接收特定 string,指定线条类型,默认为“-”。
- marker:接收特定 string,表示绘制的点的类型,默认为 None。
- alpha:接收 0~1 的小数,表示点的透明度,默认为 None。

- mfc：标记的颜色。
- ms：标记的大小。
- mec：标记框的颜色。

下面用给定数据集进行折线图的绘制。

【例 6.5】 绘制多折线图。

```
#导入库函数
import pandas as pd
import matplotlib.pyplot as plt
#导入 Excel 文件
df1 = pd.read_excel('datas.xls')
#多折线图的数据准备
x1 = df1['地区']
y1 = df1['图书']
y2 = df1['百货']
y3 = df1['食品']
#格式设置
plt.rcParams['font.sans-serif'] = ['SimHei']                    #解决中文乱码问题
plt.rcParams['xtick.direction'] = 'out'                         #X 轴的刻度线向外显示
plt.rcParams['ytick.direction'] = 'in'                          #Y 轴的刻度线向内显示
plt.title('各地区销售额对比',fontsize = '18')                     #图表标题
plt.grid(axis = 'y')                                            #显示网格隐藏 Y 轴网格线
plt.ylabel('销售额')                                             #Y 轴标签
plt.yticks(range(200,700,50) )                                  #Y 轴刻度
#3 条折线图的绘制
plt.plot(x1,y1,label = '图书',color = 'r',marker = 'p')
plt.plot(x1,y2,label = '百货',color = 'g',marker = '.',mfc = 'r',ms = 8,alpha = 0.7)
plt.plot(x1,y3,label = '食品',color = 'b',linestyle = '-.',marker = '*')
#图例
plt.legend(['图书','百货','食品'])
#图表展示
plt.show()
```

效果如图 6.25 所示，在图表中以北京、天津、上海、广州 4 个地区显示图书、百货和食品的销售额对比。

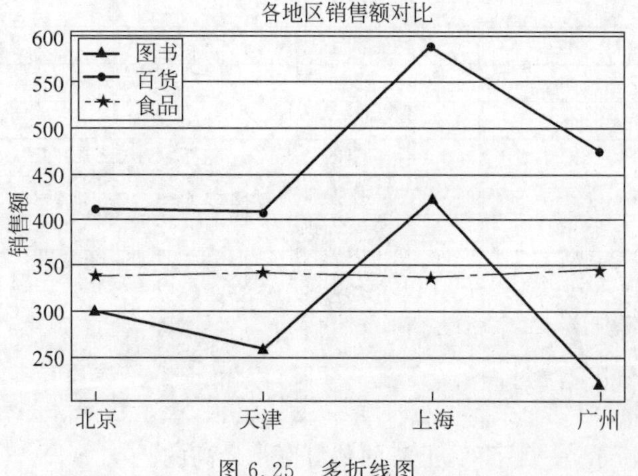

图 6.25 多折线图

扫一扫
视频讲解

6.3.2 柱形图的绘制

柱形图(Bar)又称长条图、柱状统计图、条图、条状图、棒形图,是一种以长方形的长度为变量的统计图表。

【主要功能】 用来比较两个或两个以上的价值(不同时间或者不同条件),只有一个变量,通常用于较小数据集的分析。

【应用案例】 例如年度线上图书销售分析图、销售收入和支出对比图、地区分布图等。

【绘制函数】 bar 函数。其语法格式如下:

```
plt.bar(left,height,width = 0.8,bottom = None, *,align='center',data = None, ** kwargs)
```

常见参数的说明如下。

(1) left:表示 X 轴数据,无默认值。

(2) height:表示 Y 轴所代表数据的数量,无默认值。

(3) width:0~1 的浮点数,指定直方图的宽度。默认为 0.8。

(4) bottom:标量或数组,可选参数,表示柱形图的 Y 坐标,默认值为 None。

(5) align:对齐方式,例如 center(居中)、edge(边缘),默认为 center。

(6) data:关键字参数,如果给定一个数据参数,所有位置和关键字参数将被替换。

(7) ** kwargs:关键字参数,其他可选参数,例如 color(颜色)、alpha(透明度)、label(每个柱子显示的标签)等。

下面用给定数据集进行柱形图的绘制。

【例 6.6】 绘制柱形图。

```
import pandas as pd
import matplotlib.pyplot as plt
#读取数据
df = pd.read_excel('datas.xls')
#绘制柱形图的数据准备
x = df['地区']
height = df['销售额']
#格式设置
plt.rcParams['font.sans-serif'] = ['SimHei']                    #解决中文乱码问题
plt.grid(axis = "y", which = "major")                           #生成虚线网格
plt.ylabel('销售额(万元)')                                       #Y轴标签
plt.title('各地区销售额分析')                                    #图表标题
#柱形图的绘制
plt.bar(x,height,width = 0.5,align = 'center',color = 'b',alpha = 0.5,bottom = 0.8)
#设置每个柱子的文本标签,format(b,',')格式化销售额为千位分隔符格式
for a,b in zip(x,height):
    plt.text(a, b,format(b,','), ha = 'center', va = 'bottom',fontsize = 9,color = 'r',alpha = 0.9)
#图例
plt.legend(['销售额'])
#图形展示
plt.show()
```

效果如图 6.26 所示,一目了然,上海的销售额是最高的。

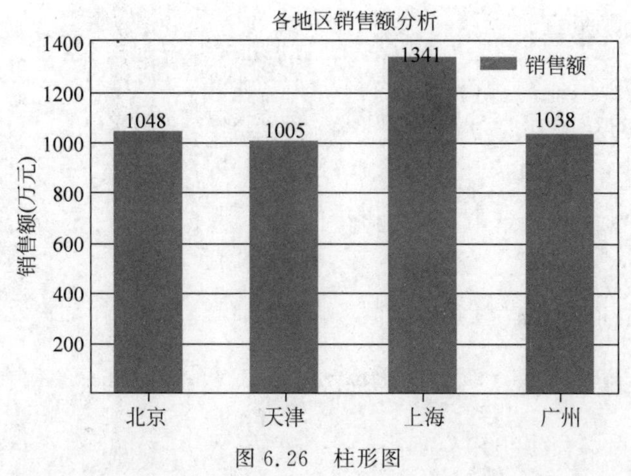

图 6.26 柱形图

6.3.3 直方图的绘制

直方图(Histogram)又称质量分布图,是统计报告图的一种,由一系列高度不等的纵向条纹或线段表示数据分布的情况,一般用横轴表示数据所属的类别,用纵轴表示数量或者占比。

【主要功能】 可以比较直观地看出特征的分布状态,便于判断其总体质量分布情况;可以发现分布表无法发现的数据模式、样本的频率分布和总体的分布。

【应用案例】 例如住户年龄直方图、学生身高频数分布图、学生成绩分布图等。

【绘制函数】 hist 函数。其语法格式如下:

```
plt.hist(x, bins = 10, range = None, density = None,normed = False, histtype = 'bar', align = 'mid',
log = False,stacked = False, ** kwargs)
```

常见参数的说明如下。

(1) x:指定要绘制直方图的数据。

(2) bins:指定直方图条形的个数。

(3) range:指定直方图数据的上界和下界,默认包含绘图数据的最大值和最小值。

(4) density:布尔型,显示频率统计结果,默认值为 None。如果值为 False,不显示频率统计结果;如果值为 True,则显示频率统计结果。频率统计结果=区间数目/(总数×区间宽度)。

(5) normed:是否将直方图的频数转换成频率。

(6) histtype:指定直方图的类型,默认为 bar,除此之外还有一些其他类型可以选择。

(7) align:设置条形边界值的对齐方式,默认为 mid,另外还有 left 和 right 方式。

(8) log:布尔型,默认值为 False,即 Y 轴是否选择指数刻度。

(9) stacked:布尔型,默认值为 False,设置是否为堆积图。

(10) facecolor:设置直方图的填充色。

(11) edgecolor:设置直方图的边框色。

下面用给定数据集进行直方图的绘制。

【例 6.7】 绘制直方图。

```
import pandas as pd
```

```
import matplotlib.pyplot as plt
#读取数据
df = pd.read_excel('datas.xls')
#绘制直方图的数据准备
x = df['销售额']
#格式设置
plt.rcParams['font.sans-serif'] = ['SimHei']                    #解决中文乱码问题
plt.xlabel('销售额')                                            #X 轴标签
plt.ylabel('地区数量')                                          #Y 轴标签
plt.title("各地区销售额分布直方图")                              #显示图标题
#直方图的绘制
plt.hist(x,bins = [1000,1200,1300,1400,1500],facecolor = "blue",edgecolor = "black", alpha = 0.7)
#图形展示
plt.show()
```

效果如图 6.27 所示,可以看出销售额在 1000 万～1200 万元的有 3 个地区,销售额在 1300 万～1400 万元的有 1 个地区。

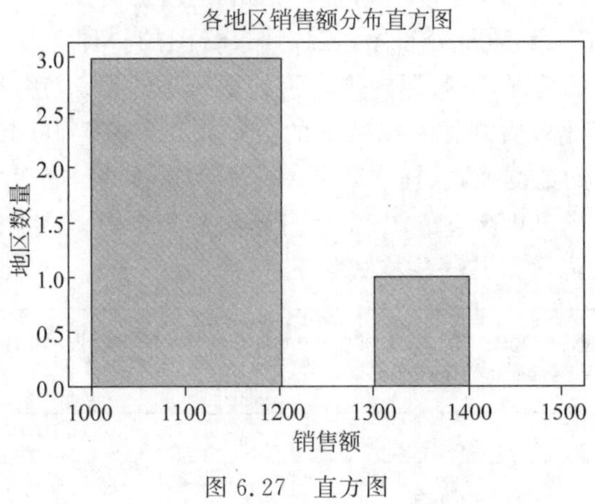

图 6.27 直方图

6.3.4 饼形图的绘制

饼形图(Pie Graph)常用来显示各个部分在整体中所占的比例,即将各项的大小与各项总和的比例显示在一张“饼”中,以“饼”的大小来确定每一项的占比。

【主要功能】 可以比较清楚地反映出部分与部分、部分与整体之间的比例关系,易于显示每组数据相对于总数的大小,而且显示方式直观。

【应用案例】 例如在线工具网的销售构成统计分析、家庭月支出占比等。

【绘制函数】 pie 函数。其语法格式如下:

```
plt.pie(x,explode = None,labels = None,colors = None,autopct = None,pctdistance = 0.6, shadow =
False, labeldistance = 1.1, startangle = None, radius = None, ...)
```

常见参数的说明如下。

(1) x:表示用于绘制饼形图的数据,每一块饼形图的比例,无默认值。如果 sum(x)>1,会使用 sum(x)进行归一化。

(2) explode:指定每一块饼形图距离中心的位置,默认为 None。

(3) labels：指定每一项的名称,默认为 None。

(4) colors：表示饼形图的颜色,默认为 None。

(5) autopct：指定数值的显示方式,默认为 None。

(6) pctdistance：指定百分比的位置刻度,默认为 0.6。

(7) labeldistance：指定每一项的名称和距离饼形图的圆心是多少,默认为 1.1,在饼形图的外侧显示名称。

(8) startangle：起始绘制角度,默认是从 X 轴的正方向逆时针画起,如果设置的值为 90,则从 Y 轴的正方向画起。

(9) radius：表示饼形图的半径,默认为 1。

(10) textprops：设置标签和比例文字的格式,字典类型,可选参数,默认值为 None。

(11) center：可选参数,默认值为(0,0),表示图表的中心位置。

(12) frame：布尔型,可选参数,默认值为 False,不显示轴框架(网格)；如果值为 True,则显示轴框架,与 grid 函数配合使用。在实际应用中建议使用默认设置。

下面用给定数据集进行饼形图的绘制。

【例 6.8】 绘制饼形图。

```
import pandas as pd
from matplotlib import pyplot as plt
#读取数据
df1 = pd.read_excel('datas.xls')
#绘制饼形图的数据准备
labels = df1['地区']
sizes = df1['销售额']
#格式设置
plt.rcParams['font.sans-serif'] = ['SimHei']            #解决中文乱码问题
plt.figure(figsize = (9,5) )                            #设置画布的大小
colors = ['red', 'yellow', 'green','blue']              #设置饼形图每块的颜色
#饼形图绘制
plt.pie(sizes,                                          #绘图数据
        labels = labels,                                #添加区域水平标签
        colors = colors,                                #设置饼形图的自定义填充色
        labeldistance = 1.02,                           #设置各扇形标签(图例) 与圆心的距离
        autopct = '%.1f%%',                             #设置百分比的格式,这里保留一位小数
        startangle = 90,                                #设置饼形图的初始角度
        radius = 0.5,                                   #设置饼形图的半径
        center = (0.2,0.2) ,                            #设置饼形图的原点
        textprops = {'fontsize':9, 'color':'k'},        #设置文本标签的属性值
        pctdistance = 0.6)                              #设置百分比标签与圆心的距离
plt.axis('equal')                                       #设置 X、Y 轴刻度一致,保证饼形图为圆形
plt.title('2021 年 8 月各地区销量占比分析')              #标题
#图表展示
plt.show()
```

效果如图 6.28 所示,可以非常直观地看到上海在 2021 年 8 月各地区销售中占比最多,达到 30.3%。

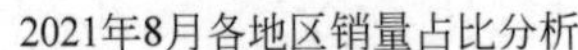

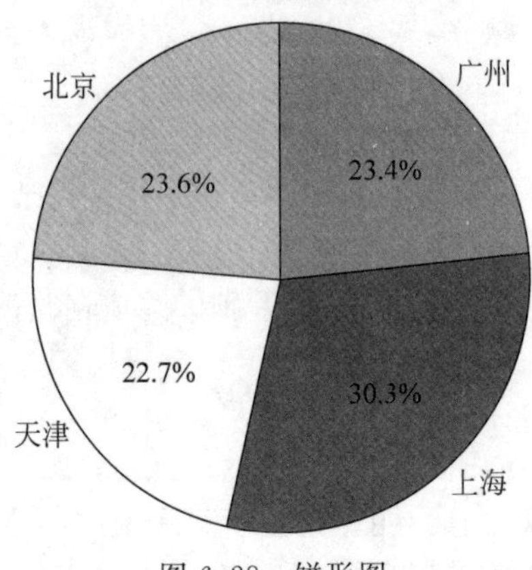

图 6.28　饼形图

扫一扫

视频讲解

6.3.5　散点图的绘制

散点图(Scatter Diagram)又称为散点分布图,是以一个特征为横坐标、另一个特征为纵坐标,使用坐标点的分布形态反映特征间统计关系的一种图形。

【主要功能】　在散点图中值由点在图表中的位置表示,类别由图表中的不同标记表示,通常用于比较跨类别的数据。

【应用案例】　例如男性和女性的身高与体重分布图、血液白细胞分布散点图等。

【绘制函数】　scatter 函数。其语法格式如下:

```
plt.scatter(x, y, s = None, c = None, marker = None, alpha = None, **kwargs)
```

常见参数的说明如下。

(1) x 和 y:表示 X 轴和 Y 轴对应的数据,无默认值。

(2) s:指定标记点的大小,若传入一维 array,则表示每个点的大小。其默认为 None。

(3) c:指定标记点的颜色,若传入一维 array,则表示每个点的颜色。其默认为 None。

(4) marker:表示绘制的点的类型,其默认为 None。

(5) alpha:0~1 的小数,表示点的透明度,其默认为 None。

下面用给定数据集进行散点图的绘制。

【例 6.9】　绘制散点图。

```
import pandas as pd
import matplotlib.pyplot as plt
#导入 Excel 文件
df1 = pd.read_excel('datas.xls')
#绘制散点图的数据准备
x1 = df1['地区']
y1 = df1['图书']
y2 = df1['百货']
y3 = df1['食品']
#格式设置
```

```
plt.rcParams['font.sans-serif'] = ['SimHei']                #解决中文乱码问题
plt.rcParams['xtick.direction'] = 'out'                     #X 轴的刻度线向外显示
plt.rcParams['ytick.direction'] = 'in'                      #Y 轴的刻度线向内显示
plt.title('各地区销售额对比',fontsize = '18')                #图表标题
plt.grid(axis = 'y')                                        #显示网格隐藏 Y 轴网格线
plt.ylabel('销售额')                                        #Y 轴标签
plt.yticks(range(200,700,50) )                              #Y 轴刻度的坐标范围
#散点图的绘制
plt.scatter(x1,y1,color = 'r')                              #颜色设置 r
plt.scatter(x1,y2,color = 'g')                              #颜色设置 g
plt.scatter(x1,y3,color = 'b')                              #颜色设置 b
#图例
plt.legend(['图书','百货','食品'])
#图形展示
plt.show()
```

效果如图 6.29 所示，可以看到图书的销售额分布在 300 万元以下的较多，百货的销售额分布在 400 万元以上的较多。

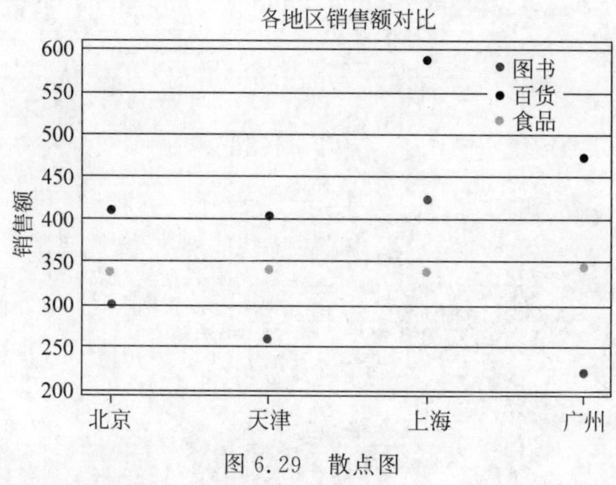

图 6.29 散点图

6.3.6 雷达图的绘制

雷达图(Radar Chart) 又称为戴布拉图、蜘蛛网图，是一种表现多维数据强弱的图表。它将多个维度的数据量映射到坐标轴上，这些坐标轴起始于同一个圆心点，通常结束于圆周边缘，将同一组的点使用线连接起来就成为雷达图。

【主要功能】 发现哪些变量具有相似的值、变量之间是否有异常值，也可用于查看哪些变量在数据集内得分较高或较低。

【应用案例】 例如国内手机性价比对比、学生成绩对比、篮球竞技能力比较等。

【绘制函数】 polar 函数。雷达图的绘制以 polar 函数为基础，其语法格式如下：

```
plt.polar(theta, r, ** kwargs)
```

常见参数的说明如下。

(1) theta：每个标记所在的射线与极径的夹角。

(2) r：每个标记到原点的距离。

(3) Line2D 属性：可选参数,kwargs 用于指定线标签(用于自动图例)、线宽、标记面颜色等特性。

polar 函数是在极坐标轴上绘制折线图,在极坐标系中包含极点、极轴、极坐标,具体概念如下。

- 极点：在平面内取一个定点 O。
- 极轴：引一条射线 Ox,再选定一个长度单位和角度的正方向,通常取逆时针方向。
- 极坐标(ρ,θ)：选定平面内的任何一点 M,用 ρ 表示线段 OM 的长度,有时也用 r 表示,ρ 叫作点 M 的极径,一般坐标单位为 1；用 θ 表示从 Ox 到 OM 的角度,θ 叫作点 M 的极角,一般坐标单位为 rad 或°。

下面用给定数据集进行雷达图的绘制。

【例 6.10】 绘制雷达图。

```
import numpy as np
import matplotlib.pyplot as plt
import pandas as pd
#读取数据
df1 = pd.read_excel('datas.xls')
#绘制雷达图的数据准备
labels = df1['地区']
sizes = list(df1['销售额'])
dataLength = len(sizes)                        #数据长度
# angles 数组把圆周等分为 dataLength 份
angles = np.linspace(0,                        #数组的第一个数据
                     2 * np.pi,                #数组的最后一个数据
                     dataLength,               #数组中数据的数量
                     endpoint = False)         #不包含终点
sizes.append(sizes[0])
print(sizes)
angles = np.append(angles, angles[0])          #闭合
#绘制雷达图
plt.polar(angles,                              #设置角度
          sizes,                               #设置各角度上的数据
          'rv--',                              #设置颜色、线型和端点符号
          linewidth = 2)                       #设置线宽
#设置角度网格标签
plt.thetagrids(angles * 180/np.pi,
               labels,
               fontproperties = 'simhei')
#填充雷达图的内部
plt.fill(angles,
         sizes,
         facecolor = 'b',
         alpha = 0.6)
#图形展示
plt.show()
```

效果如图 6.30 所示,可以看到各地区的销售额差异不大,其中上海地区的销售额最高。

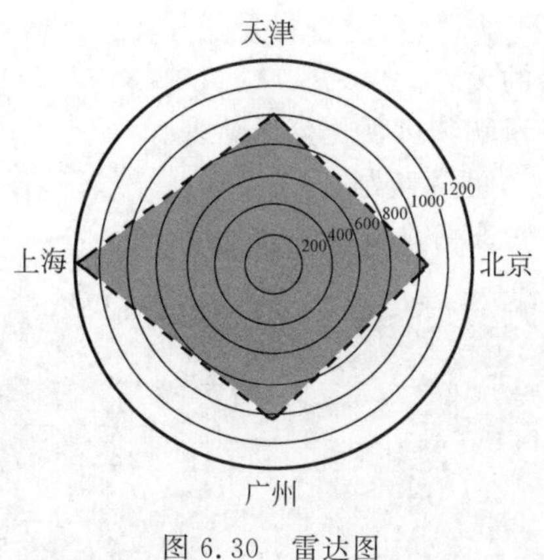

图 6.30　雷达图

6.4　实战：豆瓣读书 Top250 的可视化分析

扫一扫

视频讲解

本节进行可视化分析实战，要进行可视化分析的数据集是豆瓣读书排行榜数据集，如图 6.31 所示。该数据集中是在前面章节的学习中爬取并经过清洗转换的数据，该数据存储在 douban250. xlsx 文件中。

A	B	C	D	E	F	G	H	I	J	K	L
	书名	封面	评分	评价人数	书籍详情	备注	作者	译作者	出版社	出版时间	定价
0	红楼梦	https://img	9.6	344508	https://boo	都云作者痴	[清] 曹雪芹 著		人民文学	1996-12	59.7
1	活着	https://img	9.4	616965	https://boo	生的苦难与	余华		作家出版	2012-8-1	20
2	百年孤独	https://img	9.3	345801	https://boo	魔幻现实主	[哥伦比亚]	范晔	南海出版	2011-6	39.5
3	1984	https://img	9.4	189562	https://boo	栗树荫下，	[英] 乔治	刘绍铭	北京十月	2010-4-1	28
4	飘	https://img	9.3	181850	https://boo	革命时期的	[美国] 玛	李美华	译林出版	2000-9	40
5	三体全集	https://img	9.4	103274	https://boo	地球往事三	刘慈欣		重庆出版	2012-1-1	168
6	三国演义	https://img	9.3	140077	https://boo	是非成败转	[明] 罗贯中		人民文学	1998-05	39.5
7	白夜行	https://img	9.1	360187	https://boo	一宗离奇命	[日] 东野	刘姿君	南海出版	2013-1-1	39.5
8	房思琪的初	https://img	9.2	263416	https://boo	向死而生的	林奕含		北京联合	2018-2	45
9	福尔摩斯探	https://img	9.3	108607	https://boo	名侦探的代名词			[英] 阿·	丁钟华 等	
10	小王子	https://img	9	649580	https://boo	献给长成了	[法] 圣埃	马振聘	人民文学	2003-8	22
11	动物农场	https://img	9.3	116872	https://boo	太阳底下并	[英] 乔治	荣如德	上海译文	2007-3	10
12	撒哈拉的故	https://img	9.2	118816	https://boo	游荡的自由	三毛		哈尔滨出	2003-8	15.8
13	天龙八部	https://img	9.1	114838	https://boo	有情皆孽，	金庸		生活·读	1994-5	96
14	安徒生童话	https://img	9.2	105464	https://boo	为了争取未	（丹麦）安	叶君健	人民文学	1997-08	25
15	平凡的世界	https://img	9	280904	https://boo	中国当代城	路遥		人民文学	2005-1	64

图 6.31　豆瓣读书排行榜数据集

6.4.1　豆瓣读书排行榜的评分值分析

【可视化实战案例主题】　豆瓣读书排行榜的评分值分析。

【分析思路】　本案例需要进行评分值的分析，通过评分值数据可以发现取值范围为 0～10，通过比较能够直观地看出评分值的分布状态，便于判断其总体质量分布情况，可以选择直方图实现数据的可视化。

其具体步骤如下：

（1）数据集的准备。

（2）导入所需要的库函数。

（3）读取数据文件。

（4）绘制直方图的数据准备。

(5) 图表的格式设置。

(6) 直方图的绘制及属性的设置。

(7) 通过可视化图表的展示解读可视化分析结果。

下面用给定数据集进行直方图的绘制。

【实战案例代码 6.1】 豆瓣读书排行榜的评分值分析。

```
#豆瓣读书排行榜评分值分布直方图
import numpy as np
import pandas as pd
import matplotlib.pyplot as plt
#读取数据
df = pd.read_excel('豆瓣读书排行榜 - 清洗后.xlsx')
#绘制直方图的数据准备
x = df['评分']
#格式设置
plt.rcParams['font.sans - serif'] = ['SimHei']                    #解决中文乱码问题
plt.xlabel('评分值')                                               #X轴标签
plt.ylabel('评分数量')                                             #Y轴标签
plt.title("豆瓣读书排行榜评分值分布直方图")                        #显示图标题
#直方图的绘制
plt.hist(x, bins = [8,8.5,9,9.5,10],facecolor = "g", edgecolor = "black", alpha = 0.7)
#图形展示
plt.show()
```

【图表解读】 图 6.32 是根据给定的豆瓣读书排行榜数据绘制的豆瓣读书排行榜评分值分布直方图,大家可以直观地看到评分值的分布状态,评分值在 8.50 以下和 9.50 以上的较少,评分值在 8.50～9.50 的很多,其中大部分评分值分布在 8.50～9.00。

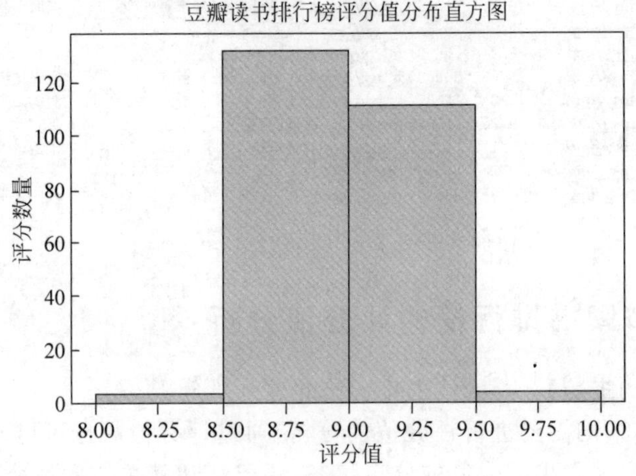

图 6.32 豆瓣读书排行榜评分值分布直方图

6.4.2 评分值 Top5 排行榜分析

【可视化实战案例主题】 评分值 Top5 排行榜分析。

【分析思路】 本案例进行评分值排行榜的分析,需要比较多本书的评分值,但只有评分值一个变量,数据集较小,可以选择柱状图实现数据的可视化。柱状图的展示需要设置一些属性,例如添加网格线,以便于对柱状图中评分值所处的范围作比较;给柱状图添加文本标签,显示具体的评分值,以便于对评分值进行精确的比较。

其具体步骤如下:

(1) 数据集的准备。

(2) 导入所需要的库函数。

(3) 读取数据文件。

(4) 数据处理:按照评分值降序排列,读取评分值的前5名。

(5) 绘制柱状图的数据准备。

(6) 图表的格式设置。

(7) 柱状图的绘制及属性的设置。

(8) 通过可视化图表的展示解读可视化分析结果。

下面用给定数据集进行柱状图的绘制。

【实战案例代码6.2】 评分值Top5排行榜分析。

```
import pandas as pd
import matplotlib.pyplot as plt
#读取数据
df = pd.read_excel('豆瓣读书排行榜-清洗后.xlsx')
#数据处理
df = df.sort_values(by = "评分",ascending = False)                  #按照值降序排列
df = df.head(5)                                                       #读取排行榜评分的前5名
#绘制柱状图的数据准备
x = df['书名']
height = df['评分']
#格式设置
plt.rcParams['font.sans-serif'] = ['SimHei']                          #解决中文乱码问题
plt.figure(figsize = (9,3) )                                          #设置画布的大小
plt.grid(axis = "y", which = "major")                                 #生成虚线网格
plt.xlabel('书名')                                                     #X轴标签
plt.ylabel('评分')                                                     #Y轴标签
plt.title('评分Top5排行榜')                                             #图标题
plt.ylim(5,11)                                                        #坐标轴的范围
plt.xticks(range(0,5,1) ,x,fontsize = 9)                              #坐标轴刻度的字体
#柱状图的绘制
plt.bar(x,height,width = 0.5,align = 'center',color = 'b',alpha = 0.7,bottom = 0)
#设置每个柱子的文本标签,format(b,',')格式化销售额为千位分隔符格式
for a,b in zip(x,height) :
    plt.text(a, b,format(b,',') , ha = 'center', va = 'bottom',fontsize = 9,color = 'g',alpha = 0.9)
plt.legend(['评分'],fontsize = 10)                                     #图例(图形绘制之后)
#图形展示
plt.show()
```

【图表解读】 图6.33是用给定的豆瓣读书排行榜数据绘制的评分Top5排行榜柱状图,可以看到评分值排名前5的分别是《哈利·波特》《红楼梦》《艺术的故事》《史记(全十册)》和《中国少年儿童百科全书(全四册)》,评分值分别是9.7、9.6、9.6、9.5、9.4,评分值差别不大。

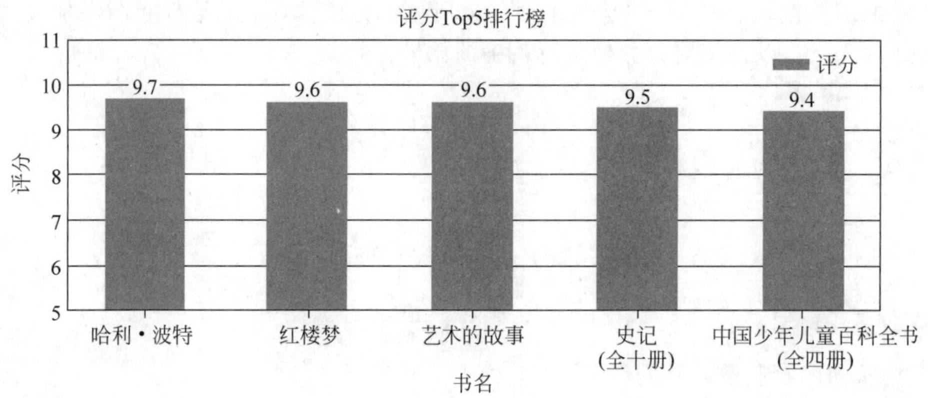

图 6.33 评分 Top5 排行榜分析

6.4.3 出版社 Top10 占比分析

【可视化实战案例主题】 出版社 Top10 占比分析。

【分析思路】 本案例进行豆瓣读书排行榜的出版社 Top10 占比分析，主要反映出版社与出版社、出版社与整体之间的比例关系，可以将各项的大小与各项总和的比例显示在一张"饼"中，以"饼"的大小来确定每一项的占比，以饼形图实现数据的可视化。饼形图的展示需要设置一些属性，例如每部分的颜色、名称和占比等。

其具体步骤如下：

(1) 数据集的准备。

(2) 导入所需要的库函数。

(3) 读取数据文件。

(4) 数据处理：选择'出版社'和'书名'数据列，按照图书所对应的出版社进行分组计数，计数后对出版社所包含图书的次数降序排列，取前 10 个。

(5) 绘制饼形图的数据准备。

(6) 图表的格式设置。

(7) 饼形图的绘制及属性的设置，需要进行出版社名称、占比数据的显示。

(8) 通过可视化图表的展示解读可视化分析结果。

下面用给定数据集进行饼形图的绘制。

【实战案例代码 6.3】 出版社 Top10 占比分析。

```
import numpy as np
import pandas as pd
from matplotlib import pyplot as plt
#读取数据
df = pd.read_excel('豆瓣读书排行榜 - 清洗后.xlsx')
#数据处理
df1 = df[['出版社','书名']]                                    #选取列
pubdf = df1.groupby('出版社').count()                          #按照出版社分组计数
pubdf = pubdf[["书名"]].join(pd.DataFrame(pubdf.index, index = pubdf.index))
#组合新的 DataFrame
pubdf = pubdf.sort_values(by = "书名",ascending = False)      #按照书名(次序)降序排列
pubdf = pubdf.head(10)                                         #取前 10 个
#绘制饼形图的数据准备
```

```
labels = pubdf['出版社']
sizes = pubdf['书名']
#格式设置
plt.rcParams['font.sans-serif'] = ['SimHei']                    #解决中文乱码问题
plt.figure(figsize=(9,5))                                       #设置画布的大小
colors = ['red', 'yellow', 'green','blue']                      #设置饼形图中每块的颜色
plt.pie(sizes,                                                  #绘图数据
        labels=labels,                                          #添加区域水平标签
        colors=colors,                                          #设置饼形图的自定义填充色
        labeldistance=1.02,                                     #设置各扇形标签(图例)与圆心的距离
        autopct='%.1f%%',                                       #设置百分比的格式,这里保留一位小数
        startangle=90,                                          #设置饼形图的初始角度
        radius = 0.5,                                           #设置饼形图的半径
        center = (0.2,0.2),                                     #设置饼形图的原点
        textprops = {'fontsize':9, 'color':'k'},                #设置文本标签的属性值
        pctdistance=0.6)                                        # 设置百分比标签与圆心的距离
plt.axis('equal')                                               #设置X轴和Y轴的刻度一致,保证饼形图为圆形
plt.title('出版社Top10占比分析')                                 #标题
#图形展示
plt.show()
```

【图表解读】 图6.34是用给定的豆瓣读书排行榜数据绘制的出版社Top10占比分析饼形图,从图中可以看到占比前10的情况,其中人民文学出版社排第一,占比25.5%;上海译文出版社排第二,占比17.6%;生活·读书·新知三联书店排第三,占比13.1%。这3家出版社的总占比超过了50%,由此可知这3家出版社所发行图书的阅读者较多,关注率较高。

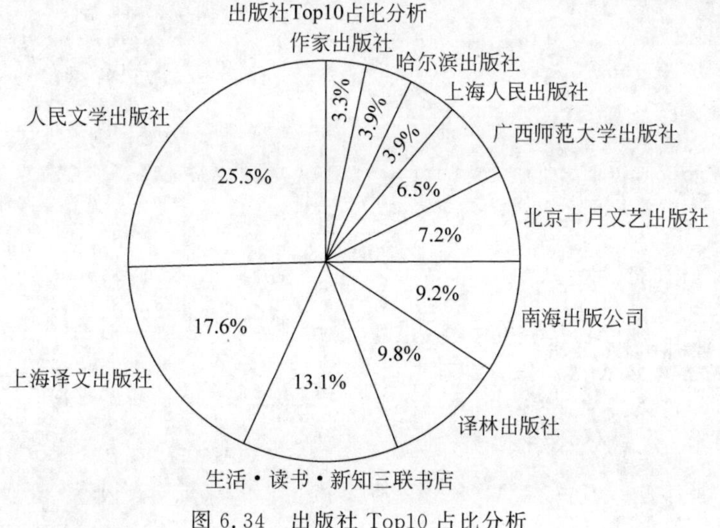

图6.34 出版社Top10占比分析

6.4.4 Top100图书的价格分布

【可视化实战案例主题】 Top100图书的价格分布。

【分析思路】 本案例进行评分值排名前100的图书价格分布的分析,使用坐标点的分布形态反映图书价格的统计关系,可以用散点图实现数据的可视化。

其具体步骤如下：

(1) 数据集的准备。

(2) 导入所需要的库函数。

(3) 读取数据文件。

(4) 数据处理：选取相关数据列'评分'和'定价'，按照评分进行排序，选择排名前 100 的数据。

(5) 绘制散点图的数据准备。

(6) 图表的格式设置。

(7) 散点图的绘制及属性的设置。

(8) 通过可视化图表的展示解读可视化分析结果。

下面用给定数据集进行散点图的绘制。

【实战案例代码 6.4】 Top100 图书的价格分布。

```
import pandas as pd
from matplotlib import pyplot as plt
#读取数据
df = pd.read_excel('豆瓣读书排行榜 - 清洗后.xlsx')
#数据处理
df1 = df[['评分','定价']]
pricedf = df1.sort_values(by = "评分",ascending = False)
pricedf = pricedf.head(100)
#绘制散点图的数据准备
x1 = df1['评分']
y1 = df1['定价']
#格式设置
plt.figure(figsize = (9,5) )                              #设置画布的大小
plt.rcParams['font.sans - serif'] = ['SimHei']            #解决中文乱码问题
plt.rcParams['xtick.direction'] = 'out'                   #X 轴的刻度线向外显示
plt.rcParams['ytick.direction'] = 'in'                    #Y 轴的刻度线向内显示
plt.title('评分 Top100 图书价格分布',fontsize = '18')      #图标题
plt.grid(axis = 'y')                                      #显示网格隐藏 Y 轴网格线
plt.xlabel('评分')                                        #X 轴标签
plt.ylabel('图书价格(元) ')                                #Y 轴标签
#散点图的绘制
plt.scatter(x1,y1,color = 'g')
plt.yticks(range(20,600,50) )                             #Y 轴刻度
plt.legend(['定价'])                                       #图例
#图形展示
plt.show()
```

【图表解读】 图 6.35 是用给定的豆瓣读书排行榜数据绘制的 Top100 图书价格分布图，可以看到在评分值前 100 的图书中，评分值在 8.4～9.5 的绝大部分图书的价格在 120 元以下，其中评分值在 8.7～9.2 的图书的价格为 20～70 元的居多。在评分值大于 9.6 的图书中，图书价格较高的原因是它们是套系图书，包含多本，例如《哈利·波特》。由该图可以发现大众对价格在 70 元以下的图书的关注度较高。

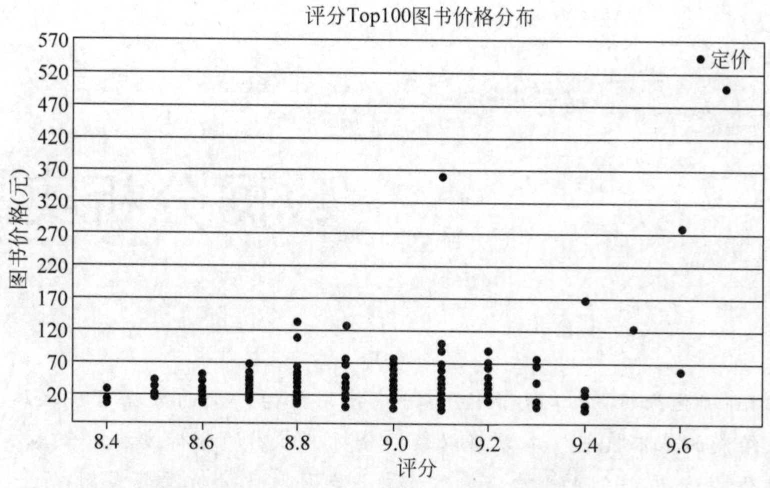

图 6.35 Top100 图书的价格分布

本章小结

本章首先介绍了在可视化分析中如何选择图表和图表的基本组成；然后介绍了 Python 中用于实现可视化的 matplotlib 库，包括其绘图的属性设置、图的类型设置和其他设置，随后针对常用的 6 类图表函数进行语法、常用参数以及绘图的展示；最后通过豆瓣读书 Top250 的数据集从分析主题、分析思路、具体实现到图表解读进行了案例分析，具体案例包括豆瓣读书排行榜的评分值分析、评分值 Top5 排行榜分析、出版社 Top10 占比分析、Top100 图书的价格分布。不同类型的图表适用的场景不同，通常分析特征间的趋势关系选择折线图，分析特征间的价值选择柱状图，分析特征内部的数据分布选择直方图和饼形图，分析特征间的相关关系选择散点图，分析特征间的差异性选择雷达图，绘制图表应该根据情况选择合适的图表类型。

习题 6

扫一扫

习题

扫一扫

自测题

数据分析实战

在第 6 章“可视化分析”中学习了 Python 中使用最为广泛的数据可视化库 matplotlib，学习了进行图表绘制的基本技能。本章将以数据分析中常用的分析方法结合具体的案例进行理论与实践的结合、知识与技能的融合。7.1 节主要学习对比分析及其案例；7.2 节主要学习趋势分析（包括同比、定比和环比）及其案例；7.3 节主要学习差异化分析及其案例；7.4 节主要学习相关性分析及其案例。本章的数据分析案例都以下述数据集为例。

【实战案例背景】 A 城市的连锁书店，调查 2022 年各门店部分图书的销售情况，以及投入广告费用对销售量的影响状况。数据集中包含两个文件，一个是 2021—2023 年 1 月门店销售数量 books. xlsx，如图 7.1 所示，包含书名、定价，以及店 1～店 5 的销售数量；另一个是 2022 年广告费用 books-cost. xlsx，如图 7.2 所示，包含每月投入的广告费用。

书名	定价	店1	店2	店3	店4	店5	日期
Python项目开发案例集锦	79.8	229	101	118	72	74	2022年11月
Python编程锦囊	49.8	209	86	101	73	77	2022年11月
Python数据分析实践	59.8	172	149	131	134	149	2022年12月
Python程序设计教程	59.8	108	76	87	85	78	2022年12月
Python从入门到项目实践	79.8	173	74	74	75	75	2022年12月
Python项目开发案例集锦	79.8	267	139	156	110	112	2022年12月
Python编程锦囊	49.8	247	124	139	111	115	2022年12月
Python数据分析实践	59.8	138	67	70	78	100	2023年1月
Python程序设计教程	59.8	286	62	68	38	50	2023年1月
Python从入门到项目实践	79.8	220	15	16	4	2	2023年1月
Python项目开发案例集锦	79.8	224	16	18	11	12	2023年1月
Python编程锦囊	49.8	223	5	8	4	8	2023年1月

图 7.1　2021—2023 年 1 月门店销售数量

日期	广告费用
2022年1月1日	5532.58
2022年2月1日	6387.79
2022年3月1日	4953.83
2022年4月1日	5009.9
2022年5月1日	5401.93
2022年6月1日	5106.98
2022年7月1日	5033.24
2022年8月1日	6353.9
2022年9月1日	5122.85
2022年10月1日	5461.25
2022年11月1日	6365.64
2020年12月1日	5010.93

图 7.2　2022 年广告费用

7.1　对比分析及实战案例

7.1.1　对比分析

对比分析法是指基于相同的数据标准，把两个及两个以上相互联系的指标数据进行比较，准确、量化地分析它们的差异（例如对比方规模的大小、水平的高低、速度的快慢），从而揭示这些事物代表的发展变化情况和规律性。对比分析的目的是找到差异产生的原因，从而找到优化的方法。使用对比分析需要明确以下两个问题：

第一个问题——和谁比？需要明确是和自己比还是和行业比，需要明确产生差异是行业趋势导致的还是自身原因导致的。

第二个问题——如何比较？有以下相对数可以参考。

(1) 结构相对数：指同一个总体内部分与整体之比，例如交通支出占总支出的比重。

（2）比例相对数：指同一个总体内部分与部分之比，例如总人口中的男性与女性之比。

（3）比较相对数：指不同空间、相同性质的对象之比，例如不同行业的月薪的对比。

（4）强度相对数：指性质不同，但有一定联系的对象之比，用来说明强度或密度，例如人口密度=人口/面积。

（5）计划完成度相对数：指计划与实际完成之比，例如达成率，它等于实际值除以目标值，表示达成目标的程度。

（6）动态相对数：指同一现象在不同时期的对比，用来说明发展方向和变化速度，例如发展速度、增长速度等。

对于不同的数据集，可以参考上述内容具体问题具体分析。

7.1.2 对比分析实战案例

【实战案例主题】 2023年1月店1的图书销量分析。

【分析思路】 本案例进行2023年1月店1的图书销售情况的分析，可以使用对比分析方法准确、量化地分析图书销售的差异，需要对比多本书籍的销售数量，并且只有销售数量一个变量，数据集较小，可以选择用柱状图实现数据的可视化。

其具体步骤如下：

（1）数据集的准备。

（2）导入所需要的库。

（3）读取数据文件。

（4）数据处理：选取相关数据列'书名'、'店1'和'日期'，按照日期进行排序，选择日期为2023-01-01的数据，按照店1进行降序排列，选取并查看选定的数据集。

（5）绘制柱状图的数据准备。

（6）图表的格式设置。

（7）柱状图的绘制及属性的设置，柱形需要根据销售量排序显示，设置相应的属性，提高可读性。

（8）通过可视化图表的展示解读可视化分析结果。

下面用给定数据集进行数据处理以及图形绘制。

【实战案例代码7.1】 2023年1月店1的图书销售对比分析。

```
#导入库函数
import pandas as pd
import matplotlib.pyplot as plt
#读取数据
df = pd.read_excel('books.xlsx')
#数据转换
df = df[['书名','店1','日期']]                                #选定列
df1 = df[df['日期'] == '2023 - 01 - 01']                      #选定时间
df1 = df1.sort_values(by = "店1",ascending = False)          #按照店1降序排列
print(df1)
#barh图绘制
x = df1['书名']
y = df1['店1']
plt.barh(x, y,color = 'c')                                    #柱状图,c表示蓝绿色
#图形属性
```

```
plt.title('2023 年 1 月 店 1 图书销售对比')                    #图表标题
plt.rcParams['font.sans-serif'] = ['SimHei']                  #解决中文乱码问题
plt.grid(axis = 'y')                                          #显示网格隐藏 Y 轴网格线
#图形展示
plt.show()
```

【案例分析解读】

1. 结果描述

根据案例的数据，选取 2023 年 1 月店 1 的图书销售情况进行对比分析，经过数据处理后的数据集如图 7.3 所示，可视化图表如图 7.4 所示，从该图可知在 2023 年 1 月店 1 的图书销售中，《Python 程序设计教程》的销售量最高，《Python 数据分析实践》的销售量最低，《Python 项目开发案例集锦》的销售量排名第 2。

	书名	店1	日期
71	Python程序设计教程	286	2023-01-01
73	Python项目开发案例集锦	224	2023-01-01
74	Python编程锦囊	223	2023-01-01
72	Python从入门到项目实践	220	2023-01-01
70	Python数据分析实践	138	2023-01-01

图 7.3　经过数据处理后的数据集

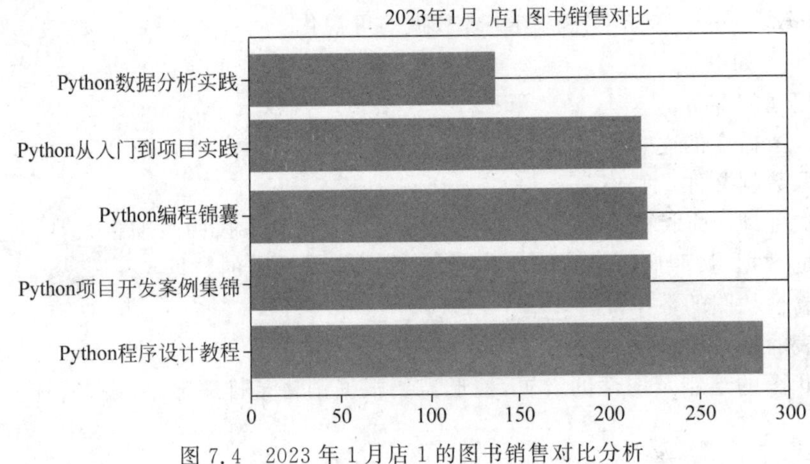

图 7.4　2023 年 1 月店 1 的图书销售对比分析

2. 结果启示

Python 程序设计和分析实践图书受读者欢迎，可以多进货。

【进一步思考】 以上案例仅是对比分析的一个特例，可以进一步思考，例如不同店、不同月份、不同图书的销售量对比分析等。

7.2 趋势分析及实战案例

扫一扫

视频讲解

7.2.1 趋势分析概述

趋势分析法是指通过有关指标的各期对基期的变化趋势的分析发现问题，确定其增减变动的方向、数额和幅度，以掌握该指标的变动趋势，具体方法包括同比分析、定比分析、环比分析。

1. 同比

同比是指本期数据与历史数据比较，适合具有长期观察数据的场景，可以进行周同比、月同比、年同比。例如，某公司去年的利润为 100 万元、今年的利润为 120 万元，同比增长 20%。

同比分析在实践中需要以下公式来计算：

同比＝本期数据/上年同期数据

同比增长率＝(本期数据－上年同期数据)/上年同期数据 * 100%

2. 定比

定比是指本期数据与特定时期数据比较，常用于财务数据分析。例如，公司今年 9 月份的利润是 1 月份的两倍。

定比分析在实践中需要以公式来计算：

定比＝本期数据/固定期数据

定比增长率＝(本期数据－固定期数据)/固定期数据 * 100%

3. 环比

环比是指本期数据与上期数据比较，适合短期内具有连续性数据的业务场景，可以进行日环比、周环比、月环比。例如，公司今年 9 月份的利润与 10 月份的相比。

环比分析在实践中需要以下公式来计算：

环比＝本期数据/上期数据

环比增长率＝(本期数据－上期数据)/上期数据 * 100%

7.2.2　同比分析实战案例

扫一扫

视频讲解

【实战案例主题】　2022 年 1 月图书《Python 数据分析实践》的所有店的销售量分析。

【分析思路】　本案例进行 2022 年 1 月各门店的图书《Python 数据分析实践》的销售量分析，可以选择同比分析方法，用 2022 年 1 月的销售量数据与 2021 年 1 月的销售量数据作比较，本案例提供的数据具有长期观察数据的场景。可以比较各门店 2022 年 1 月与 2021 年 1 月的销售量，为了使显示效果明显，可以选择用双柱状图实现数据的可视化。

其具体步骤如下：

(1) 数据集的准备。

(2) 导入所需要的库函数。

(3) 读取数据文件。

(4) 数据处理：将日期设置为索引，提取 2021 年 1 月和 2022 年 1 月的数据，然后在数据集中选取'书名'为'Python 数据分析实践'的数据列，再选取'店 1'、'店 2'、'店 3'、'店 4'、'店 5'的数据列，满足柱状图的绘制要求，对数据进行"行列转置"，查看选定的数据集。

(5) 绘制双柱状图的数据准备。

(6) 计算同比增长率，同比增长率＝(本期数据－上年同期数据)/年同期数据 * 100%；设定 2022 年每个月份的数据减去 2021 年同期的数据后再除以上个月份的数据，计算同比增长率。

(7) 图表的格式设置。

(8) 双柱状图的绘制及属性的设置，在 2022 年的柱状数据列上显示同比增长率。

(9) 通过可视化图表的展示解读可视化分析结果。

下面用给定数据集进行数据处理以及图形绘制。

【实战案例代码 7.2】 2022 年 1 月图书《Python 数据分析实践》的所有店的同比增长分析。

```
#导入库函数
import pandas as pd
import matplotlib.pyplot as plt
import numpy as np
#读取数据
df = pd.read_excel('books.xlsx')
#数据处理,提取 2021 年 1 月和 2022 年 1 月的数据
df =  df.set_index('日期')                                    #将日期设置为索引
df1 = pd.concat([df['2021 - 01'],df['2022 - 01']])
df1 = df1[df1['书名'] == 'Python 数据分析实践']
df1 = df1[['店 1','店 2','店 3','店 4','店 5']]
df2 = df1.T                                                   #行列转置
#绘制柱状图的数据准备
x = np.array([0,1,2,3,4])                                     #对应 5 个门店数据
y1 = df2['2021 - 01 - 01']                                    #2021 年 1 月的 5 个门店数据
y2 = df2['2022 - 01 - 01']                                    #2022 年 1 月的 5 个门店数据
#同比增长率
df2['rate'] = ((df2['2022 - 01 - 01'] - df2['2021 - 01 - 01']) /df2['2021 - 01 - 01']) * 100
#图形属性
width  = 0.35                                                 #柱子的宽度
plt.rcParams['font.sans - serif'] = ['SimHei']                #解决中文乱码问题
plt.title('2022 年 1 月 Python 数据分析实践 各门店销量及同比增长情况')          #图标题
plt.ylabel('销售数量(册) ')                                    #Y 轴标签
plt.xticks(x,['店 1','店 2','店 3','店 4','店 5'])             #X 轴刻度
plt.grid(axis = 'y')                                          #显示网格隐藏 Y 轴网格线
#双柱状图
# 2021 年 1 月的 5 个门店数据
plt.bar(x,y1,width = width,color  =  'c',label = '2021 年 1 月')
#2022 年 1 月的 5 个门店数据
plt.bar(x + width,y2,width = width,color  =  'orange',label = '2022 年 1 月')
#增长率标签,a + 0.35,0.3 * b 解决标签显示的坐标范围
for a, b in zip(x,y) :
    plt.text(a + 0.35,0.3 * b,('%.1f%%' % b) , ha = 'center', va = 'bottom', fontsize = 11)
#图例设置
plt.legend()
#图形展示
plt.show()
```

【案例分析解读】

1. 结果描述

日期	2021-01-01	2022-01-01
店1	58	108
店2	35	45
店3	59	67
店4	27	50
店5	28	67

图 7.5　经过数据处理后的数据集

根据案例的数据,选取 2021 年 1 月和 2022 年 1 月图书《Python 数据分析实践》的各门店的销售量,满足分析需求的数据集如图 7.5 所示,然后绘制双柱状图进行同比分析,如图 7.6

所示。由该图可知，在 2022 年 1 月的《Python 数据分析实践》图书销售中，店 5 的同比增长率最高，店 3 的同比增长率最低，店 1 的销售量最高，店 2 的销售量最低。

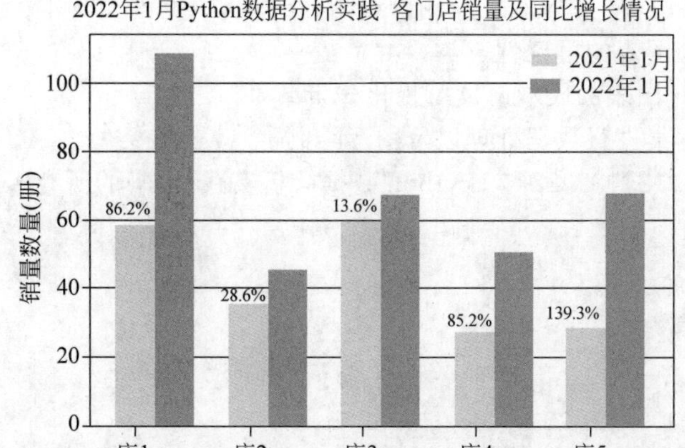

图 7.6　2022 年 1 月图书《Python 数据分析实践》的所有店的同比增长分析

2. 结果启示

可以调研店 5 的促销手段，了解该店主要面对的消费群体，分析店 1 销售量高的原因，分析店 2 销售量低的原因。

【进一步思考】 以上案例仅是同比分析的一个特例，可以进一步思考，例如不同门店、不同月份、不同图书的销售量同比分析等。

7.2.3　定比分析实战案例

【实战案例主题】 2022 年图书《Python 数据分析实践》的所有店的销量分析。

【分析思路】 本案例进行 2022 年图书《Python 数据分析实践》的所有店的销量分析，可以选择定比分析方法，以 2022 年 1 月为基期，通过对 2022 年《Python 数据分析实践》每月销售数量的各期的变化趋势分析发现问题，以掌握该指标的变动趋势。由于需要对比多个店的销售数量，变量单一，数据集较小，可以选择用柱状图实现数据的可视化，另外可以添加折线图显示定比数据，观察定比趋势。

其具体步骤如下：

(1) 数据集的准备。

(2) 导入所需要的库函数。

(3) 读取数据文件。

(4) 数据处理：

- 确定所需要的数据集。
- 选定《Python 数据分析实践》图书，选择'店 1'、'店 2'、'店 3'、'店 4'、'店 5'、'日期'列数据，将日期设置为索引后按门店进行总销量的汇总计算，之后选取时间为 2022 年的数据。
- 定比计算：定比＝本期数据/固定期数据。

(5) 设定 2022 年 1 月份的数据为基期，计算定比，即用每月的总销量除以 1 月份的数据。

(6) 选取并查看选定的数据集。

(7) 绘制柱状图与折线图的数据准备。

(8) 图表的格式设置。

(9) 柱状图与折线图的绘制及属性的设置：要进行添加子图的设置，绘制柱状图，共享X轴，目的是显示与定比对应的Y轴；绘制折线图，在折线图上添加文本标签显示定比数据，通过设置属性可以提高图表的可读性。

(10) 通过可视化图表的展示解读可视化分析结果。

下面用给定数据集进行数据处理以及图形绘制。

【实战案例代码 7.3】 2022年《Python数据分析实践》图书的所有店的销量定比分析。

```
#导入库函数
import pandas as pd
import matplotlib.pyplot as plt
#读取数据
df = pd.read_excel('books.xlsx')
#数据处理
df1 = df[df['书名'] == 'Python数据分析实践'].sort_values('日期')        #选择图书
df1 = df1[['店1','店2','店3','店4','店5','日期']]                      #选择列
df1 = df1.set_index('日期')                                           #将日期设置为索引
df1['总销量'] = df1.sum(axis = 1)                                     #进行求和运算
df1 = df1['2022-01-01':'2022-12-01']                                  #选取2022年数据
print(df1)
#定比数据的设定:2022年1月份
df1['1月标'] = df1.iloc[0,5]                               #'1月标'列的值为0行5列的值
#定比增长率的计算(以2022年1月为基期,基点为1)
df1['base'] = df1['总销量']/df1['1月标']
print(df1)
#X轴数据对应12个月份
x = [0,1,2,3,4,5,6,7,8,9,10,11]
#绘制柱状图与折线图的数据准备
y1 = df1['总销量']
y2 = df1['base']
#创建画布
fig = plt.figure()
#字符格式设置
plt.rcParams['font.sans-serif'] = ['SimHei']                          #解决中文乱码问题
plt.rcParams['axes.unicode_minus'] = False                            #用来正常显示负号
#添加子图
ax1 = fig.add_subplot(111)                                            #1行1列第1个图
plt.title('2022年 Python数据分析实践 所有店 销量定比分析')              #图标题
#图表X轴标题,对应x的取值
plt.xticks(x,['1月','2月','3月','4月','5月','6月','7月','8月','9月','10月','11月','12月'])
#绘制两个图表
ax1.bar(x,y1,color = 'c',label = 'left',alpha = 0.6)                  #柱状图
ax1.set_ylabel('全国销量(册)')                                         #Y轴标签
ax2 = ax1.twinx()                                                     #ax1上添加一条Y轴
ax2.plot(x,y2,color = 'r',linestyle = '-',marker = 'D',linewidth = 2) #折线图
#图形上添加文本标签
for a,b in zip(x,y2) :
    plt.text(a, b+0.02, '%.3f' % b, ha = 'center', va = 'bottom',fontsize = 9)
#图表展示
plt.show()
```

【案例分析解读】

1. 结果描述

根据案例的数据，选取 2022 年《Python 数据分析实践》图书的所有店的销售量进行定比分析，以 2022 年 1 月份的数据为基期，满足分析需求的数据集如图 7.7 所示，然后绘制柱状图和折线图进行定比分析，如图 7.8 所示。由该图可知，2022 年《Python 数据分析实践》图书 12 月份的定比增长最高，5 月份最低，12 月份的销售量最高，5 月份最低；从 2 月份开始定比增长小幅度下滑，之后持续小幅度增长，5 月份跌至最低点，6 月份开始呈现连续小幅度增长，11 月份开始较大幅度增长，12 月份定比创最高。

日期	店1	店2	店3	店4	店5	总销量	1月标	base
2022-01-01	108	45	67	50	67	337	337	1.000000
2022-02-01	103	40	62	45	62	312	337	0.925816
2022-03-01	115	52	74	57	74	372	337	1.103858
2022-04-01	118	55	77	60	77	387	337	1.148368
2022-05-01	100	37	59	43	60	299	337	0.887240
2022-06-01	124	62	84	68	81	419	337	1.243323
2022-07-01	120	65	78	78	90	431	337	1.278932
2022-08-01	110	75	80	80	85	430	337	1.275964
2022-09-01	115	80	85	85	90	455	337	1.350148
2022-10-01	118	85	90	90	98	481	337	1.427300
2022-11-01	124	101	99	116	104	544	337	1.614243
2022-12-01	172	149	131	134	149	735	337	2.181009

图 7.7 经过数据处理后的数据集

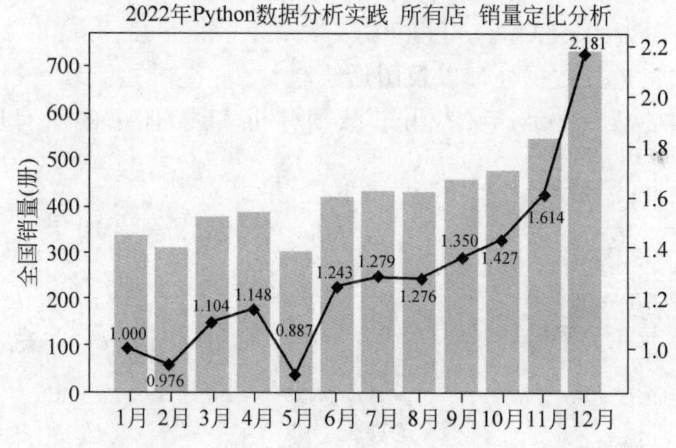

图 7.8 2022 年《Python 数据分析实践》图书的所有店的销量定比分析

2. 结果启示

可能 2 月份的春节影响了图书的销售，12 月份的促销活动增加了销售量；Python 数据分析随着信息技术的发展受到更多读者的关注。

【进一步思考】 以上案例仅是定比分析的一个特例，可以进一步思考，例如不同店销售量的定比、不同图书销售量的定比等。

7.2.4 环比分析实战案例

扫一扫

视频讲解

【实战案例主题】 2022 年《Python 数据分析实践》图书的所有店的销量环比分析。

【分析思路】 本案例进行 2022 年《Python 数据分析实践》图书的所有店的销量分析，可以选择环比分析方法，因为具有连续性数据的业务场景，通过对 2022 年《Python 数据分析实践》每月的销售数量的各期与上期数据的比较，准确、量化地分析图书销售的差异。由于需要对比多个店的销售数量,变量单一,数据集较小,可以选择用柱状图实现数据的可视化,另外可以添加折线图显示环比增长率数据,观察环比增长率的趋势。

其具体步骤如下:

(1) 数据集的准备。

(2) 导入所需要的库函数。

(3) 读取数据文件。

(4) 数据处理:

- 确定所需要的数据集。
- 选定《Python 数据分析实践》图书,选择'店 1'、'店 2'、'店 3'、'店 4'、'店 5'、'日期'列数据,将日期设置为索引后按门店进行总销量的汇总计算。
- 计算环比增长率,环比增长率=(本期数据-上期数据)/上期数据 * 100%;设定 2022 年每个月份的数据减去上个月份的数据后再除以上个月份的数据,计算环比增长率。

(5) 选取时间为 2022 年的数据并查看选定的数据集。

(6) 绘制柱状图与折线图的数据准备。

(7) 图表的格式设置。

(8) 柱状图与折线图的绘制及属性的设置:要进行添加子图的设置,绘制柱状图,共享 X 轴,以方便设置环比增长率对应的 Y 轴;绘制折线图,在折线图上添加文本标签显示环比增长率数据;设置右侧 Y 轴(环比增长率对应的 Y 轴)格式,以百分比的样式显示。

(9) 通过可视化图表的展示解读可视化分析结果。

下面用给定数据集进行数据处理以及图形绘制。

【实战案例代码 7.4】 2022 年《Python 数据分析实践》图书的所有店的销量环比增长分析。

```
#导入库函数
import pandas as pd
import matplotlib.pyplot as plt
import matplotlib.ticker as mtick                                    #坐标轴
#读取数据
df = pd.read_excel('books.xlsx')
#数据处理
#选择图书,按日期排序
df1 = df[df['书名'] == 'Python 数据分析实践'].sort_values('日期')
df1 = df1[['店 1','店 2','店 3','店 4','店 5','日期']]                 #选择列
df1 =  df1.set_index('日期')                                         #将日期设置为索引
df1['总销量'] = df1.sum(axis = 1)                                    #进行求和运算
#计算环比增长率
df1['rate'] = ((df1['总销量'] - df1['总销量'].shift() ) /df1['总销量']) * 100
#选取 2022 年的数据
df1 = df1['2022 - 01 - 01':'2022 - 12 - 01']
print(df1)
#绘制柱状图与折线图的数据准备
#X 轴数据对应 12 个月份
x = [0,1,2,3,4,5,6,7,8,9,10,11]
#Y 轴数据对应总销量、环比率
y1 = df1['总销量']
```

```
y2 = df1['rate']
#格式设置
plt.rcParams['font.sans-serif'] = ['SimHei']                    #解决中文乱码问题
plt.rcParams['axes.unicode_minus'] = False                      #用来正常显示负号
#添加画布及子图
fig = plt.figure()
ax1 = fig.add_subplot(111)                                      #添加子图
plt.title('2022年Python数据分析实践 所有店及环比增长情况')       #图标题
#图表X轴标题
plt.xticks(x,['1月','2月','3月','4月','5月','6月','7月','8月','9月','10月','11月','12月'])
#绘制图表
ax1.bar(x,y1,color = 'c',label = 'left')                        #柱状图
ax1.set_ylabel('全国销量(册)')                                  #Y轴标签
ax2 = ax1.twinx()                                               #共享X轴,添加一条Y轴
ax2.plot(x,y2,color = 'r',linestyle = '-',marker = 'o',mfc = 'w',label = u"增长率")   #折线图
#设置右侧Y轴格式
fmt = '%.1f%%'
yticks = mtick.FormatStrFormatter(fmt)                          #格式设置显示百分比
ax2.yaxis.set_major_formatter(yticks)                           #纵坐标轴格式设置
ax2.set_ylim(-100,100)                                          #范围
ax2.set_ylabel(u"增长率")                                       #标签
#图表文本标签
for a,b in zip(x,y2) :
    plt.text(a, b + 0.02, '%.1f%%' % b, ha = 'center', va = 'bottom',fontsize = 8)
#调整图表距右侧的空白
plt.subplots_adjust(right = 0.9)
#图表展示
plt.show()
```

【案例分析解读】

1. 结果描述

根据案例的数据,选取2022年《Python数据分析实践》图书的所有店的销售量进行环比分析,经过数据处理,满足分析需求的数据集如图7.9所示,然后绘制柱状图和折线图进行环比分析,如图7.10所示。由该图可知,2022年《Python数据分析实践》图书1月份的环比增长率最高,5月份最低,12月份的销售量最高,5月份最低;1～6月份的环比增长率波动较大,3月份的环比增长率小幅度上涨,之后开始以较大幅度减少,5月份跌至最低点,6月份的环比增长率以较大幅增长,7月份回落,开始呈现连续小幅增长,11月份开始以较大幅度增长,12月份的环比增长率比11月份翻了一倍。

日期	店1	店2	店3	店4	店5	总销量	rate
2022-01-01	108	45	67	50	67	337	38.575668
2022-02-01	103	40	62	45	62	312	-8.012821
2022-03-01	115	52	74	57	74	372	16.129032
2022-04-01	118	55	77	60	77	387	3.875969
2022-05-01	100	37	59	43	60	299	-29.431438
2022-06-01	124	62	84	68	81	419	28.639618
2022-07-01	120	65	78	78	90	431	2.784223
2022-08-01	110	75	80	80	85	430	-0.232558
2022-09-01	115	80	85	85	90	455	5.494505
2022-10-01	118	85	90	90	98	481	5.405405
2022-11-01	124	101	99	116	104	544	11.580882
2022-12-01	172	149	131	134	149	735	25.986395

图7.9 经过数据处理后的数据集

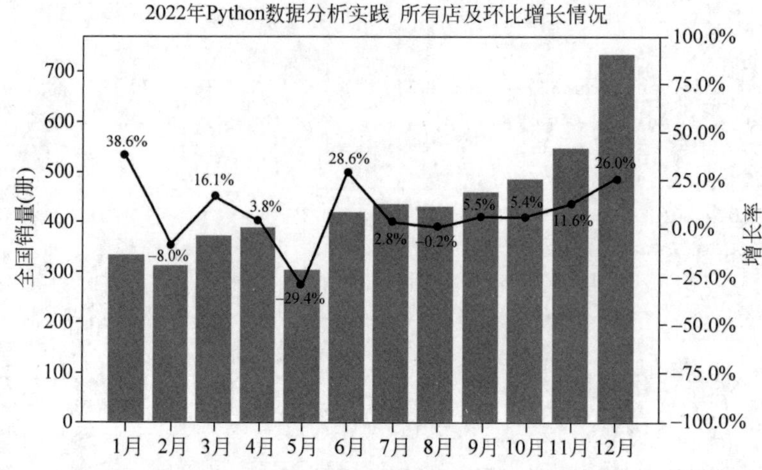

图 7.10 2022 年《Python 数据分析实践》图书的所有店的销售量环比增长分析

2. 结果启示

Python 数据分析受到更多读者的关注；可能因为 12 月份的促销活动增加了销售量；可以在年末增加该图书的备货。

【进一步思考】 以上案例仅是环比分析的一个特例，可以进一步思考，例如不同店销售量的环比、不同图书销售量的环比等。

扫一扫

视频讲解

7.3 差异化分析及实战案例

7.3.1 差异化分析概述

差异分析是对现象之间的差异或某一总体内部各单位之间的差异进行分析的方法，一般可以分为“两者之间的差异分析”和“总体内部的差异分析”。通过差异分析，可以根据差异所在制定不同的策略。

1. “两者之间的差异分析”的应用场景

例如，不同性别的学生在各科学习成绩上的差异，了解这些差异可以因材施教，制定不同性别的学习方案，提高学习成绩。又如，不同性别的学生在身体素质上的差异，通过差异分析制定不同体育项目，提高身体素质。

2. “总体内部的差异分析”的应用场景

例如，对企业经营情况进行系统分析，从企业的经营收益性、安全性、流动性、生产性、成长性等方面进行差异化分析，制定不同的管理策略；又如，对某个学生各科成绩的差异化分析，分析强势和弱势学科，有针对性地制订学习计划；再如，分析不同品牌手机在拍照、内存、外观、性能等方面的差异化分析，指导用户根据自己所需购买手机。

7.3.2 差异化分析实战案例

【实战案例主题】 2022 年《Python 数据分析实践》图书的所有店的销量分析。

【分析思路】 本案例进行2022年《Python数据分析实践》图书的所有店的销量分析，可以选择差异化分析方法，通过差异化分析，各门店制定不同的图书销售策略。差异化分析可以选用雷达图进行展示，将多个维度的数据量映射到坐标轴上，展现多维数据的强弱。

其具体步骤如下：

(1) 数据集的准备。

(2) 导入所需要的库函数。

(3) 读取数据文件。

(4) 数据处理：选定《Python数据分析实践》图书，选择'店1'、'店2'、'店3'、'店4'、'店5'、'日期'列数据，选取时间为2022年，按照门店名称进行总销量的汇总计算，选取汇总列数据并查看选定的数据集。

(5) 绘制雷达图的数据准备。

(6) 雷达图的绘制及属性的设置，设置各角度上的数据，以便于进行差异化分析。

(7) 通过可视化图表的展示解读可视化分析结果。

下面用给定数据集进行数据处理以及图形绘制。

【实战案例代码7.5】 2022年《Python数据分析实践》图书的所有店的销售量差异化分析。

```
#导入库函数
import numpy as np
import matplotlib.pyplot as plt
import pandas as pd
#读取数据
df = pd.read_excel('books.xlsx')
#数据处理
df1 = df[df['书名'] == 'Python数据分析实践'].sort_values('日期')   #选择图书
df1 = df1[['店1','店2','店3','店4','店5','日期']]                  #选择列
df1 =  df1.set_index('日期')                                        #将日期设置为索引
df1 = df1['2022-01-01':'2022-12-01']                                #选取2022年的数据
df1.loc["列总和"] = df1.apply(lambda x:x.sum())                     #按列求和
df2 = df1.values[-1].tolist()                                       #最后一行数据DataFrame转list
#绘制雷达图的数据准备
labels = ['店1','店2','店3','店4','店5']                            #雷达图标签
sizes = df2                                                         #数据
dataLength = len(sizes)                                             #数据的长度
#angles数组把圆周等分为dataLength份
angles = np.linspace(0,                                             #数组的第一个数据
                     2 * np.pi,                                     #数组的最后一个数据
                     dataLength,                                    #数组中的数据数量
                     endpoint = False)                              #不包含终点
sizes.append(sizes[0])                                              #添加第一个数据
angles = np.append(angles, angles[0])                               #闭合
#绘制雷达图
plt.polar(angles,                                                   #设置角度
          sizes,                                                    #设置各角度上的数据
```

```
            'rv--',                                    #设置颜色、线型和端点符号
            linewidth=2)                               #设置线宽
#设置角度网格标签
plt.thetagrids(angles*180/np.pi,
               labels,
               fontproperties='simhei')
#填充雷达图的内部
plt.fill(angles,
         sizes,
         facecolor='c',
         alpha=0.6)
plt.title('2022年所有店Python数据分析实践销量差异分析')  #图标题
#图表展示
plt.show()
```

【案例分析解读】

1. 结果描述

根据案例的数据,选取2022年《Python数据分析实践》图书的所有店的销售量进行差异化分析,经过数据处理,满足分析需求的数据集如图7.11所示,然后绘制雷达图,如图7.12所示。由该图可知,2022年《Python数据分析实践》图书的销售量店1最高,店5次之,店2、店3和店4相差不多,店2最低。

	店1	店2	店3	店4	店5
日期					
2022-01-01 00:00:00	108	45	67	50	67
2022-02-01 00:00:00	103	40	62	45	62
2022-03-01 00:00:00	115	52	74	57	74
2022-04-01 00:00:00	118	55	77	60	77
2022-05-01 00:00:00	100	37	59	43	60
2022-06-01 00:00:00	124	62	84	68	81
2022-07-01 00:00:00	120	65	78	78	90
2022-08-01 00:00:00	110	75	80	80	85
2022-09-01 00:00:00	115	80	85	85	90
2022-10-01 00:00:00	118	85	90	90	98
2022-11-01 00:00:00	124	101	99	116	104
2022-12-01 00:00:00	172	149	131	134	149
列总和	1427	846	986	906	1037

[1427, 846, 986, 906, 1037]

图7.11 经过数据处理后的数据集

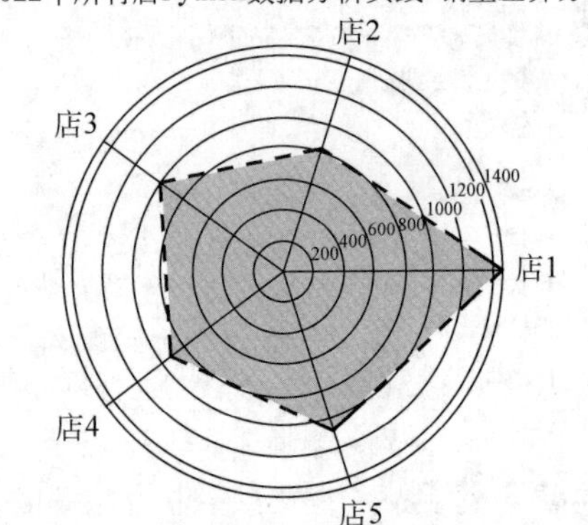

图7.12 2022年《Python数据分析实践》图书的所有店的销售量差异化分析

2. 结果启示

店1开展了哪些促销策略,店1的员工有哪些激励策略,店1的消费群体是否比其他店更有利于技术开发类图书的销售,其他类别的图书是否也有类似情况。

【进一步思考】 以上案例仅是差异化分析的一个特例,可以进一步思考。例如,在本案例绘制的雷达图上可以再添加另外一本同类书籍的5个门店的销售数据做进一步分析。另外,还可以对不同门店的图书销售量进行差异化分析、对不同图书类别的门店的销售量进行差异化分析等。

7.4 相关性分析及实战案例

7.4.1 相关性分析概述

世界上的所有事物都会受到其他事物的影响。例如，销售人员会问哪些因素能促使客户购买某产品？是价格还是质量？营销人员会问影响客户流失的关键因素有哪些？是竞争还是服务？所有这些商业问题转化为数据问题就是评估一个因素与另一个因素之间的相互影响或相互关联的关系，而分析这种事物之间的关联性的方法就是相关性分析方法。

相关性分析是指对两个或多个具有相关性的变量元素进行分析，从而衡量变量元素之间的相关密切程度。例如，冬天气候变冷，尤其是遇到大风、降温时，羽绒服、御寒鞋帽、暖风扇等商品会增加销量，给商家带来销售商机。

1. 相关性的种类

客观事物之间的相关性大致可以归纳为两大类，一类是函数关系，另一类是统计关系。

(1) 函数关系：就是两个变量的取值存在一个函数关系来唯一描述。例如销售额与销售量之间的关系，可以用函数 y=px(y 表示销售额，p 表示单价，x 表示销售量)来表示，所以销售量和销售额存在函数关系。

(2) 统计关系：指的是两事物之间的非一一对应关系，即当变量 x 取一定值时，另一个变量 y 虽然不唯一确定，但按某种规律在一定的可预测范围内发生变化。例如子女身高与父母身高、广告费用与销售额的关系是无法用一个函数关系唯一确定其取值的，但这些变量之间确实存在一定的关系。在大多数情况下，父母的身高越高，子女的身高也就越高；广告费用花得越多，其销售额也相对越多，这种关系就叫统计关系。按照相关的形态来分，统计分析可以分为线性相关和非线性相关(曲线相关)；按照相关的方向来分，统计分析可以分为正相关和负相关。

正相关指两个变量的变化方向相同，即变量 x 增加时，变量 y 也相应增加；变量 x 减少时，变量 y 也相应减少。例如，在正常情况下，居民的货币收入增加，社会中商品的零售额也增加，这种相关关系就是正相关。

负相关指两个变量的变化方向相反，即变量 x 增加时，变量 y 反而减少；变量 x 减少时，变量 y 反而增加。例如，商品价格降低，商品销售量反而增加，商品价格和商品销售量之间的相关关系就是负相关。

2. 相关性分析常用的方法

相关性分析常用的方法有简单相关分析、偏相关分析、距离相关分析等，其中前两种方法比较常见。简单相关分析是直接计算两个变量的相关程度。偏相关分析是在排除某个因素后两个变量的相关程度。距离相关分析是通过两个变量之间的距离来评估其相似性。本节所讲述的相关分析是简单相关分析。

3. 散点图和相关系数

1) 散点图

相关性分析中最常见的图形是散点图。判断两个变量是否存在线性相关关系，一种最简单的方法就是通过可视化。散点图的优点是直观,便于发现趋势和联系;其缺点是无法准确度量相关的程度。

2) 相关系数

相关系数(Correlation Coefficient)是专门用来衡量两个变量之间线性相关程度的指标,经常用字母r来表示,通过相关系数可以计算出变量之间具体的关联程度。

通过计算相关系数可以量化判断两个变量的相关性。最常用的相关系数是皮尔逊(Pearson)相关系数。根据相关系数的绝对值可以反映出具体的相关程度,分为低度相关、中度相关和高度相关,具体范围如表7.1所示。

表7.1 相关系数与相关程度

相关程度	相关系数的取值范围
低度相关	$0\leqslant\|r\|<0.3$
中度相关	$0.3\leqslant\|r\|<0.8$
高度相关	$0.8\leqslant\|r\|\leqslant1$

4. 相关性分析的验证

这里提供两组数据[1,2,3,4,5,6]和[19,24,37,43,55,68],用散点图和相关系数验证它们的相关性。

散点图的主要代码如下。

```
import pandas as pd
import matplotlib.pyplot as plt
#数据
X = [1,2,3,4,5,6]
Y = [19,24,37,43,55,68]
#散点图
plt.scatter(X,Y,color = 'r')
plt.title('X和Y相关性分析',fontsize = '18')                #图表标题
plt.xlabel('X')
plt.ylabel('Y')
plt.show()
```

效果如图7.13所示,可以看到X和Y的相关程度是较高的,但具体的相关度大小无法衡量。

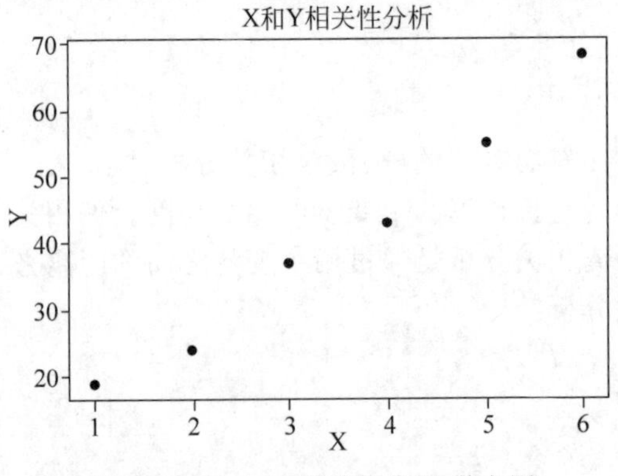

图7.13 X和Y相关性分析-散点图

相关系数将通过公式、numpy 库的相关系数计算函数、pandas 库的相关系数计算函数来计算，主要代码如下。

```
import numpy
import pandas as pd
import matplotlib.pyplot as plt
#数据
X = [1,2,3,4,5,6]
Y = [19,24,37,43,55,68]
#均值
XMean = numpy.mean(X)
YMean = numpy.mean(Y)
#标准差
XSD = numpy.std(X)
YSD = numpy.std(Y)
#Z 分数计算
ZX = (X - XMean) /(XSD)
ZY = (Y - YMean) /(YSD)
#相关系数公式计算法
r = numpy.sum(ZX * ZY) /(len(X))
print("公式 - 相关系数计算:",r)
#numpy 自带相关系数计算方法
print("\nnumpy 自带相关系数计算:\n",numpy.corrcoef(X,Y))
#pandas 自带相关系数计算方法
data = pd.DataFrame({'X':X,'Y':Y})
print("\npandas 自带相关系数计算:\n",data.corr())
```

效果如图 7.14 所示。3 种方法的计算结果都是 0.991 968。因为相关系数的值在 0.8～1 时都是高度相关。这个数值更加具体地说明了 X 和 Y 是高度相关。在具体分析时，可视化的图表和精确的数值可以互为补充。

```
公式-相关系数计算: 0.9919684120226261

numpy自带相关系数计算:
 [[1.         0.99196841]
 [0.99196841 1.        ]]

pandas自带相关系数计算:
          X         Y
X  1.000000  0.991968
Y  0.991968  1.000000
```

图 7.14 X 和 Y 相关性分析-相关系数

7.4.2 相关性分析实战案例

【实战案例主题】 2022 年图书的月度总销量与广告费用的相关性分析。

【分析思路】 本案例进行 2022 年图书的月度总销量与广告费用的相关性分析，可以选择相关性分析方法，根据给定的数据集汇总各个门店的月度总销量，再根据数据集中的月度广告费用分析两者之间是否存在相关性，可以进行散点图的可视化展示，还可以进行相关系数的精确计算。

其具体步骤如下：

(1) 数据集的准备。

(2) 导入所需要的库函数。

(3) 读取数据文件。

(4) 数据处理：将数据集按日期排序，在将日期设置为索引后，选择时间为 2022-01-01 到 2022-12-01 的数据；计算每日店 1、店 2、店 3、店 4、店 5 的总销量；按日期汇总求和，求出 2022 年每个月店 1、店 2、店 3、店 4、店 5 的总销量，准备好进行相关性分析的数据。

(5) 绘制散点图的数据准备。

(6) 图表的格式设置。

(7) 散点图的绘制及属性的设置。

(8) 相关系数的计算：numpy 的相关系数、pandas 的相关系数的计算。

(9) 通过可视化图表的展示及相关系数解读相关性分析结果。

下面用给定数据集进行数据处理以及图形绘制。

【实战案例代码 7.6】 2022 年图书的月度总销量与广告费用的相关性分析。

```
#导入库函数
import pandas as pd
from pandas.core.frame import DataFrame
import numpy
import matplotlib.pyplot as plt
#解决数据输出时列名不对齐的问题
pd.set_option('display.unicode.east_asian_width', True)
#设置数据显示的列数和宽度
pd.set_option('display.max_columns',500)
pd.set_option('display.width',1000)
#读取数据
df_x = pd.read_excel('books.xlsx')
df_y = pd.read_excel('books - cost.xlsx')
#数据处理
df_x = df_x.sort_values('日期')                              #日期排序
df_x = df_x.set_index('日期')                                #将日期设置为索引
df_x = df_x['2022 - 01 - 01':'2022 - 12 - 01']               #选取时间段
df_x['总销量'] = df_x.sum(axis = 1)                           #按行进行求和运算
df_x = df_x.groupby('日期') .sum()                           #按日期汇总求和
x = df_x['总销量'].tolist()                                   #转换为列表
y = df_y['广告费用'].tolist()                                 #转换为列表
#图形的属性设置
plt.rcParams['font.sans - serif'] = ['SimHei']               #解决中文乱码问题
plt.xlabel('总销量(x) ')
plt.ylabel('广告费用(y) ')
plt.title('2022 年月度 总销量与广告费用 相关性分析')              #图标题
#图形的绘制
plt.scatter(x, y)                  #绘制散点图,以"总销量"和"广告费用"作为横、纵坐标
#图形展示
plt.show()
#相关系数的计算
#numpy 自带相关系数计算方法
print("numpy 自带相关系数计算:\n",numpy.corrcoef(x,y) )        #数据合并
#pandas 的相关系数计算方法
c = {"x" : x,
"y" : y}                                                     #将列表 x、y 转换成字典
data = DataFrame(c)                                          #将字典转换成数据框
print("\npandas 的相关系数计算方法\n",data.corr() )
```

【案例分析解读】

1. 结果描述

根据案例的数据，选取 2022 年图书的月度总销量与广告费用进行相关性分析，经过数据处理后满足分析需求的数据集如图 7.15 所示，然后绘制散点图进行相关性分析，如图 7.16 所示，从散点图的显示看到相关性不高，具体相关系数的度量参见相关系数的计算，如图 7.17 所示，相关系数为 0.11，属于低相关度，因此 2022 年图书的月度总销量与广告费用的相关性很低。

```
             定价  店1  店2  店3  店4  店5  总销量
日期
2022-01-01  329.0  611  162  227  131  147  1607.0
2022-02-01  329.0  626  177  242  146  162  1682.0
2022-03-01  329.0  646  197  262  166  182  1782.0
2022-04-01  329.0  661  212  277  181  197  1857.0
2022-05-01  329.0  651  202  267  176  192  1817.0
2022-06-01  329.0  691  247  312  217  229  2025.0
2022-07-01  329.0  699  262  318  239  250  2097.0
2022-08-01  329.0  697  280  328  253  257  2144.0
2022-09-01  329.0  722  305  353  278  282  2269.0
2022-10-01  329.0  737  322  370  295  302  2355.0
2022-11-01  329.0  767  362  403  345  332  2538.0
2022-12-01  329.0  967  562  587  515  529  3489.0
[1607.0, 1682.0, 1782.0, 1857.0, 1817.0, 2025.0, 2097.0, 2144.0, 2269.0, 2355.0, 2538.0, 3489.0]
[5532.58, 6387.79, 4953.83, 5009.9, 5401.93, 5106.98, 5033.24, 6353.9, 5122.85, 5461.25, 6365.64, 5010.93]
```

图 7.15　经过数据处理后的数据集

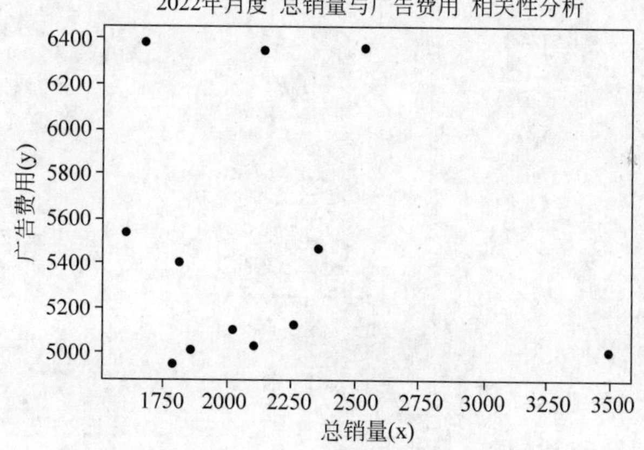

图 7.16　2022 年图书的月度总销量与广告费用的相关性分析-散点图

```
numpy自带相关系数计算:
 [[ 1.         -0.11330713]
 [-0.11330713  1.        ]]

Pandas的相关系数计算方法
          x         y
x  1.000000 -0.113307
y -0.113307  1.000000
```

图 7.17　2022 年图书的月度总销量与广告费用的相关性分析-相关系数

2. 结果启示

公司的广告投入是否精准，要进行不同门店广告费用与销售量的相关性分析，考虑其广告投入的合理性。

【进一步思考】 以上案例仅是相关性分析的一个特例，可以进一步思考，例如不同门店的广告费用与销售量的相关性、不同月份的广告费用与销售量的相关性等。

本章小结

本章主要学习了常用的数据分析方法,并结合案例进行了对比分析、同比分析、定比分析、环比分析、差异化分析、相关性分析的实践。本章以“实战案例主题、分析思路、实战案例代码、案例分析解读和进一步思考”为主线,讲解了数据分析的过程。在此过程中,读者需要学会不同场景选择不同的分析方法,按使用目的来选择,在具体应用场景中要掌握通过数据和图表深挖问题存在的本质,找到问题产生的原因,寻求解决问题的策略。

习题 7

扫一扫

习题

扫一扫

自测题

扫一扫

视频讲解

文本数据分析

在掌握并理解 Python 爬虫、文本数据的获取、Python 数据分析、可视化等方法的基础上，本章将重点介绍如何对已爬取的文本数据进行分析及可视化展示，8.1 节将介绍如何对文本数据进行预处理操作，包括去噪声、中文分词、添加用户词典、去停用词等方法，以实践文本预处理过程；8.2 节将介绍如何对已预处理的文本数据进行分析，包括高频词分析、关键词分析、词性分布分析等方法；8.3 节将介绍如何基于文本数据分析结果生成词云图；8.4 节将通过实战案例实践从文本数据预处理到分析以及可视化的过程。

8.1 文本数据预处理

基于已爬取的文本数据，本节将介绍如何对文本数据进行预处理操作，包括去噪声、中文分词、添加用户词典、去停用词等方法，以实践文本预处理过程。

扫一扫

视频讲解

8.1.1 去噪声

在对已爬取的文本数据进行预处理的过程中，可以对其进行去噪声的处理，方法包括标准化、归一化、特征转换等，从而为文本数据分析过程提供较高质量的数据集。

1. 标准化、归一化

标准化是指将数据按比例进行缩放，去除数据的单位限制，使其落在一个较小的特定区间内，以便不同单位或量级的指标进行比较或加权。

离差标准化是对原始数据 $x_1,x_2,\cdots,x_n$ 的线性变换过程，变换的公式为：

$$y_i=\frac{x_i-\min\limits_{1\leqslant j\leqslant n}\{x_j\}}{\max\limits_{1\leqslant j\leqslant n}\{x_j\}-\min\limits_{1\leqslant j\leqslant n}\{x_j\}} \tag{8-1}$$

基于原始数据的均值与标准差，也可以对序列 $x_1,x_2,\cdots,x_n$ 进行标准化，变换的公式为：

$$y_i=\frac{x_i-\bar{x}}{s} \tag{8-2}$$

其中，$\bar{x}=\frac{1}{n}\sum\limits_{i=1}^{n}x_i$，$s=\sqrt{\frac{1}{n-1}\sum\limits_{i=1}^{n}(x_i-\bar{x})^2}$。

归一化可以对正项序列 $x_1,x_2,\cdots,x_n$ 进行变换，使新序列映射到[0,1]区间内，且 $\sum\limits_{i=1}^{n}y_i=1$，变换公式为：

$$y_i = \frac{x_i}{\sum_{i=1}^{n} x_i} \tag{8-3}$$

2. 数据特征转换

在数据特征转换的过程中,可以将原始数据中的字段值进行转换,并得到适合进行数据分析的输入数据。依据阈值,可以对定量数据进行转换,若大于阈值,赋值为 x_1,否则赋值为 x_2;依据规则,可以对定性数据进行转换,若符合规则,赋值为 x_1,否则赋值为 x_2。基于该过程,可以将文本数据转换为数值型数据,并进行类别等特征属性的哑编码。

如图 8.1 所示,可以将 Country、Purchased 字段值进行数据特征转换,并将 Age、Salary 字段值进行标准化、归一化。

Country	Age	Salary	Purchased
France	44	72000	No
Spain	27	48000	Yes
Germany	30	54000	No
Spain	38	61000	No
Germany	40	NaN	Yes
France	35	58000	Yes
Spain	NaN	52000	No
France	48	79000	Yes
Germany	50	83000	No
France	37	67000	Yes

	Age	Salary	Purchased	Country_France	Country_Germany	Country_spain
0	0.739130	0.685714	0.0	1.0	0.0	0.0
1	0.000000	0.000000	1.0	0.0	0.0	1.0
2	0.130435	0.171429	0.0	0.0	1.0	0.0
3	0.478261	0.371429	0.0	0.0	0.0	1.0
4	0.565217	0.450794	1.0	0.0	1.0	0.0
5	0.347826	0.285714	1.0	1.0	0.0	0.0
6	0.512077	0.114286	0.0	0.0	0.0	1.0
7	0.913043	0.885714	1.0	1.0	0.0	0.0
8	1.000000	1.000000	0.0	0.0	1.0	0.0
9	0.434783	0.542857	1.0	1.0	0.0	0.0

图 8.1　去噪声过程

【例 8.1】 将文本数据转换为数值数据。

```
import pandas as pd
#导入 CSV 文件中的数据
df = pd.read_csv('Data.csv')
#缺失值处理,用均值填充,inplace = True 进行原地操作,以节省运算内存
df['Age'].fillna((df['Age'].mean() ) , inplace = True)
#预处理字符型变量,lambda 表达式是一个匿名函数
df['Purchased'] = df['Purchased'].apply(lambda x: 0 if x == 'No' else 1)
df = pd.get_dummies(data = df, columns = ['Country'])
```

转换后的结果如图 8.2 所示。

	Age	Salary	Purchased	Country_France	Country_Germany	Country_Spain
0	44.000000	72000.0	1	1	0	0
1	27.000000	48000.0	1	0	0	1
2	30.000000	54000.0	1	0	1	0
3	38.000000	61000.0	1	0	0	1
4	40.000000	NaN	1	0	1	0
5	35.000000	58000.0	1	1	0	0
6	38.777778	52000.0	1	0	0	1
7	48.000000	79000.0	1	1	0	0
8	50.000000	83000.0	1	0	1	0
9	37.000000	67000.0	1	1	0	0

图 8.2　数值特征转换后的结果

本示例主要应用了 pandas 库提供的方法对数据进行操纵与分析,可直观地对带标签数据与关系数据进行处理。其中针对 Country 字段进行数值特征转换采用了 pandas 库中的 get_ dummies 方法，该方法基于 one-hot 基本思想，将离散型特征的每一个取值都看成一种状态，若这一特征中有 N 个不同取值，则可将该特征抽象成 N 种不同状态，在这 N 种状态中只有一个状态位的值为 1，其他状态位的值都为 0。

接下来对例 8.1 处理后的数据进行标准化和归一化处理。

【例 8.2】 数据的标准化和归一化处理。

```
from sklearn.preprocessing import MinMaxScaler
#应用离差标准化
scaler = MinMaxScaler()
scaler.fit(df)
#计算训练数据的均值与方差，并基于计算出的结果转换训练数据，从而把数据转换成标准的正态分布
scaled_features = scaler.transform(df)
df_MinMax = pd.DataFrame(data = scaled_features,columns = ["Age","Salary","Purchased","Country_
France"," Country_Germany"," Country_spain"])
df_MinMax
```

处理结果如图 8.3 所示。

	Age	Salary	Purchased	Country_France	Country_Germany	Country_spain
0	0.739130	0.685714	0.0	1.0	0.0	0.0
1	0.000000	0.000000	0.0	0.0	0.0	1.0
2	0.130435	0.171429	0.0	0.0	1.0	0.0
3	0.478261	0.371429	0.0	0.0	0.0	1.0
4	0.565217	0.450794	0.0	0.0	1.0	0.0
5	0.347826	0.285714	0.0	1.0	0.0	0.0
6	0.512077	0.114286	0.0	0.0	0.0	1.0
7	0.913043	0.885714	0.0	1.0	0.0	0.0
8	1.000000	1.000000	0.0	0.0	1.0	0.0
9	0.434783	0.542857	0.0	1.0	0.0	0.0

图 8.3 标准化后的处理结果

扫一扫

视频讲解

8.1.2 中文分词和添加用户词典

在对已爬取的中文文本数据进行预处理的过程中可以对其进行分词，并且在分词过程中可以添加用户词典，从而为中文文本数据分析过程提供较高质量的数据集。

1. 中文分词

分词是将连续的字序列按照一定的规范进行重新组合，并形成语义独立的词序列过程。在英文文本中，单词之间是以空格作为自然分界符的，而在中文文本中，只有字、句、段能通过明显的分界符来界定，词没有一个形式上的分界符，因此在词这一层上中文要比英文复杂得多，对中文进行分词也困难得多。

中文分词是文本挖掘的基础，中文分词技术属于自然语言处理技术的范畴，对于一段文本，人可以通过自己的知识来识别哪些是词，哪些不是词，但如何让计算机也能理解，该过程就是分词算法。

jieba 库是 Python 中一个重要的第三方中文分词函数库，其分词原理是使用一个中文词库，将待分词的内容与分词词库进行比对，通过图结构和动态规划方法找到最大概率的词组。使用 jieba 库首先要安装，安装方法如下：

```
pip install jieba
```

jieba 库有 6 个常用的分词函数,如表 8.1 所示,支持 3 种分词模式。

表 8.1 jieba 库常用的分词函数

函 数	描 述
jieba.cut(文本)	精确模式,返回一个可迭代的数据类型
jieba.cut(文本,cut_all=True)	全模式,输出文本中所有可能的单词
jieba.cut_for_search(文本)	搜索引擎模式,适合搜索引擎建立索引的分词结果
jieba.lcut(文本)	精确模式,返回一个列表类型
jieba.lcut(文本,cut_all=True)	全模式,返回一个列表类型
jieba.lcut_ for_ search(文本)	搜索引擎模式,返回一个列表类型

第一种是精确模式,它可以将文本最精确地切开,不存在冗余词。例如:

```
>>> print(jieba.lcut("酒店服务意识很好,很热情,主动介绍酒店的特色,感觉不错"))
['酒店', '服务', '意识', '很', '好', ',', '很', '热情', ',', '主动', '介绍', '酒店', '的', '特色', ',',
'感觉', '不错', '。']
```

第二种是全模式,它可以把文本中所有能够成词的词语都扫描出来,虽然速度较快,但不能消除歧义,存在冗余词。例如:

```
>>> print(jieba.lcut("酒店服务意识很好,很热情,主动介绍酒店的特色,感觉不错", cut_all =
True))
['酒店', '酒店服', '服务', '意识', '很', '好', ',', '很', '热情', ',', '主动', '介绍', '绍酒', '酒店
', '的', '特色', ',', '感觉', '不错', '。']
```

第三种是搜索引擎模式,它可以在精确模式的基础上对长词进行再切分,以提高召回率。例如:

```
>>> print(jieba.lcut_for_search("酒店服务意识很好,很热情,主动介绍酒店的特色,感觉不错。"))
['酒店', '服务', '意识', '很', '好', ',', '很', '热情', ',', '主动', '介绍', '酒店', '的', '特色', ',',
'感觉', '不错', '。']
```

2. 添加用户词典

除了可以对中文进行分词,jieba 库还提供了增加自定义中文单词的功能。通过自定义词典可定义 jieba 库中没有的词,以调整分词的准确率。jieba 库管理用户词典的函数如表 8.2 所示。

表 8.2 jieba 库管理用户词典的函数

函 数	描 述
jieba.load_userdict(file_name)	批量添加用户自定义词典
jieba. add_word(word)	添加一个用户词
jieba. del_word(word)	删除一个用户词

在 jieba 库的 load_userdict()中 file_name 是存放要添加词典的文本文件,在该文件中一个词一行,每一行分为三部分,即词语、词频(可省略) 和词性(可省略),用空格隔开,顺序不可颠倒。例如:

```
>>> jieba.load_userdict("dict.txt")
>>> print(jieba.lcut("酒店服务意识很好,很热情,主动介绍酒店的特色,感觉不错。") )
['酒店服务', '意识', '很好', ',', '很', '热情', ',', '主动', '介绍', '酒店', '的', '特色', ',', '感觉', '不错', '。']
```

应用 jieba 库的 add_word()和 del_word()函数,可以灵活地动态调整词典。例如:

```
>>> jieba.add_word("很热情")
>>> print(jieba.lcut("酒店服务意识很好,很热情,主动介绍酒店的特色,感觉不错。") )
['酒店服务', '意识', '很好', ',', '很热情', ',', '主动', '介绍', '酒店', '的', '特色', ',', '感觉', '不错', '。']
>>> jieba.del_word("很热情")
>>> print(jieba.lcut("酒店服务意识很好,很热情,主动介绍酒店的特色,感觉不错。") )
['酒店服务', '意识', '很好', ',', '很', '热情', ',', '主动', '介绍', '酒店', '的', '特色', ',', '感觉', '不错', '。']
```

另外,应用 jieba 库的 suggest_freq(segment, tune=True)函数可以调节词频,使其能或不能被分出来。

扫一扫

视频讲解

8.1.3 去停用词

在对已爬取的中文文本数据进行分词的过程中,除了可以添加用户词典,还可以去停用词,从而为中文文本数据分析过程提供更高质量的数据集。

【例 8.3】 文本分词后去停用词示例。

```
stoplists = ["的",",","."]
#可应用停用词库
words = jieba.lcut("酒店服务意识很好,很热情,主动介绍酒店的特色,感觉不错。")
results = ""
for word in words:
    if word not in stoplists:
        results += word + " "
print(results)
```

显示结果为:

```
酒店 服务 意识 很 好 很 热情 主动 介绍 酒店 特色 感觉 不错
```

扫一扫

视频讲解

8.1.4 构建词向量

在分词后,构建每个词的词向量,可以方便地进行词的相似度的计算,为后续文本处理、文本挖掘做好准备工作。这里以携程网酒店评论数据为例介绍如何构建词向量以及进行词的相似度计算,数据是存放在 CSV 文件中的文本,如图 8.4 所示。

读取评论数据和进行分词操作的步骤如下:

(1) 从存储文件中提取出评论的文本数据到 DataFrame 对象 data 中。

(2) 查看 data 的前 5 行数据。

(3) 声明保存全部评分分词结构的列表变量 rdata。

(4) 遍历 data 的每一行数据:

距离川沙公路较近,但是公交指示不对,如果是"蔡陆线"的话,会非常麻烦.建议用别的路线.房间较为简单.
商务大床房，房间很大，床有2M宽，整体感觉经济实惠不错!
早餐太差，无论去多少人，那边也不加食品的。酒店应该重视一下这个问题了。房间本身很好。
宾馆在小街道上，不大好找，但还好北京热心同胞很多~宾馆设施跟介绍的差不多，房间很小，确实挺小，但加上低价位因素，还是无超所值的；环境不错，就在小胡同内，安静整洁，暖气好足-_-||
CBD中心,周围没什么店铺,说5星有点勉强.不知道为什么卫生间没有电吹风
总的来说，这样的酒店配这样的价格还算可以，希望他赶快装修，给我的客人留些好的印象
价格比比较不错的酒店。这次免费升级了，感谢前台服务员。房子还好，地毯是新的，比上次的好些。早餐的人很多要早去些。
不错，在同等档次酒店中应该是值得推荐的!
入住丽晶，感觉很好。因为是新酒店，的确有淡淡的油漆味，房间内较新。房间大小合适，卫生间设备齐全，服务态度也很好。网速可能是提升了吧，感觉还好。有免费的插线板、水果刀。。。等一
1。酒店比较新，装潢和设施还不错，只是房间有些油漆味。2。早餐还可以，只是品种不是很多。3。交通比较方便，周围的小饭店比较多。
我住的是特色标间，所谓特色，是有些类似家的感觉。寝具不是单调的白色，是条纹和大格子的，感觉很温馨。圈儿椅的靠垫是卡通的加菲猫头，明黄的颜色有点扎眼，和周围配在一起感觉有点不协
早餐很丰富，服务也热情，早上很早退房时，前台值此人员办理手续也非常快.
这次是308的行政大床，总体感觉非常不错，就是价格稍许高了点，旁边有个五星的豪华客房才398。估计小天鹅也只有这个房型以上的，看得过去，以前住过的房间实在是很差。以后大家如果要住这
好像跟洪崖洞酒店一个公司的，所以房间的风格比较接近，就是小一些，整体来说比较不错，房间内食品都是免费，很实在。就是早餐实在不敢恭维，大堂环境比较差。整体来说不错，属于比较好的
前台楼层服务员都不错，房间安静整洁，交通方便，吃的周围也挺多．唯一不足，卫生间地漏设计不好，导致少量积水.
这个宾馆总体感觉还不错，无论从价格、出行、购物，还是订机票（国航就在它的右边）都很方便。只是房间没有什么电脑，也不知道它说的免费上网在什么地方可以。补充点评2007年10月12日：对
价格偏高,服务一般.窗外风景ok.早餐还不错
酒店正在申定五星中，不过目前看来四星都有点勉强。大堂很气派，不过细节很粗糙。硬件需要加强。服务人员礼貌热情。酒店的房间和早餐都还不错。
闹中取静的一个地方，在窗前能看到不错的风景。酒店价格的确有些偏高
价格偏高,好象连云港这地方的酒店都偏贵.早饭不好.房间还不错,窗外风景还行.最重要是房间的窗户很隔音.床小,还是明珠万豪的床好些.
知道网线接口在哪儿吗？比高家庄的地道口还隐蔽。在床头柜后面！想不道吧？看你怎么用。1：自带4米以上网线；2：自带小板凳：3：房间的垃圾桶可翻过来坐......
沈阳市政府的酒店，比较大气，交通便利，出门往左就是北陵公园，环境好。
政府酒店感觉很气派,而且很干净,整个酒店的房间布局也很整齐.5月份入住的,由于第一天房间不能上网,和前台协调又换了一间可以上网的,还帮忙调试了笔记本,服务很周到.正好住的两天都有人结
总体还可以,就是前台服务员还不够敬业,在登记入住后,看都没看是不是本人,就把我客人的护照给了其它人,幸亏就在旁边,要不然不知后果怎样,之后连说声不好意思,或对不起都没有!!!希望改进!!!
6月下旬去丹东，在携程网上预定了丹东国际酒店2天的住宿。24日傍晚抵丹东，便打车去酒店。丹东城市不大，一说国际酒店，司机都知道。酒店在一条不起眼的小街上，周围环境一般。到总台一问
这次去北京，是要去北师大办事，所以特意留意了下附近的宾馆。住了两天，首先该宾馆很好找，离西四大街很近，公交车护国寺站下步行两分钟就到。因离公交站近，去哪坐公交都方便，很省钱省
房间设备太破,连喷头都是不好用,空调几乎感觉不到,虽然我开了最大另外就是设备维修不及时,洗澡用品感觉都是廉价货,味道很奇怪的洗头液等等...总体感觉服务还可以,设备招待所水平...

图 8.4 携程网酒店评论数据

- 分词。
- 将分词结果保存追加到列表中。

(5) 打印列表中的内容。

其具体代码如下：

```
import pandas as pd
import jieba
data = pd.read_csv('Comment.csv')
data.head()
#打印全部数据集
print(data)
rdata = []
for line in data.review:
    line_fenci = jieba.lcut(line)
    rdata.append(line_fenci)
    #在列表的末尾添加新对象
print(rdata)
```

读取到 data 中的全部数据，打印输出结果如图 8.5 所示，可以看出共有 7765 条评论数据。

	label	review
0	1	距离川沙公路较近,但是公交指示不对,如果是"蔡陆线"的话,会非常麻烦.建议用别的路线.房间较...
1	1	商务大床房，房间很大，床有2M宽，整体感觉经济实惠不错!
2	1	早餐太差，无论去多少人，那边也不加食品的。酒店应该重视一下这个问题了。房间本身很好。
3	1	宾馆在小街道上，不大好找，但还好北京热心同胞很多~宾馆设施跟介绍的差不多，房间很小，确实挺小...
4	1	CBD中心,周围没什么店铺,说5星有点勉强.不知道为什么卫生间没有电吹风
...	...	...
7760	0	尼斯酒店的几大特点：噪音大、环境差、配置低、服务效率低。如：1、隔壁歌厅的声音闹至午夜3点许...
7761	0	盐城来了很多次，第一次住盐阜宾馆，我的确很失望整个墙壁黑咕隆咚的，好像被烟熏过一样家具非常的...
7762	0	看照片觉得还挺不错的，又是4星级的，但入住以后除了后悔没有别的，房间挺大但空空的，早餐是有但...
7763	0	我们去盐城的时候那里的最低气温只有4度，晚上冷得要死，居然还不开空调，投诉到酒店客房部，得到...
7764	0	说实在的我很失望，之前看了其他人的点评后觉得还可以才去的，结果让我们大跌眼镜。我想这家酒店以...

7765 rows × 2 columns

图 8.5 data 数据集中评论文本的打印输出结果

经过分词以后，列表中 rdata 的部分结果显示为：

```
[['距离', '川沙', '公路', '较近', ',', '但是', '公交', '指示', '不', '对', ',', '如果', '是', '"', '蔡陆', '"', '的话', ',', '会', '非常', '麻烦', '.', '建议', '用', '别的', '路线', '.', '房间', '较为简单', '.']]
```

注意：在实践过程中往往还需要结合增加用户词典、去停用词等预处理操作，读者可以自行操作实现。

构建词向量可以使用专门用于自然语言处理的 gensim 库，在 gensim 库中提供了 Word2Vec 函数可以方便地进行词向量模型的训练。在使用前要先进行 gensim 库的安装，安装方法如下：

```
pip install gensim
```

Word2Vec 函数在 gensim. models 类中，其常见使用语法格式如下：

```
Word2Vec(sentences = None, size = 100, min_count = 5)
```

参数的说明如下。

(1) sentences：用于建模的语料，可以接收 list 类型的数据。

(2) size：指特征向量的维度，默认为 100。大的 size 需要更多的训练数据，但是效果更好，一般推荐值为几十到几百。

(3) min_count：表示需计算词向量的最小词频，应用该值可去掉生僻的低频词，默认为 5。

下面就可以对酒店评论的语料进行词向量建模，并进行词之间相似度的计算，具体代码如下：

```
from gensim.models import Word2Vec
#将分词后的列表 rdata 作为语料库,进行词向量建模
model = Word2Vec(rdata, size = 100, min_count = 5)
print(len(model.wv['酒店']) )
#词向量的稠密表示是完成文本聚类、文本分类、情感分析的基础
print(model.wv['酒店'])
```

这里查看“酒店”一词的词向量维度和表示结果，如图 8.6 所示。

```
100

array([-0.15113917,  0.81833905, -1.1748974 , -0.47663274, -0.57476836,
       -0.20738667, -0.17341465, -1.0874914 , -0.5051463 ,  0.32434624,
       -0.2178075 ,  1.7254457 ,  0.01544856,  0.87304354, -0.12310068,
        0.6960649 ,  0.6920735 , -0.94855976,  0.3558835 , -0.5994874 ,
        0.19443695,  0.08402169,  0.6844364 ,  0.5006352 , -0.51381093,
        0.18784285, -0.23903646, -0.75076586,  0.6603334 , -0.3936318 ,
        0.47186443, -0.6388713 , -0.02909369, -1.2021867 , -1.609018  ,
        0.9234494 , -0.5595902 ,  0.54394746, -0.08316197, -0.42210525,
       -1.9646305 , -0.14938013, -0.8566206 , -0.27963996, -0.30441806,
        1.8468385 , -1.1265175 ,  1.1300886 , -0.31282708, -0.22953053,
        0.41759098,  0.04714935, -0.5726266 ,  0.87062544, -0.9284626 ,
       -0.47140142,  0.2716293 , -0.47776252, -0.7654922 ,  0.4414582 ,
       -0.737728  , -0.71844256,  1.2695627 ,  0.17476414, -0.11455125,
        0.02206383,  0.5292792 , -0.7567585 , -0.31449297, -0.7996122 ,
       -0.19895968,  0.8906962 ,  0.7171573 , -0.3955393 , -1.105042  ,
        0.11925106,  0.52427447,  0.34393284, -0.7034101 , -0.65946513,
        0.19279352, -0.684266  ,  0.03211728, -0.01131313,  0.5389619 ,
       -0.75410295, -0.06499006,  0.09479003, -0.04261738, -0.09897   ,
        0.2464519 , -1.1271867 , -0.7491484 , -0.7353047 , -0.18042347,
       -1.4727577 ,  0.1857261 ,  0.6864602 , -0.5721213 ,  0.2906864 ],
      dtype=float32)
```

图 8.6 词向量的维度和稠密表示结果

接下来可以使用已经构建好的模型计算两个词之间的相似度以及指定词的相关词或近义词。

```
#计算词汇之间的相似度,数值越大,表示相似度越高
print(model.wv.similarity('酒店', '饭店') )
print(model.wv.similarity('酒店', '不错') )
print(model.wv.similarity('挺不错', '不错') )
#获取与词汇相关的词语
print(model.wv.similar_by_word("不错") )
```

计算结果如图 8.7 所示。

```
0.719362
0.32772163
0.7751762

[('行', 0.8589969873428345),
 ('挺不错', 0.7751762866973877),
 ('还好', 0.7716310024261475),
 ('比较满意', 0.7692855000495911),
 ('一般', 0.7692011594772339),
 ('整体', 0.7621110677719116),
 ('好', 0.7604209780693054),
 ('气派', 0.7590524554252625),
 ('算', 0.7549309730529785),
 ('也好', 0.7543895244598389)]
```

图 8.7 词语相似度和指定词的近义词的计算结果

可以看出"酒店"和"饭店"以及"挺不错"和"不错"两对词语的相似度较高；和"不错"近义的词有"行""挺不错""还好""比较满意"等。

对于词向量模型的进一步用法,读者可以查阅 gensim 的官方网站。

上述处理过程的全部代码如下。

【实战案例代码 8.1】 携程网酒店评论数据的词向量预处理及词语相似度计算。

```
import pandas as pd
import jieba
from gensim.models import Word2Vec
#读取数据
data = pd.read_csv('Comment.csv')
data.head()
print(data)
#评论数据分词后存放在列表中
rdata = []
for line in data.review:
    line_fenci = jieba.lcut(line)
    rdata.append(line_fenci)
    #在列表的末尾添加新对象
print(rdata)
#构建 Word2Vec 词向量模型
model = Word2Vec(rdata, size = 100, min_count = 5)
#查看词向量模型的效果
print(len(model.wv['酒店']) )
print(model.wv['酒店'])
#计算词汇之间的相似度,数值越大,表示相似度越高
print(model.wv.similarity('酒店', '饭店') )
print(model.wv.similarity('酒店', '不错') )
print(model.wv.similarity('挺不错', '不错') )
#获取与词汇相关的词语
print(model.wv.similar_by_word("不错") )
```

8.2 文本数据分析方法

在对文本数据进行预处理操作以后,本节将介绍如何对文本数据进行分析,主要包括高频词分析、关键词分析、词性分布分析等方法,以实践文本分析过程。

8.2.1 高频词分析

高频词分析是从文本数据集中统计出多次出现的词,可以应用在文本内容概要分析中,也可以实现网络文本信息的自动检索、归档等。在高频词分析中最重要的操作是统计文本中目标词出现的次数,即进行词频统计。实现词频统计的思路是借助于 Python 中字典类型的变量,将文本中的每个目标词作为键,其值对应计数器,对文本中的目标词进行遍历,每出现一次,相应计数器加 1,当遍历完成后,字典类型变量中存储的键值对就是对应的目标词及其词频。

下面以《三国演义》中文文本作为数据源,通过对其进行预处理、高频词分析等操作,可以初步得出其中出场最多的人物,即人物出场统计。其具体步骤如下:

(1) 读取文本文件。

(2) 初始化停用词列表。

(3) 分词。

(4) 初始化字典变量。

(5) 遍历文本中的单词:

- 去除长度为 1 的词。
- 字典变量赋值统计词频。

(6) 去停用词。

(7) 词频统计逆序输出前 10 个高频词。

【例 8.4】 三国演义人物出场频次的统计分析。

```
Import jieba
stoplists = {"将军","却说","荆州","二人","不可","不能","如此"}
#可应用停用词库
txt = open("sanguo.txt", "r", encoding='utf-8').read()
words = jieba.lcut(txt)
counts = {}
#应用字典数据类型
for word in words:
    if len(word) == 1:
        continue
#if word in counts:
        #counts [word] = counts[word] + 1
  #else:
        #counts[word] = 1
    counts[word] = counts.get(word,0) + 1
#对于字典数据类型的 counts.get(word,0)方法,若 word 在 counts 中,返回 word 对应值;若 word 不在
counts 中,返回 0
for word in stoplists:
    del(counts[word])
items = list(counts.items() )
```

```
#将字典转换为记录列表
items.sort(key = lambda x:x[1], reverse = True)
#按记录的第 2 列排序,采用函数对获取与整理的文本进行封装操作
for i in range(10) :
    word, count =  items[i]
print ("{0} {1}".format(word, count) )
```

高频词分析结果如图 8.8 所示。

```
曹操    953
孔明    836
玄德    585
关公    510
丞相    491
玄德曰    390
孔明曰    390
张飞    358
商议    344
如何    338
```

图 8.8　高频词分析的运行效果

注意：增加用户词典、分词、去停用词等预处理操作可以反复执行，直到满意为止。

扫一扫

视频讲解

8.2.2　关键词分析

除了可以对文本数据集进行高频词分析，统计出其中多次出现的词，还可以对其进行关键词分析，分析出与其意义较相关的词，该过程可应用在文本聚类、文本分类、自动摘要等方向。常用于提取关键词的两个算法是基于 TF-IDF 的算法和基于 TextRank 的算法。

这两个算法均为无监督学习的算法。虽然算法的设计思路不同，但都是先分析出候选词，再对各候选词打分，然后输出 topK 个分值最高的候选词作为关键词。有关算法的设计思想本书不再详述，感兴趣的读者可以查阅相关资料。

在 jieba. analyse 中集成了实现这两个算法的函数。其中 jieba. analyse. extract_tags 函数可以实现 TF-IDF 算法，具体语法格式如下：

```
jieba.analyse.extract_tags(sentence, topK = 20, withWeight = False, allowPOS = ())
```

常见参数的说明如下。

(1) sentence：接收 string，表示待提取关键词的文本。

(2) topK：接收 int，表示返回关键词的数量，且重要性从高到低排序，默认为 20。

(3) withWeight：接收 boolean，表示是否返回每个关键词的权重，默认为 False。

(4) allowPOS：接收元组，用于词性过滤，默认为空，表示不过滤，若提供，则仅返回符合词性要求的关键词。

jieba. analyse. textrank 函数可以实现 TextRank 算法，具体的语法格式如下：

```
jieba.analyse.textrank(sentence, topK = 20, withWeight = False, allowPOS = ())
```

其中常见参数的含义和 jieba. analyse. extract_tags 函数的相同。

下面用 TF-IDF 算法提取《三国演义》中文文本的关键词，具体的操作步骤如下：

(1) 读取文本文件。

(2) 初始化停用词列表。

(3) 分词。

(4) 初始化字符串变量。

(5) 遍历分词后的列表去停用词,并保留到词合并的字符串中。

(6) 提取前 25 个关键词,并输出。

【例 8.5】 三国演义文本的关键词分析。

```
import jieba
import jie.analyse
txt = open("sanguo.txt", "r", encoding = 'utf - 8') .read()
stoplists = {"将军","却说","荆州","二人","不可","不能","如此"}
words = jieba.lcut(txt)
results = ""
for word in words:
    if word not in stoplists:
        results += word
keywords = jieba.analyse.extract_tags(results,topK = 25,withWeight = True,allowPOS = () )
for keyword in keywords:
print(keyword[0],keyword[1])
```

显示结果如图 8.9 所示。

```
孔明 0.038335475962589696
曹操 0.037652753577469535
玄德 0.02744707719042125
关公 0.025709181889231124
丞相 0.021191750890286642
玄德曰 0.019935258244253663
孔明曰 0.019935258244253663
引兵 0.019298634963472693
云长 0.018596866419346412
张飞 0.018059301860833335
主公 0.016443129822658675
吕布 0.01559814830772753
赵云 0.014507794305265803
军士 0.01402645643641096
商议 0.013617921262162111
刘备 0.013406229325169767
蜀兵 0.013333602338399314
孙权 0.012782484247507747
军马 0.01251097874694685
魏兵 0.012168559239838629
东吴 0.011821160945690102
忽报 0.011579180978083616
大喜 0.011500780324346295
司马懿 0.011409527398302808
周瑜 0.0110033535237989
```

图 8.9 关键词分析的运行效果

8.2.3 词性分布分析

扫一扫

视频讲解

对文本数据集进行高频词、关键词分析可以统计出文本中多次出现的词,以及分析出与其意义较相关的词,此外还可以对文本数据集进行词性分布分析。表 8.3 列出了 jieba 库的词性说明,包括词性编码、词性名称、注解等。

表 8.3 jieba 库的词性说明

词 性 编 码	词 性 名 称	注 解
Ag	形语素	形容词性语素,形容词代码为 a,语素代码 g 前面置 A
a	形容词	取英语 adjective 的第 1 个字母
ad	副形词	直接做状语的形容词,形容词代码 a 和副词代码 d 并在一起
an	名形词	具有名词功能的形容词,形容词代码 a 和名词代码 n 并在一起

续表

词性编码	词性名称	注　解
b	区别词	取汉字“别”的声母
c	连词	取英语 conjunction 的第 1 个字母
Dg	副语素	副词性语素，副词代码为 d，语素代码 g 前面置 D
d	副词	取英语 adverb 的第 2 个字母，因其第 1 个字母已用于形容词
e	叹词	取英语 exclamation 的第 1 个字母
f	方位词	取汉字“方”的声母
g	语素	绝大多数语素都可以作为合成词的“词根”，取汉字“根”的声母
h	前接成分	取英语 head 的第 1 个字母
i	成语	取英语 idiom 的第 1 个字母
j	简称略语	取汉字“简”的声母
k	后接成分	
l	习用语	尚未成为成语，有“临时性”，取汉字“临”的声母
m	数词	取英语 numeral 的第 3 个字母，n、u 已有他用
Ng	名语素	名词性语素，名词代码为 n，语素代码 g 前面置 N
n	名词	取英语 noun 的第 1 个字母
nr	人名	名词代码 n 和汉字“人”的声母并在一起
ns	地名	名词代码 n 和处所词代码 s 并在一起
nt	机构团体	名词代码 n 和汉字“团”的声母并在一起
nz	其他专名	名词代码 n 和汉字“专”的声母的第 1 个字母并在一起
o	拟声词	取英语 onomatopoeia 的第 1 个字母
p	介词	取英语 prepositional 的第 1 个字母
q	量词	取英语 quantity 的第 1 个字母
r	代词	取英语 pronoun 的第 2 个字母，因 p 已用于介词
s	处所词	取英语 space 的第 1 个字母
Tg	时语素	时间词性语素，时间词代码为 t，语素代码 g 前面置 T
t	时间词	取英语 time 的第 1 个字母
u	助词	取英语 auxiliary 的第 2 个字母，a 已有他用
Vg	动语素	动词性语素，动词代码为 v，语素代码 g 前面置 V
v	动词	取英语 verb 的第 1 个字母
vd	副动词	直接做状语的动词，动词和副词的代码并在一起
vn	名动词	具有名词功能的动词，动词和名词的代码并在一起
w	标点符号	
x	非语素字	非语素字只是一个符号，字母 x 通常用于代表未知数、符号
y	语气词	取汉字“语”的声母
z	状态词	取汉字“状”的声母的第 1 个字母
un	未知词	不可识别词及用户自定义词组，取英文 unknown 的前两个字母

借助于 jieba.posseg 模块，可以在对文本进行分词时提取单词的词性。

下面分析《三国演义》中文文本中的词性分布，并对其进行可视化展示。具体的词性分布的计算方法和词频统计思路类似，这里是以词性作为字典类型的变量的键。其具体操作步骤如下：

(1) 读取文本文件。

(2) 初始化词性排除列表。

(3) 分词且带词性。

（4）初始化字典变量。

（5）遍历文本中的单词，根据单词词性初始化字典变量。

（6）去掉排除的词性。

（7）词性频率统计的逆序输出。

（8）将结果进行可视化展示。

【例 8.6】《三国演义》文本的词性分布分析及可视化展示。

```
import jieba
Import jieba.posseg
txt = open("sanguo.txt", "r", encoding = 'utf - 8') .read()
excludes = {"x","h"}
#词性标注
words = jieba.posseg.lcut(txt)
counts = {}
#flag 为词的词性
for word, flag in words:
    counts[flag] = counts.get(flag,0) + 1
for word in excludes:
    del(counts[word])
items = list(counts.items() )
items.sort(key = lambda x:x[1], reverse = True)
for i in range(20) :
    word, count = items[i]
#print ("{0} {1}".format(word, count) )
#可视化展示
plt.figure(figsize = (20,10) )
plt.xticks(fontsize = 20)
plt.yticks(fontsize = 20)
plt.xticks(rotation = 45)
plt.bar(counts.keys() , counts.values() )
plt.savefig("bar.jpg")
plt.show()
```

词性分布分析的可视化结果如图 8.10 所示。

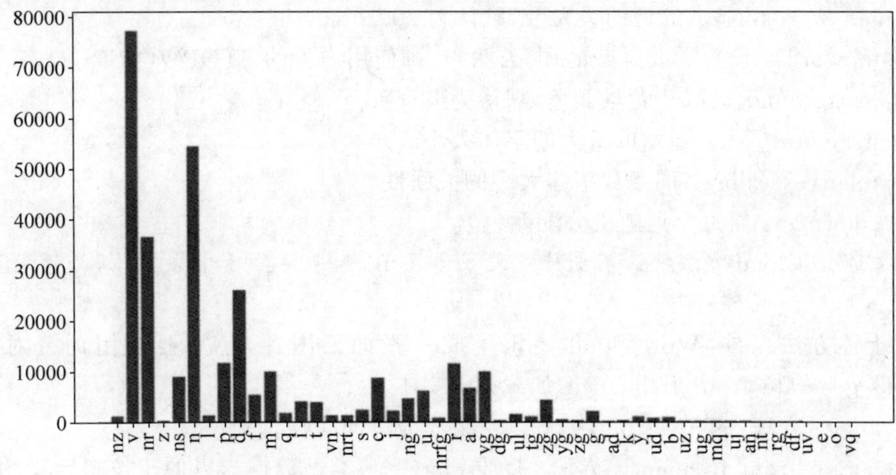

图 8.10　词性分布分析的可视化效果

扫一扫

视频讲解

8.3 生成词云图

2006 年,美国西北大学的里奇·戈登(Rich Gordon) 最先使用了“词云”,通过形成“关键词云层”或“关键词渲染”对网络文本中出现频率较高的“关键词”突出视觉效果,帮助网页浏览者过滤掉大量的文本信息,快速领略文本的主旨。

wordcloud 库支持文本词云图的生成。使用 wordcloud 库首先要进行安装,安装方法如下:

```
pip install wordcloud
```

使用 wordcloud 库的相关方法生成词云图需要以下 3 个步骤:

(1) 调用 wordcloud 生成词云对象并且配置对象参数。

(2) 加载词云文本。

(3) 生成词云文件。

在 wordcloud 库中使用 WordCloud 方法生成词云对象。WordCloud 方法的语法格式如下:

```
wordcloud.WordCloud()
```

在 WordCloud 方法中还通过设置以下参数对词云的大小、颜色、字体等外观特征进行设置。

(1) font_path:字体路径。

(2) width:画布的宽度,默认为 400 像素。

(3) height:画布的高度,默认为 200 像素。

(4) prefer_horizontal:词语水平方向排版出现的频率,默认为 0.9(词语垂直方向排版出现的频率默认为 0.1)。

(5) scale:按照比例放大画布,默认为 1。

(6) min_font_size:显示的最小的字体大小,默认为 4。

(7) font_step:字体步长,默认为 1。

(8) max_words:显示的词的最大数,默认为 200。

(9) stopwords:设置需要屏蔽的词,若为空,则使用内置的 STOPWORDS。

(10) background_color:背景颜色,默认为 black。

(11) max_font_size:显示的最大的字体大小。

(12) relative_scaling:词频和字体大小的关联性。

(13) colormap:给每个词随机分配颜色。

注意:WordCloud 方法默认不支持中文字体显示,如果要显示中文字体,必须设置 font_path 参数。

除了上述方法以外,WordCloud 要想生成一张词云图片,还需要调用词云对象方法 generate 或 generate_from_frequencie 加载词云文本。

- generate 方法:接收 string,默认以空格作为单词间隔。
- generate_from_frequencie 方法:接收 dict(字典类型数据),以便于按自定义的单词权重显示词云单词大小。

调用词云对象的 to_file 方法可以将生成的词云文件输出到一个文件中。

下面以《三国演义》中文文本数据为例生成词云图。

【例 8.7】 三国演义原始文本的词云图的生成。

本示例采用的操作步骤如下：

(1) 读取文本文件。

(2) 生成词云对象并配置对象参数。

(3) 调用 generate 方法加载三国演义文本。

(4) 显示词云。

(5) 输出词云。

其代码如下：

```
import wordcloud
import matplotlib.pyplot as plt
#读取文件
txt = open("sanguo.txt", "r", encoding = 'utf - 8') .read()
#生成并设置词云对象
wc = wordcloud.WordCloud(font_path = './font/simhei.ttf',background_color = "white",max_words =
1000,max_font_size = 150,margin = 5,width = 2000,height = 1000)
#加载文本直接生成词云图
wc.generate(txt)
#实现热图的绘制
plt.imshow(wc,interpolation = 'bilinear')
plt.axis("off")
plt.show()
#输出词云文件
wc.to_file('ciyun.jpg')
```

生成的词云显示结果如图 8.11 所示。可以看出词云图的生成并不是以词为单位，显示效果不佳。产生这种情况的主要原因是中文文本之间没有空格，因此在使用 wordcloud 库显示中文文本的词云图时通常要进行分词、去停用词等预处理操作。

图 8.11 文本数据预处理前生成的词云图

【例 8.8】 三国演义预处理后文本的词云图的生成。

本示例采用的操作步骤如下：

(1) 读取文本文件。

(2) 生成词云对象并配置对象参数。

(3) 进行分词、去停用词等预处理，并将处理后的词以空格为间隔连接成字符串文本。

(4) 调用 generate 方法加载三国演义预处理后的字符串文本。

(5) 输出词云。

其代码如下：

```
import wordcloud
import matplotlib.pyplot as plt
import jieba
#读取文件
txt = open("sanguo.txt", "r", encoding = 'utf - 8') .read()
#生成并设置词云对象
wc = wordcloud.WordCloud(font_path = './font/simhei.ttf',background_color = "white",max_words =
1000,max_font_size = 150,margin = 5,width = 2000,height = 1000)
#分词
words = jieba.lcut(txt)
#可应用停用词库
stoplists = {"将军","却说","荆州","二人","不可","不能","如此"}
results = ""
for word in words:
    if word not in stoplists:
        results += word + " "
wc.generate(results)
#输出词云文件
wc.to_file('ciyun2.jpg')
```

生成的词云文件的显示效果如图 8.12 所示。

图 8.12　文本数据预处理后生成的词云图

【例 8.9】 三国演义前 100 个关键词的词云图的生成。

本示例采用的操作步骤如下：

(1) 读取文本文件。

(2) 生成词云对象并配置对象参数。

(3) 提取前 100 个文本关键词,并处理为字典类型数据。

(4) 调用 generate_from_frequencies 方法加载关键词字典。

(5) 输出词云。

其代码如下:

```
import wordcloud
import jieba.analyse
#读取文件
txt = open("sanguo.txt", "r", encoding = 'utf - 8') .read()
#生成并设置词云对象
wc = wordcloud.WordCloud(font_path = './font/simhei.ttf',background_color = "white",max_words =
1000,max_font_size = 150,margin = 5,width = 2000,height = 1000)
#根据 TF - IDF 算法提取前 100 个关键词
keywords = jieba.analyse.extract_tags(results,topK = 100,withWeight = True,allowPOS = () )
#构建关键词字典,key 为关键词,value 为关键词的权重
word_dict = {}
for i in keywords:
        word_dict[i[0]] = i[1]
#基于关键词的权重绘制词云图
wc.generate_from_frequencies(word_dict)
wc.to_file('ciyun3.jpg')
```

生成的词云文件的显示效果如图 8.13 所示。

图 8.13　文本的前 100 个关键词生成的词云图

8.4　实战:携程网酒店评论文本数据分析

扫一扫

视频讲解

在掌握并理解文本数据预处理、文本数据分析、生成词云图等方法以后,本节以图 8.4 所示的携程网酒店的评论数据作为数据源进行文本数据分析的实战。

【分词处理思路】　首先对评论文本进行预处理操作,根据处理结果还可以去噪声、进行中

文分词、添加用户词典、去停用词等过程,以获得更优的处理结果;然后,基于评论文本预处理结果继续迭代进行高频词分析、关键词分析、词性分布分析;最后基于评论文本分析结果生成词云图。其具体步骤如下:

(1) 导入相关类库。
(2) 读取停用词表文件数据。
(3) 读取评论文件。
(4) 遍历评论文本。
- 按空格拆分句子。
- 去停用词。

(5) 保存预处理后的文本到文件中。
(6) 读取预处理文本文件。
(7) 分词。
(8) 进行高频词分析。
(9) 进行关键词分析。
(10) 根据关键词生成词云图。

【实战案例代码 8.2】 携程网酒店评论文本数据分析。

```
import jieba
import wordcloud
stop = []
standard_stop = []
after_text = []
with open('stoplists.txt','r',encoding = 'utf - 8') as f :
    lines = f.readlines()
    for line in lines:
        lline = line.strip()
        stop.append(lline)
for i in range(0,len(stop) ) :
    for word in stop[i].split() :
        standard_stop.append(word)
text = pd.read_csv('Comment.csv')
for line in text.review:
    lline = line.split()
    for i in lline:
        if i not in standard_stop:
            after_text.append(i)
with open('file.txt','w + ',encoding = 'utf - 8') as f :
    for i in after_text:
        f.write(i)
results = ""
txt = open("file.txt", "r", encoding = 'utf - 8') .read()
words = jieba.lcut(txt)
# 词频统计分析
counts = {}
for word in words:
    if len(word) == 1:
        continue
    results += word
    counts[word] = counts.get(word,0) + 1
items = list(counts.items() )
items.sort(key = lambda x:x[1], reverse = True)
# 输出前 20 个高频词
for i in range(20) :
```

```
    word, count = items[i]
    print ("{0} {1}".format(word, count) )
#提取前 25 个关键词
keywords = jieba.analyse.extract_tags(results,topK = 25,withWeight = True,allowPOS = () )
for keyword in keywords:
    print(keyword[0],keyword[1])
word_dict = {}
for i in keywords:
     word_dict[i[0]] = i[1]
wc = wordcloud.WordCloud(font_path = './font/simhei.ttf',background_color = "white",max_words =
1000,max_font_size = 150,margin = 5,width = 2000,height = 1000,)
wc.generate_from_frequencies(word_dict)
plt.imshow(wc,interpolation = 'bilinear')
plt.axis("off")
plt.show()
wc.to_file('ciyun.jpg')
```

文本数据分析实践的运行效果如图 8.14 所示。

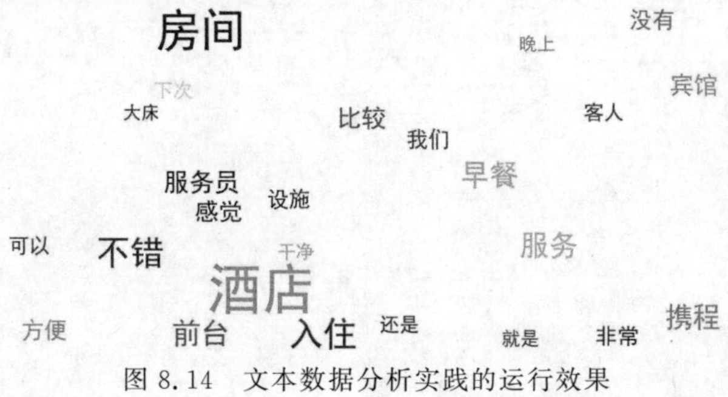

图 8.14 文本数据分析实践的运行效果

本章小结

基于对 Python 爬虫、文本数据的获取、Python 数据分析、可视化等方法的理解与掌握，本章重点介绍了如何对已爬取的文本数据进行预处理、分析、可视化等。在对文本数据进行预处理的过程中，主要介绍了如何对其去噪声、进行中文分词、添加用户词典、去停用词等，并实践了该过程。在对文本数据进行分析的过程中，主要介绍了如何对其进行高频词分析、关键词分析、词性分布分析等。在对文本数据进行可视化的过程中，主要介绍了词云图的生成方法与操作。最后通过案例实践了从文本数据预处理到分析以及可视化的过程，为后续的 Python 数据分析奠定了文本数据分析基础。

习题 8

扫一扫

习题

扫一扫

自测题